3D 打印技术综合实训

◎主　编　彭惟珠　李淑宝

◎副主编　李锦胜　李健敏　严金荣

◎参　编　黄灿杰　马桂潮　冯焯辉　曾俊雄

電子工業出版社

Publishing House of Electronics Industry

北京 • BEIJING

内 容 简 介

本书主要通过设计10个项目的学习训练，使学生循序渐进地全面掌握3D打印和3D扫描仪的技术，实现自主设计3D打印模型，为培养学生创新、创造能力提供良好的技术支持。具体内容包括：认识3D打印技术、3D打印应用案例、桌面级3D打印机、三维造型设计、3D打印数据处理、3D打印机操作、3D打印模型后处理、打印常见故障的排除及设备保养、认识3D扫描仪、欣赏3D打印作品。本书从培养满足社会需求的3D打印应用型人才的要求出发，坚持基本性、强调应用性、增强适应性、突出重点、力求系统，注重理论与实践有机结合，培养人才的创新思维与创造能力，努力做到“注重理论、强化实践、通俗易懂”。与传统的教学活动比较，本书采用理论知识和实践有机结合的新教学模式，更有利于师生的教与学及促进教学质量的提高。

本书适用于所有对3D打印有兴趣的读者学习，可作为高等院校和职业院校相关专业的教材与参考书，也可作为企业技术培训参考书、3D打印创业者的操作指南。

图书在版编目（CIP）数据

3D打印技术综合实训 / 彭惟珠，李淑宝主编. —北京：电子工业出版社，2018.9

ISBN 978-7-121-34518-0

Ⅰ. ①3… Ⅱ. ①彭… ②李… Ⅲ. ①立体印刷—印刷术 Ⅳ. ①TS853

中国版本图书馆CIP数据核字（2018）第128595号

策划编辑：张　凌
责任编辑：张　凌
印　　刷：中国电影出版社印刷厂
装　　订：中国电影出版社印刷厂
出版发行：电子工业出版社
　　　　　北京市海淀区万寿路173信箱　邮编　100036
开　　本：787×1 092　1/16　印张：12.25　字数：313.6千字
版　　次：2018年9月第1版
印　　次：2025年2月第17次印刷
定　　价：49.00元

凡所购买电子工业出版社图书有缺损问题，请向购买书店调换。若书店售缺，请与本社发行部联系，联系及邮购电话：（010）88254888，88258888。

质量投诉请发邮件至zlts@phei.com.cn，盗版侵权举报请发邮件至dbqq@phei.com.cn。

本书咨询联系方式：（010）88254583，zling@phei.com.cn。

前　言

随着世界经济的全球化与科学技术的飞速发展，传统制造业市场环境发生了巨大变化。制造业从传统的离散型制造向绿色智能型先进制造转变。3D 打印（3D Printing）技术作为快速成型领域的一项新兴技术，目前正成为一种迅猛发展的潮流。

3D 打印技术是一项集光、机、电、计算机、数控及新材料于一体的先进制造技术。它不需要传统的刀具和夹具，利用三维设计数据在一台特定的设备（3D 打印机）上由程序控制自动地制造出任意复杂形状的产品，可实现任意复杂结构的整体制造。3D 打印技术未来的发展将使大规模的个性化生产成为可能，这将会带来全球制造业的重大变革。3D 打印技术已引起全世界关注，英国《经济学人》杂志认为，3D 打印将与其他数字化生产模式一起推动实现第三次工业革命；美国《时代》周刊将 3D 打印列入美国十大增长最快的工业，3D 打印技术将在 2020 年前全面实现产业化。

3D 打印产业是一个具有广阔前景的朝阳产业。目前，随着 3D 打印技术在各行各业的广泛应用，我国 3D 打印人才极度匮乏，而社会对 3D 打印相关专业技能型人才的需求也越来越旺盛，很多应用型本科、技工院校和职业院校都迫切希望开设 3D 打印技术应用专业。但是目前国内市场上大多数 3D 打印教材的主要特点是侧重理论介绍，实践性操作实例较少，这类教材不太适合培养岗位人才的需求。本书从培养满足社会需求的 3D 打印应用型人才的要求出发，坚持基本性、强调应用性、增强适应性、突出重点、力求系统，注重理论与实践有机结合，培养人才的创新思维与创造能力，努力做到“注重理论、强化实践、通俗易懂”。与传统的教学活动比较，本书采用理论知识和实践有机结合的新教学模式，更有利于师生的教与学及促进教学质量的提高。

本书是广东省机械技师学院“创建全国一流技师学院项目”成果——“一体化”精品系列教材之一。本系列教材以“基于工作过程的一体化”为特色，通过典型工作任务，创设实际工作场境，让学生扮演工作中的不同角色，在教师的引导下完成不同的工作任务，并进行适度的岗位训练，达到培养提高学生综合职业能力的目标，为学生的可持续发展奠定基础。

本书内容介绍

本书通过设计 10 个项目的学习训练，讲述了 3D 打印的发展历程，介绍了 3D 打印技术和工艺原理，3D 打印在各领域的应用案例，运用三维实体设计软件进行正向设计产品，逆向工程 3D 手持扫描仪的反求数据设计产品，打印维护保养等相关知识与操作。使学生循序渐进地全面掌握 3D 打印和 3D 扫描仪的技术，实现自主设计 3D 打印模型，为培养学生的创新及创造能力提供良好的技术支持。

本书适用对象

本书适用于所有对 3D 打印有兴趣的读者学习，可作为高等院校和职业院校机械工程专业、工业设计专业、模具设计专业、材料工程专业及其他相关专业的教材与参考书，也可作为企业技术培训参考书、3D 打印创业者的操作指南。

本书创作团队

本书由彭惟珠、李淑宝担任主编；李锦胜、李健敏、严金荣担任副主编；黄灿杰、马桂潮、冯焯辉、曾俊雄参编。同时，本书在编写过程中还得到了广州立铸电子科技有限公司、广州中望龙腾软件股份公司、广州市文搏智能科技有限公司等企业的技术支持，在此一并表示衷心感谢。

由于编者水平和经验有限，书中难免存在疏漏和不足之处，敬请广大读者批评指正，以便对其进行修改、完善。

编　者

目 录

项目一　认识 3D 打印技术……001

任务 1　了解 3D 打印技术概况……001
任务 2　认识 3D 打印技术工艺类型……004
任务 3　3D 打印系统配置……014

项目二　3D 打印应用案例……016

任务 1　航空航天领域应用……016
任务 2　汽车制造领域应用……020
任务 3　医疗领域应用……024
任务 4　建筑领域应用……026
任务 5　个性化艺术品、服装与饰品……029
任务 6　个性化食品……030
任务 7　3D 打印与创新教育……032
任务 8　家电领域应用……035

项目三　桌面级 3D 打印机……037

任务 1　3D 打印机分类……037
任务 2　认识立铸桌面级 3D 打印机……040

项目四　三维造型设计……046

任务 1　存钱罐的三维造型设计……046
任务 2　3D 打印机器人……071

项目五　3D 打印数据处理……099

任务 1　CAD 数据转换……099
任务 2　Cura 软件的应用……101
任务 3　3D 打印工艺设置……110

项目六　3D 打印机操作……123

任务 1　打印准备工作……123
任务 2　打印模型……126

项目七　3D 打印模型后处理……131

任务 1　3D 打印件常见技术要求……131
任务 2　3D 打印件的支撑处理……133
任务 3　3D 打印件表面处理……134
任务 4　3D 打印件的着色后处理……136

项目八　3D 打印常见故障的排除及设备保养……140

任务 1　3D 打印机机械部件问题的解决……140
任务 2　软件常见问题的解决……143
任务 3　3D 打印机控制部件问题的解决……144
任务 4　3D 打印机维护保养……145
任务 5　故障排除案例……146

项目九　认识 3D 扫描仪……155

任务 1　3D 扫描技术原理……155
任务 2　3D 扫描仪应用领域……157
任务 3　手持式 3D 扫描仪应用……164

项目十　欣赏 3D 打印作品……179

任务 1　欣赏 3D 打印各种材质的作品……179
任务 2　欣赏造型千姿百态的作品……183

参考文献……190

项目一

认识 3D 打印技术

3D 打印技术作为目前最先进的一种制造方法，代表了全球最前沿的科学技术。3D 打印技术是数字化技术、新材料技术、软件技术、光学技术、机械工程等多学科发展的新产物。

任务 1 了解 3D 打印技术概况

3D 打印并非一夜之间冒出来的新技术，它起源于 19 世纪末的美国，并于 20 世纪 80 年代主要在模具加工行业得以发展和推广，在我国叫作“快速成型（Rapid Prototyping，RP）”技术。3D 打印机在诞生之初其实并不叫“3D 打印机”，而是叫“快速成型机”或“模型制造机”。直到 1996 年，3D Systems、Stratasys、Z Corporation 公司分别推出 Actua 2100、Genisys、Z402 等机器，并且第一次使用了“3D 打印机（3D Pinter）”这个名字。由此这种快速成型的设备在日后正式被称为“3D 打印机”。

随着信息和材料技术的进步，快速成型设备已能做到小型化，放在办公桌上使用，其操作并不比传统的纸张激光打印机复杂。虽然 3D 打印机目前很时髦，但此项技术实际上是“上上个世纪的思想，上个世纪的技术，这个世纪的市场”。3D 打印技术相比传统制造技术具有革命性变化，成为欧美国家乃至许多其他国家振兴制造业的新抓手。

1. 3D 打印发展史

3D 打印刚刚从企业实验室中跑出来时，更像是一个出生不久的婴儿，无论是这个世界对它，还是它对这个世界，都充满着陌生。而从最初的陌生到现在的名声大噪，其实也是经过了很长一段时间的。

3D 打印最初的前身是增材制造技术，在发展期间，先后又被称为材料累加制造、快速成型、分层制造、实体自由制造、3D 喷印。通过各个不同的名称，可以理解其中表达的 3D 打印工艺的技术特点。3D 打印技术的发展历程如表 1-1 所示。

表 1-1 3D 打印技术的发展历程

序 号	年 份	大 事 件
1	1984 年	Charles W.Hull 研发了 3D 打印技术
2	1986 年	Charles W.Hull 发明了利用紫外线照射将树脂凝固成型，以此来制造物体的技术，并获得了专利，将其命名为立体光刻技术，随后成立了 3D Systems 公司。同年，Helisys 公司的 Michael Feygin 研发了分层实体制造技术（LOM）

续表

序号	年份	大事件
3	1988 年	3D Systems 公司开发并生产了第一台 3D 打印设备 SLA-250，向公众出售。同年 Scott Crump 研发了熔融沉积成型技术（FDM）
4	1989 年	Scott Crump 成立了 Stratasys 公司。同年，C.R.Dechard 博士发明了选区激光烧结技术（SLS）
5	1991 年	Helisys 公司售出了第一台分层实体制造系统
6	1992 年	Stratasys 公司售出了首批基于 FDM 的 3D 打印机器。同年，DTM 公司售出了第一台 SLS 系统
7	1993 年	麻省理工学院的 Emanual Sachs 教授创造了三维打印技术（3DP）的雏形，将陶瓷或金属粉末通过黏结剂黏在一起成型
8	1995 年	麻省理工学院的毕业生 Jim Bredt 和 Tim Anderson 修改了喷墨打印机的方案，改为将约束熔剂挤压到粉末床，而不是将墨水挤压到纸上，改良出新的 3DP 技术，随后创立 Z Corporation 公司
9	1996 年	3D Systems、Stratasys、Z Corporation 公司分别推出型号为 Actua2100、Genisys、Z402 的 3D 打印机器，并第一次使用了"3D 打印机"的称谓
10	1997 年	EOS 公司将三维立体系统业务出售给 3D Systems 公司，但其仍然是欧洲最大的 3D 打印设备生产商
11	2005 年	Z Corporation 公司推出第一台高精度彩色 3D 打印机 Spectrum Z510。同年，英国巴斯大学的 Adrian Bowyer 发起了开发源码的 3D 打印机项目 RepRap，其目的是开发一种能进行自我复制的 3D 打印机
12	2008 年	第一个基于 RepRap 的 3D 打印机 Darwin 被推出，同年，Objet Geometries 公司推出革命性的"Connex500"快速成型系统，这是有史以来第一个能够同时使用几种不同材料的 3D 打印机，此后，许多生产厂家纷纷推出各种型号的 3D 打印机
13	2011 年	8 月英国南安普顿大学的工程师制造出世界上第一架 3D 打印飞机；同年 9 月，维也纳科技大学推出了世界最小的 3D 打印机，质量只有 1.5kg，报价约为 1200 欧元
14	2012 年	MakerBot 个人 3D 打印机投放市场，其借鉴了 RepRap 三维打印技术，价格合理，可家用。同年 3 月，维也纳大学的研究人员利用 3D 打印技术制作了一辆长度不到 0.3mm 的赛车模型，突破了 3D 打印的最小极限；7 月，比利时 International University College Leuven 的一个研究小组测试了一辆基本由 3D 打印机制造的小型赛车，速度可达 140km/h；12 月，美国分布式防御组织成功测试了 3D 打印的枪支弹夹
15	2012 年至今	3D 打印进入快速发展的阶段，新的技术原理和方法层出不穷，新的设备不断被开发出来，3D 打印企业如雨后春笋般涌现，领先的企业进入规模化发展进程

20 世纪 90 年代中后期我国的清华大学、西安交通大学、北京航空航天大学、华中科技大学等高校与单位率先开展了 3D 打印相关技术的研究、开发和推广应用，如表 1-2 所示为国内 3D 打印五大力量，这是我国 3D 打印的开端。

表 1-2　国内 3D 打印五大力量

序号	学校	研究方向	带头人
1	清华大学	主要研究 LOM、SLA 设备；在多功能快速成型制造系统、组织工程材料的大段骨快速成型制造等方面取得了国际领先水平的科研成果。1996 年清华大学成立了国内首个快速成型实验室	颜永年教授 被业界誉为"中国 3D 打印第一人"

续表

序 号	学 校	研 究 方 向	带 头 人
2	西安交通大学	主要研究 SL 设备及材料；开发出具有国际首创的紫外光快速成型机，1994 年成立先进制造技术研究所	卢秉恒教授 被称中国 3D 打印领域的“教父”
3	西北工业大学	1995 年至今已获授权激光立体成型的材料、工艺和装备相关的国家发明和实用新型专利 12 项，“激光立体成型”的 3D 打印技术，通过激光熔化金属粉末，几乎可以“打印”任何形状的产品。其最大的特点是，使用的材料为金属，“打印”的产品具有极高的力学性能，能满足多种用途。为国产大飞机 C919 制造中央翼缘条，是 3D 打印技术在航空领域应用的典型	黄卫东教授 国家科技部 3D 打印专家组首席专家
4	华中科技大学	史玉升教授是华中科技大学快速制造中心主任、中国快速成型委员会副主任委员等，长期从事快速制造（3D 打印）等方面的研究。2011 年，史玉升教授牵头研发的世界最大激光快速制造装备（3D 打印机）曾入选“2011 年中国十大科技进展新闻”	史玉升教授
5	北京航空航天大学	王华明教授，中国工程院院士，国内激光增材制造领域的学术带头人，使我国成为目前世界上唯一突破飞机钛合金大型主承力结构件激光快速成型技术并实现装机应用的国家	王华明教授 中国激光 3D 打印引路人， “金属 3D 打印”第一位院士

2．3D 打印技术与传统制造技术的区别

3D 打印技术，国内专业术语称为“增材制造”。“增材制造”的理念区别于传统的“去除型”制造。传统机械制造是在原材料的基础上，借助工装模具使用切削、磨削、腐蚀、熔融等办法去除多余部分得到最终零件，然后用装配拼装、焊接等方法组成最终产品。而“增材制造”与之不同，无须毛坯和工装模具，就能直接根据计算机建模数据对材料进行层层叠加生成任何形状的物体。

3．3D 打印基本原理

增材制造技术是由 CAD 模型直接驱动快速制造任意复杂形状三维实体零件或模型的

技术总称。

首先在计算机中生成符合零件设计要求的三维 CAD 数学模型；然后根据工艺要求，按照一定的规律将该模型在 Z 方向离散为一系列有序的片层，通常在 Z 方向将其按一定厚度进行分层，把原来的三维 CAD 模型变成一系列的层片；再根据每个层片的轮廓信息，输入加工参数，自动生成数控代码；最后由 3D 打印机的喷头在 CNC 程序控制下沿轮廓路径做 2.5 轴运动，喷头经过的路径会形成新的材料层，上下相邻层片会自己黏结起来，最终得到一个三维物理实体。

3D 打印技术以计算机三维设计模型为蓝本，通过软件分层离散和计算机数字控制系统，利用激光束、热熔喷头等方式将金属粉末、陶瓷粉末、塑料、细胞组织等特殊材料进行逐层堆积黏结，最终叠加成型，制造出实体产品。3D 打印工艺基本过程如图 1-1 所示。

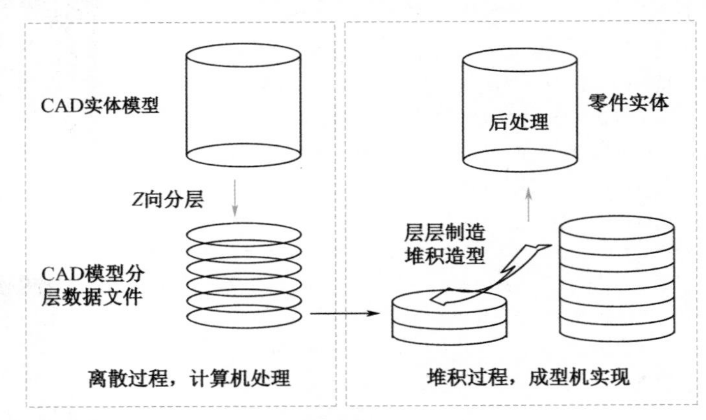

图 1-1 3D 打印工艺基本过程

4．3D 打印技术的专利

3D 打印行业的双雄——美国 Stratasys 与 3D Systems 两家公司被全球公认为 3D 打印领域的行业巨头，完全是靠自己拥有的 3D 打印原始专利起家的。3D Systems 公司的创始人查尔斯 •胡尔（Charles W.Hull）专利有“立体光刻成型（SLA）技术、选择性激光烧结（SLS）技术”，被广泛应用在当今的快速成型设备中。Stratasys 公司的创立者斯科特 •克伦普（Scott Crump）则在 1989 年研发了 3D 打印的另一种技术专利，“熔融沉积成型（FDM）技术”，并在 1993 年开发出了第一台基于熔融沉积成型技术的设备。“双雄”的成长历程：发明家→技术→专利→企业→商业化，其经验值得借鉴。专利涉及化工、医疗、半导体、影像、电子、材料、航空、汽车等领域。

任务 2 认识 3D 打印技术工艺类型

根据采用的材料形式和工艺实现方法的不同，目前广泛应用且较为成熟的典型增材制造技术可总结为以下五大类。

1．立体光固化成型（SLA）技术

立体光固化成型（Stereo Lithography Appearance，SLA）技术也称立体光刻成型技术。

（1）SLA 技术的发展概述。

1988 年查尔斯·胡尔（Charles W.Hull，见图 1-2），发明了立体光固化成型（SLA）技术。随着 3D 打印专利技术的不断发明，应用于生产的设备也被研发出来。1988 年美国的 3D Systems 公司根据查尔斯·胡尔的专利，生产出了第一台商业化的 3D 打印设备——SLA-250（立体光固化成型机），开创了 3D 打印技术发展的新纪元。

图 1-2　查尔斯·胡尔

（2）工艺原理。

SLA 技术采用激光一点点照射光固化液态树脂使之固化的方法成型，是当前应用最广泛的一种高精度成型工艺。

在液槽中充满液态光敏树脂，其在激光器所发射的紫外线光束的照射下，会快速固化（SLA 与 SLS 所用的激光不同，SLA 用的是紫外激光，而 SLS 用的是红外激光）。在成型开始时，可升降工作台处于液面以下，刚好一个截面层厚的高度。通过透镜聚焦后的激光束，按照机器指令将截面轮廓沿液面进行扫描。扫描区域的树脂快速固化，从而完成一层截面的加工过程，得到一层塑料薄片。然后，工作台下降一个截面层厚的高度，再固化另一层截面，这样层层叠加构建成三维实体，工作原理如图 1-3 所示。

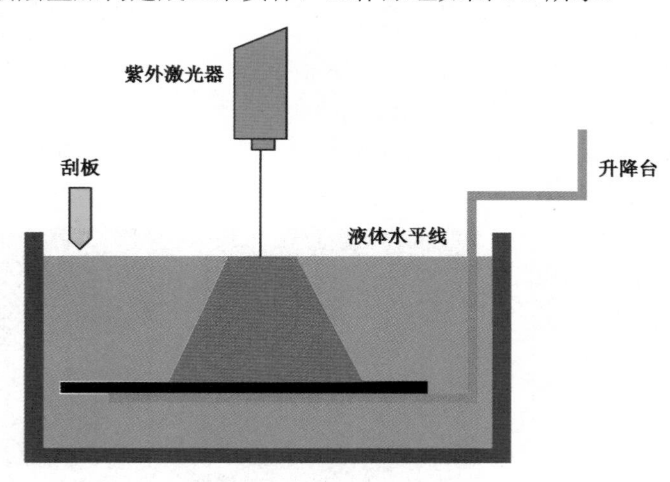

图 1-3　SLA 工作原理示意图

（3）应用特点。

SLA 的优势在于技术成熟、制件精度高（±0.05mm）、表面质量好，能制造特别精细的零件，如戒指模型、需要配合的上下手机盖等。但是设备造价高，对工作环境要求苛刻（温度和湿度要求严格）。应用于航空航天、工业制造、生物医学、艺术等精密复杂结构零件的快速制作，SLA 技术设备及打印样件如图 1-4 所示。

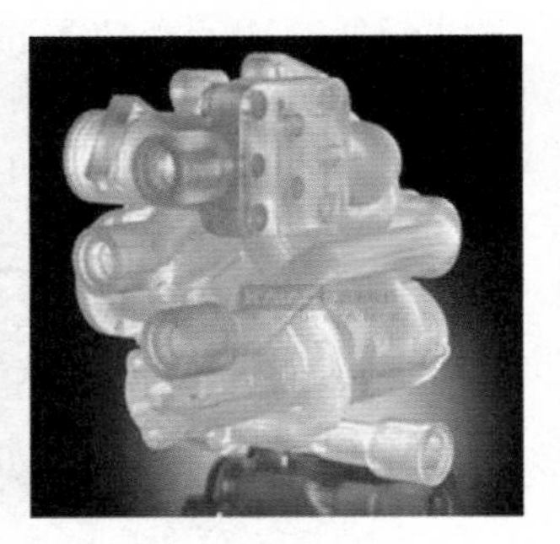

图 1-4　SLA 技术设备及打印样件

2. 熔融沉积成型（FDM）技术

熔融沉积成型（Fused Deposition Modeling，FDM）技术，也称熔丝堆积成型技术或熔融挤出成型技术。

图 1-5　斯科特 • 克伦普

（1）FDM 技术的发展概述。

FDM 技术出现在 20 世纪 80 年代末期即 1988 年，美国学者斯科特 • 克伦普（Scott Crump，见图 1-5）发明了 FDM（熔融沉积成型）技术，第二年斯科特 • 克伦普成立了 Stratasys 公司。1992 年，第一台基于熔融沉积成型技术的 3D 打印产品出售。FDM 技术已被 Stratasys 公司注册专利。FDM 工艺不用激光，使用、维护简单，成本较低，近几年发展较为迅速。

（2）工艺原理。

FDM 技术利用热塑性材料的热熔性、黏结性，在计算机控制下层层堆积成型。将丝状的热熔性材料通过送丝机构送进喷头，在喷头内加热熔化；喷头在计算机的控制下，沿截面轮廓和填充轨迹运动，将熔化的材料挤出后迅速固化并与周围材料黏结；通过层层堆积成型，最终完成整个实体的造型，工作原理如图 1-6 所示。

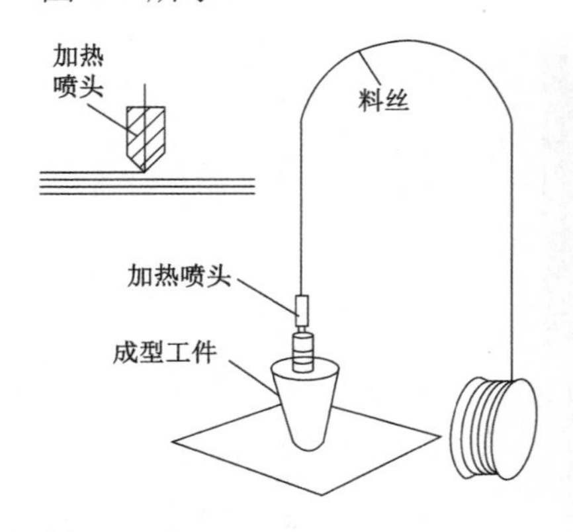

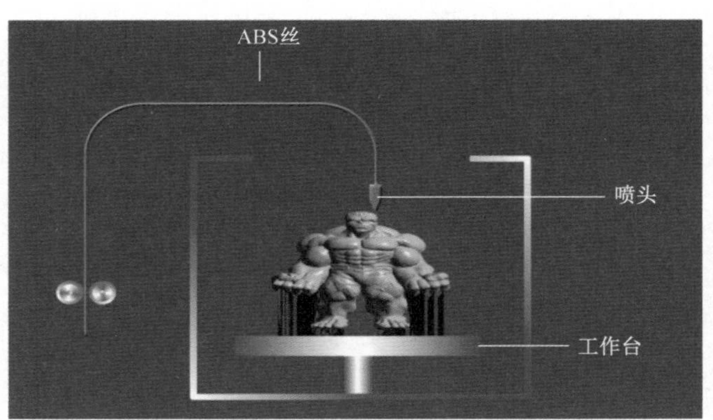

图 1-6　FDM 工作原理示意图

（3）应用特点。

FDM 的优势是操作环境干净、安全，表面质量好，易于装配；原材料以卷轴丝的形式提供，易于搬运和快速更换，材料费用低、品种多、颜色多、利用率高。成型的零件内壁可制成网状结构或实体结构。FDM 技术适用于产品设计、测试与评估，可应用于汽车、工艺品、仿古、建筑、医学、动漫和教学等领域；精度约为±0.2mm。FDM 技术成型设备如图 1-7 所示，FDM 技术打印样件如图 1-8 所示。

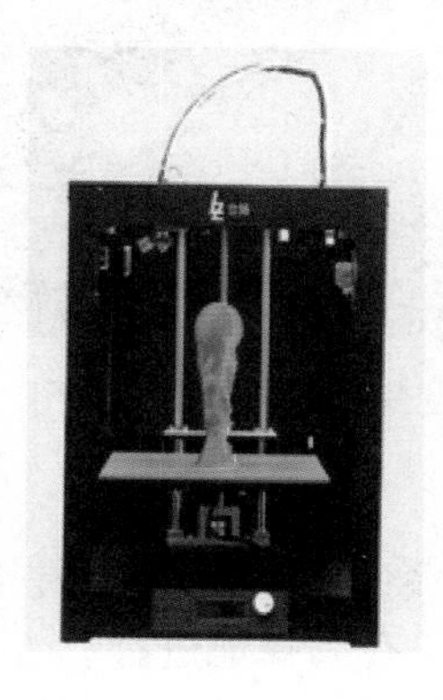

图 1-7　FDM 技术成型设备

图 1-8　FDM 技术打印样件

3．立体喷印（3DP）技术

1993 年美国麻省理工学院的 Emanual Sachs 教授团队发明了三维打印技术（Three-Dimensional Printing，3DP），又称为喷墨黏粉式技术、黏合剂喷射成型技术，美国材料与测试协会增材制造技术委员会（ASTMF42）将 3DP 的学名定为 Binder Jetting（黏合物喷射）。3DP 的工作原理类似于喷墨打印机，是形式上最贴合“3D 打印”概念的成型技术。

（1）3DP 技术发展概述。

1995 年，麻省理工学院把 3DP 技术授权给 Z Corporation 公司进行商业应用。Z Corporation 公司在得到 3DP 技术的授权后，自 1997 年以来陆续推出了一系列 3DP 打印机，后来该公司被 3D Systems 收购，开发了 3D Systems 公司的 ColorJet 系列打印机。3DP 成型设备及其内部构造局部如图 1-9、图 1-10 所示。

3DP 是一种高速多彩的快速成型技术，3DP 打印技术使用的原材料主要是粉末材料，如陶瓷、金属、石膏、塑料粉末等。利用黏合剂将每一层粉末黏合到一起，通过层层叠加而成型。与普通的平面喷墨打印机类似，在黏合粉末材料的同时，加上有颜色的颜料，就可以打印出彩色的制件了。3DP 技术是目前比较成熟的彩色 3D 打印技术，其他技术一般难以做到彩色打印。和许多激光烧结技术类似，3DP 也使用粉床（powder bed）作为基础，但不同的是，3DP 使用喷墨打印头将黏合剂喷到粉末里，而不是利用高能量激光来熔化烧结。

图 1-9 3DP 成型设备

图 1-10 3DP 成型设备的内部构造局部图

（2）工艺原理。

3DP 设备在控制系统的控制下，喷粉装置在平台上均匀地铺一层粉末，喷粉打印头负责 X 轴和 Y 轴的运动，按照模型切片得到的截面数据进行运动，有选择地进行黏合剂喷射，构成平面图案。在完成单个截面图案后，打印台下降一个层厚单位的高度，同时铺粉辊进行铺粉操作，接着再次进行下一层截面的打印操作。如此周而复始地送粉、铺粉和喷射黏合剂，最终完成三维成型件。其工作原理及成型过程如图 1-11、图 1-12 所示。

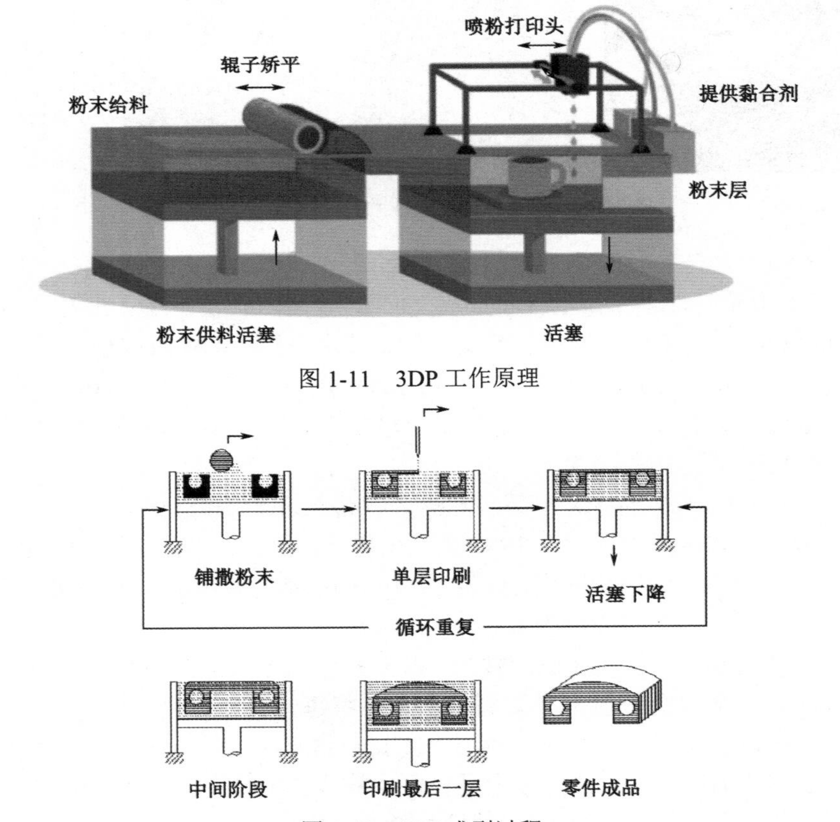

图 1-11 3DP 工作原理

图 1-12 3DP 成型过程

（3）应用特点。

① 特点。3DP技术色彩丰富，可选择的材料种类很多，是一种具有24位全彩打印能力的技术，这也是该技术最具竞争力的特点之一。3DP技术虽然有粉床，但是没有粉床熔融的过程，在成型过程中不会产生残余应力，因此3DP便可完全通过粉床来支撑悬空结构，而不需要支撑结构。3DP打印设备的喷头可以进行阵列式扫描（图1-13）而非激光点扫描，因此打印速度快，能够实现大尺寸零件的打印。3DP打印设备没有激光器，设备价格较为低廉。

图1-13　3DP打印设备的阵列式喷头

② 应用。3DP技术打印的样品精度跟喷头喷印精度直接相关，约为±0.2mm，多用于制作人偶和概念模型（图1-14），不适合制作结构复杂和细节较多的薄型物件。利用3DP技术打印出的工件只能通过粉末黏结，黏结剂的黏结能力有限，其强度比较低，基本只能做概念原型。其主要应用于制造业、医学、建筑业等领域的产品设计原型验证和工艺彩色模型的快速制造，因系统成本较低被大量应用于教学。

图1-14　3DP打印样件

图 1-15　C.R. Dechard 博士

4．选择性激光烧结（SLS）技术

（1）SLS 技术发展概述。

选择性激光烧结（Selective Laser Sintering，SLS）技术是高端制造领域普遍采用的技术。最初由美国得克萨斯大学的研究生 C.R.Dechard 博士（图 1-15）提出，并于 1989 年研制成功。凭借这一核心技术，他组建了 DTM 公司，之后一直成为 SLS 技术的主要领导企业，直到2001年被3D Systems公司完整收购。几十年来，得克萨斯大学 DTM 公司的科研人员在 SLS 领域做了大量的研究工作，并在设备研制、工艺和材料研发上取得了丰硕的成果。

中国政府历来重视科技产业的发展，在国内已有多家单位开展了对 SLS 的相关研究工作，如华中科技大学、南京航空航天大学、西北工业大学，以及北京和湖南的 3D 打印企业，取得了许多重大成果。1994 年作为国内第一家从事 3D 打印设备研发的北京隆源自动成型有限公司成立，公司注册资金 200 万美元，专门进行快速成型设备的生产和销售，并于当年成功制造了中国第一台 SLS 快速成型设备——AFS-360。这种设备以聚丙烯（PP）、塑料粉末（PS）等为原材料，用于生产义齿、高尔夫球杆球头、头骨等。

（2）工艺原理。

SLS 技术主要利用粉末材料在激光照射下高温烧结的基本原理，通过计算机控制光源定位装置实现精确定位，然后逐层烧结堆积成型。

SLS 的工作过程与 3DP 相似，都是基于粉床进行的，区别在于 3DP 是通过喷射黏结剂来黏结粉末，而 SLS 是利用红外激光烧结粉末。先用铺粉辊轴铺一层粉末材料，通过打印设备里的恒温设施将其加热至恰好低于该粉末烧结点的某一温度，接着激光束在粉层上照射，使被照射的粉末温度升至熔化点之上，进行烧结并与下面已制作成型的部分实现黏结。当一个层面完成烧结之后，打印平台下降一个层厚的高度，铺粉系统为打印平台铺上新的粉末材料，然后控制激光束再次照射进行烧结，如此循环往复，层层叠加，直至完成整个三维物体的打印工作。其工作原理如图 1-16 所示。

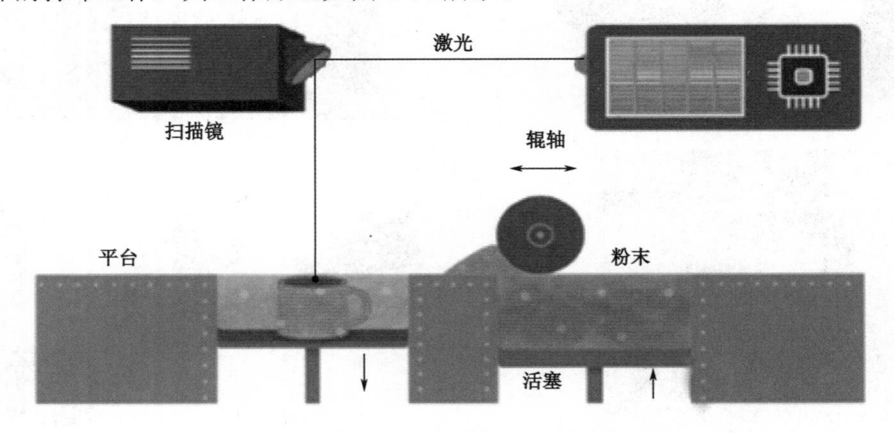

图 1-16　SLS 激光烧结成型工作原理示意图

（3）应用特点。

① 优势。SLS 技术可使用的材料广泛（包括尼龙、聚苯乙烯等聚合物，铁、钛、合金

等金属，陶瓷，覆膜砂等）；成型效率高（由于 SLS 技术并不完全熔化粉末，而仅是将其烧结，因此制造速度快）；材料利用率高（未烧结的材料可重复使用，材料浪费少，成本较低）；无须支撑（由于未烧结的粉末可以对模型的空腔和悬臂部分起支撑作用，不必像 FDM 和 SLA 工艺那样另外设计支撑结构，可以直接生产形状复杂的原型及部件）；应用范围广（由于成型材料的多样化，可以选用不同的成型材料制作不同用途的烧结件，可用于制造原型设计模型、模具母模、精铸熔模、铸造型壳和型芯等）。SLS 技术成型设备如图 1-17 所示。

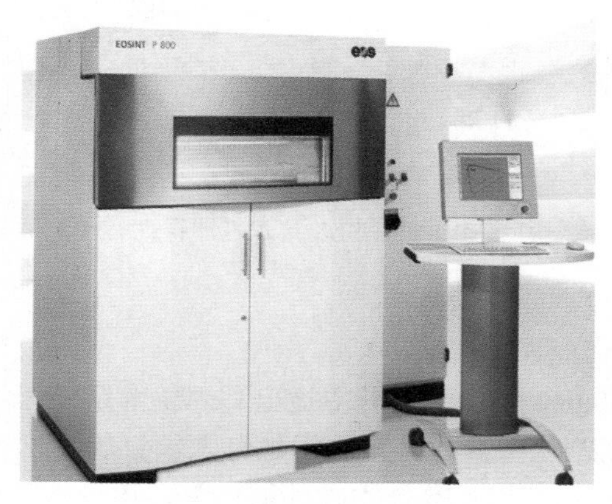

图 1-17　SLS 技术成型设备

② 技术限制。原材料价格及采购维护成本都较高；机械性能不足（SLS 成型金属零件的原理是低熔点粉末黏结高熔点粉末，导致制件的孔隙度高，机械性能差，特别是延伸率很低，很少能够直接应用于金属功能零件的制造）；需要比较复杂的辅助工艺（由于 SLS 所用的材料差别较大，有时需要比较复杂的辅助工艺，如需要对原料进行长时间的加热、制造完成后需要进行成品表面的粉末清理等）。

③ 应用。

- 快速原型制造。SLS 工艺能够快速制造模型，从而缩短从设计到制造出成品的时间，可以使客户更快速、直观地看到最终产品的原型。
- 新型材料的制备及研发。采用 SLS 工艺可以研制一些新兴的粉末颗粒以加强复合材料的强度。
- 小批量、特殊零件的制造加工。当遇到一些小批量、特殊零件的制造需求时，利用传统方法制造往往成本较高，而利用 SLS 工艺可以快速有效地解决这个问题，从而降低成本。
- 快速模具和工具制造。目前，随着工艺水平的提高，SLS 制造的部分零件可以直接作为模具使用。
- 逆向工程。利用三维扫描工艺等技术，可以通过 SLS 工艺在没有图纸和 CAD 模型的条件下按照原有零件进行加工，根据最终零件构造出原型的 CAD 模型，从而实现逆向工程应用。
- 在医学上的应用。由于 SLS 工艺制造的零件具有一定的孔隙率，因此可以用于人工骨骼制造，已经有临床研究证明，这种人工骨骼的生物相容性较好。

SLS 技术打印样件如图 1-18 所示。

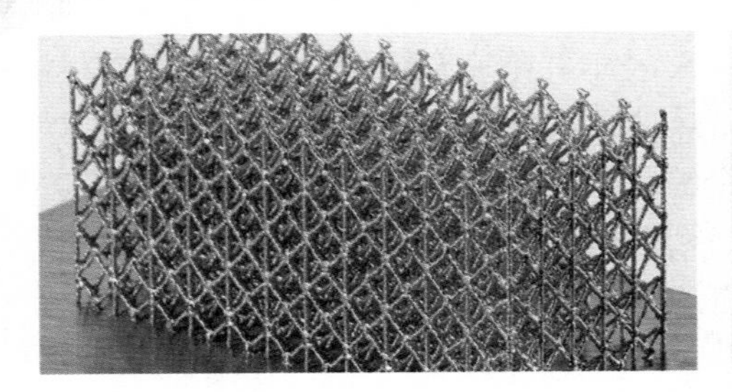
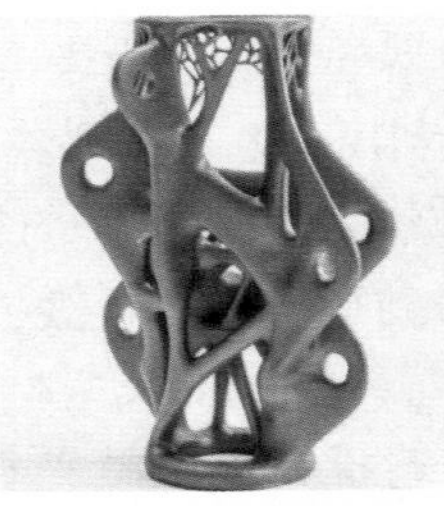

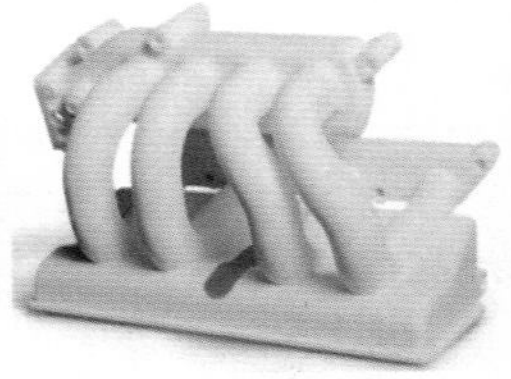

图 1-18　SLS 技术打印样件

5．分层实体制造（LOM）技术

（1）LOM 技术的发展概述。

1976 年，Paul L Dimatteo 在他的专利中提出利用轮廓跟踪器将三维物体转换成许多的二维薄片，然后用激光切割这些薄片，再利用螺钉、销钉等将这一系列的薄片连接成三维物体，如图 1-19 所示为利用分层堆叠技术设计的模具，该设想便是 LOM 技术的雏形。

分层实体制造（Laminated Object Manufacturing，LOM）技术，又称层叠实体制造技术。最早由 Michael Feygin（图 1-20）于 1984 年提出关于 LOM 的设想，并于 1985 年组建了 Helisys 公司（后为 Cubic Technologies 公司），1990 年推出第一台商业机 LOM-1015（图 1-21），成功将该技术商业化。LOM 技术是当前世界范围内几种最成熟的快速成型制造技术之一，主要以片材（如纸片、塑料薄膜或复合材料）作为原材料。一些改进型的 LOM 3D 打印机（图 1-22）能够打印出媲美二维印刷的色彩，因此受到了人们的关注。

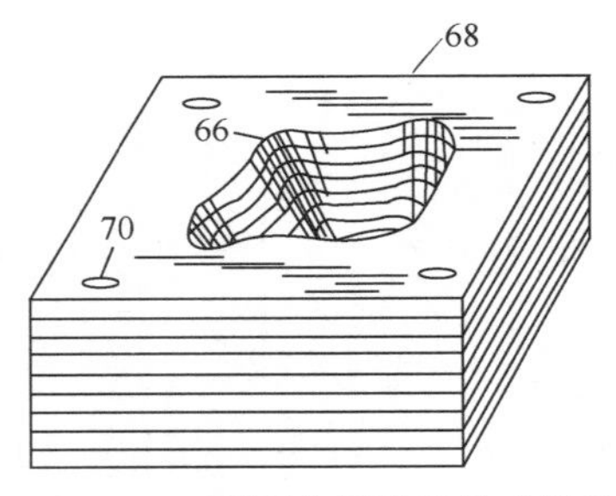

图 1-19　Dimatteo 利用分层堆叠技术设计的模具

图 1-20　发明 LOM 技术的 Michael Feygin

图 1-21　第一台设备 LOM-1015

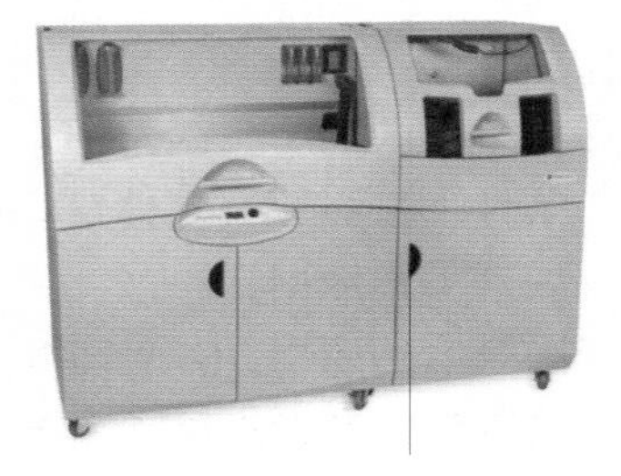

图 1-22　当今的 LOM 3D 打印机

（2）工艺原理。

LOM 技术的成型原理如图 1-23 所示。激光切割系统按照计算机提取的横截面轮廓线数据，将背面涂有热熔胶的片材进行切割。如图 1-24 所示，切割完一层后，送料机构将新的一层片材叠加上去，利用热熔胶在热压辊的压力和传热作用下熔化并实现将已切割层黏合在一起，然后再次重复进行切割。通过逐层地黏合、切割，最终制成三维物件。

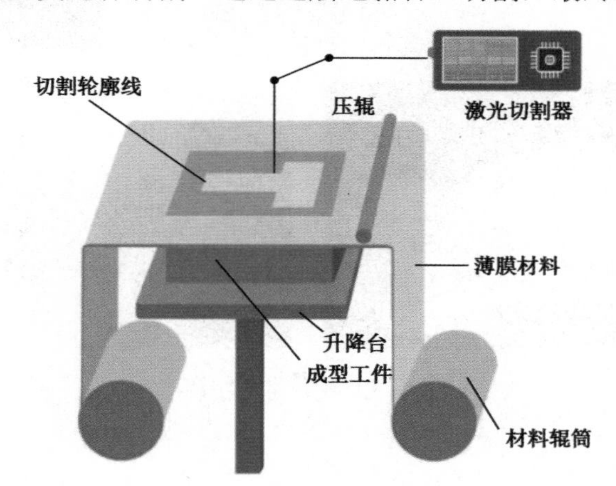

图 1-23　LOM 技术的成型原理示意图

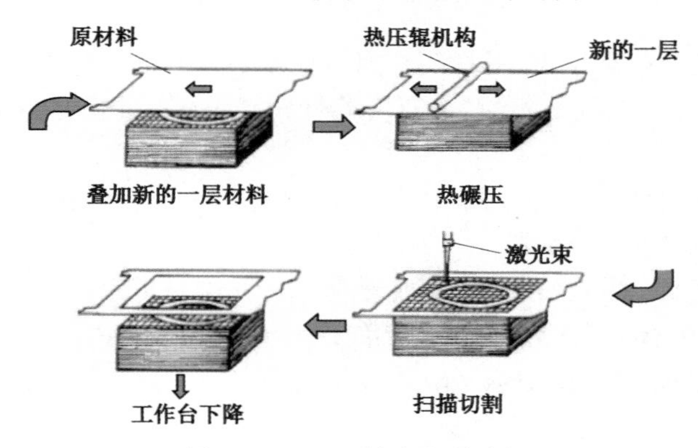

图 1-24　LOM 技术成型过程

（3）应用特点。

① 目前，可供 LOM 设备打印的材料包括纸、金属箔、塑料膜、陶瓷膜等片材。

② LOM 技术多用于直接制作纸质或薄膜等材质的功能制件，用在新产品开发中的外观评价、结构设计验证；通过真空注塑机制造硅橡胶模具，试制少量新产品；快速制模，包括铸造用的金属模具、铸造用的消失模、石蜡件的蜡模等。

③ LOM 技术适用于大中型制件，成型速度快；造型材料成本低，成型过程不会收缩和翘曲变形，无须支撑等辅助工艺；使用寿命长，精度可达±0.01mm，接近精密铸造水平。

LOM 技术打印样件如图 1-25 所示。

图 1-25　LOM 技术打印样件

任务 3　3D 打印系统配置

不管是个人还是企业建立 3D 打印工作室，都需要满足一定的软件和硬件技术条件，其中有些是可选的，有些是必须配备的。本任务将针对桌面级打印机介绍 3D 打印系统的配置。

1．一台高配置的计算机

计算机必须具备有以下 4 种配置。

① 15 英寸以上的高清显示器。

② 64 位 Intel 酷睿 i5 以上或者同样处理速度的 AMD CPU。

③ 独立显卡，1GB 以上独立显存；8GB 以上内存；500GB 以上硬盘。

④ 最好是 Windows 7/Windows 8/Mac 操作系统。

2．3D 设计软件

3D 设计软件是计算机必须要安装的，其主要用来进行 3D 打印模型的创建和修改。目前市面上软件品牌众多，售价不等。

① 国外高端的软件如 Catia、Siemens NX、PTC Creo、Geomagic Design 等商业版，售价在万元以上，主要用于专业工程师。

② 中端软件如达索的 Solidworks、欧特克 Autodesk Inventor、西门子 Solid Edge 等，适用于专业人士和学生。

③ 国产的 CAXA 和中望 3D 软件产品功能也较全面，价格较低，交互简单，功能够用，且本地化技术服务与支持占优势。

④ 桌面级 3D 打印机的用户可选用国产 3D 工业设计软件，如 CAXA 或中望 3D 软件，从事艺术创作设计的可选软件有 3D Max、Maya、Rhino、Geomagic 系列、Blender、Freeform 等。

⑤ 免费软件，如开源 3D 脚本设计工具 OpenSCAD、谷歌的 Sketch UP 等。

3．3D 打印数据处理软件

3D 打印数据模型目前均使用三角形面片格式的数据模型。由于来源不一，会产生各种几何缺陷导致无法打印，尤其是通过3D扫描获取的3D模型数据几乎都要经过处理才能让3D打印机读取。目前该类软件多数依赖德国、美国、意大利等国家技术引进。3D打印数据处理软件，不同厂家的3D打印设备可能要求不一样，可根据实际需要进行选择。

4．3D扫描仪和逆向工程软件

3D扫描仪根据用户的不同应用需求配备。若是产品设计应用或3D照相服务，3D扫描仪是必备的。其价格从几千元到几十万元不等，主要依据扫描模型的细节分辨率来选购。

逆向工程软件品种多，常见操作简单的有UG NX、Solidworks、PTC Creo、中望3D；更专业的有Geomagic系列、Netfabb StudioPro和Imageware等。

5．3D打印后处理工具

3D打印后处理工具主要是一些手工或电动工具。由于3D打印件通常要进行附着物及支撑材料的剥离和清洁，如有的打印件表面粗糙，要进行打磨处理或涂装处理，尤其是桌面级打印机的打印精度有限，比如ABS塑料具有较大的收缩率，所以对于需要进行装配的打印件几乎都要进行打磨处理，为此配套常用的五金工具，如小型桌面多功能砂轮机、多功能虎钳等工具。另外，要准备丙烯酸颜料和丙酮试剂，它们对于提升打印件的质量都是非常有用的。

项目二

3D 打印应用案例

就 3D 打印技术的商业化而言，它在改变人们生产生活方式的诸多方面已有一些应用，但还未能实现大规模的应用，不过就其未来发展趋势而言，这将是一个很有潜力的产业。3D 打印的价值开始显现在各个领域，3D 打印让“天马行空”变为“脚踏实地”。从理论上来说，只要是能够在计算机上绘制成型的产品，都可以通过 3D 打印机将其付诸现实。在航空航天、汽车工业、现代制造业、医学和生物工业技术等领域，它都蕴含着很大的发展空间。在个人消费品制造方面也有着良好的发展前景。在此，我们为读者选择了 3D 打印在各行业的典型应用案例，以使读者对该技术的应用有所了解。

航空航天

汽车交通

文件修复

医疗器械

家电模型

时尚创意

房屋建筑

教育科技

任务 1 航空航天领域应用

3D 打印技术所具备的无模具、快速、自由成型的制造特点给工业产品的设计思想和制造方法带来了翻天覆地的变化。如图 2-1 所示，航空航天产品要求长寿命、高可靠和能适应各种环境，同时又要满足高强度、轻量化的要求，所以结构通常都较为复杂，对金属材料加工技术的要求也越来越高，这也使得航空航天产品的研发制造周期都比较长。3D 打印技术的出现，特别是高性能金属零件直接 3D 打印技术的发展，为航空航天产品从产品设计、模型和原型制造到零件生产和产品测试都带来了新的思想和技术途径，有望缩短航空航天产品的研发和生产周期。

图 2-1 航空航天

我国 3D 打印技术在关键军事领域的运用已经较为成熟，其中包括航空母舰上的各种武器和配套装置，人造卫星的外部构造、火星探测器、空间站，乃至宇宙飞船等设备里的一些精密、复杂零件，大部分是单件或小批量制造。用 3D 打印技术制作可以满足这些零部件的结构和性能要求，其成本也可以接受，因此被广泛研究和应用。

1. 精密复杂零件的金属直接成型

航空航天复杂精密零件的传统制造方法通常是精密铸造，但是在有些关键部位，铸件的性能往往难以达到使用要求，还需要进行热等静压，或者直接采用锻造和数控加工进行整合，使得工序非常复杂，材料利用率很低。采用金属直接成型已经成为制造航空航天高性能复杂精密金属零件的一条重要途径。如图 2-2 所示为 3D 打印某空客机翼支架。

2. 飞行器风洞模型

飞行器风洞模型（图 2-3）是飞机研制中必不可少的重要环节，飞机风洞模型的加工质量、周期和成本影响了飞机研制的效率。目前采用传统数控加工的方法制造风洞模型，存在着加工周期长、成本高，而且复杂的外形结构难以加工的缺陷，立体光固化快速成型具有制造复杂外形和结构的优势，可以为飞机风洞模型提供一种新的制造方法。

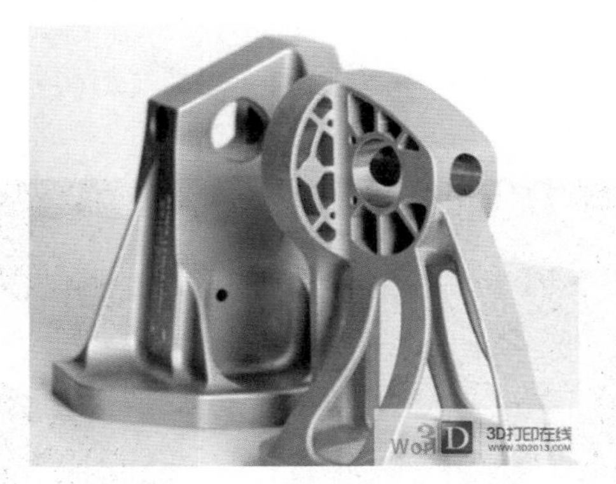

图 2-2 3D 打印某空客机翼支架

图 2-3 飞行器风洞模型

3. 高温合金空心涡轮叶片的激光近净成型

空心涡轮叶片（图 2-4）由于工作温度高、应力复杂、环境恶劣，被列为高性能航空发动机热端部件的重要核心零件。空心涡轮叶片传统的制造方法采用精密铸造，加工工序比较复杂，从图纸到成品，一般都要经过 40～60 道工序，导致成品率较低。而如果采用激光近净成型直接制造涡轮叶片，成品率将会有较大的提升，同时相比铸造叶片，零件的性能也将能得到较大改善。

图 2-4 某航空空心涡轮叶片

4．复杂微通道结构件的扩散焊分层实体成型

航空航天动力系统许多复杂微通道结构件由于通道尺寸细小，有些可达微米或亚微米级，同时通道排布复杂，通道内表面要求高，采用传统方法极难加工，扩散焊分层实体成型为这种复杂结构件（图 2-5）的制造拓展了一条重要途径。

图 2-5　复杂结构件

5．金属结构件的激光成型修复

激光近净成型过程所采用的同步送粉增材制造这一特点使得该技术可以应用于损伤零件的成型修复（图 2-6）。零件的修复包括几何性能（几何形状、尺寸精度）和力学性能（强度、塑性）恢复，激光成型修复后经少量的后续加工，即可使零件达到使用要求，从而实现零部件的高效率、低成本再生制造。

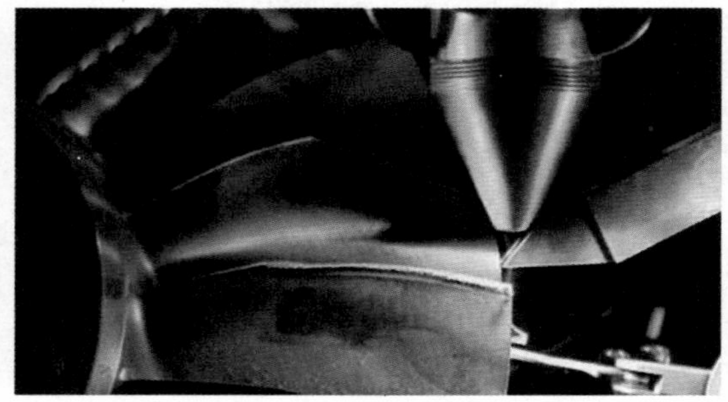

图 2-6　修复叶片

6．复杂结构钛合金零件的电子束选区熔化制备

航空航天发动机整体性能的提高，使得对高性能关键结构件整体化和轻量化制造的需求日益迫切，特别是随着发动机工作温度的提高，高温高强钛铝（650～1000℃）金属间化合物的应用（图 2-7）逐渐增加。除了激光近净成型和激光选区熔化成型技术外，电子束选区熔化成型技术也已经成为航空发动机热端复杂构件的一条重要成型手段。特别是这项技术尤其适用于高温高强硬脆金属间化合物构件的成型制造，这种材料采用常规手段极难进行复杂构件的成型。

图 2-7　钛合金零件

7．其他应用

3D 打印，将让人类在航空航天征途上飞得更快、更高、更远。2016 年，我国成功发射的首枚新一代运载火箭“长征七号”的某试验搭载中，就有用到 3D 打印的钛合金构件。中国运载火箭技术研究院副总工程师陈济轮向新华社记者透露，采用 3D 打印只用 7 天就搞定以往好几个月才能加工完的零件。中国工程院院士、北京航空航天大学教授王华明回忆说，国产大型飞机 C919（图 2-8）机头工程样机的主风挡框、连接机翼和机身的上下缘条等钛合金大型复杂关键构件就曾采用 3D 打印制造，只用几十天时间完成了传统工艺耗时两年的工作，材料用量不足传统锻件的十分之一。“若使用 3D 打印技术制造航空航天构件，至少可以压缩一半的周期和成本。”

图 2-8　C919 大型飞机

中国工程院院士、西安交通大学教授卢秉恒在首届“中国航空航天增材制造技术与应用论坛”上介绍，美国航空航天局 2013 年通过 3D 打印技术制造的 J-2x 火箭发动机喷注器（图 2-9）就在高温点火试验中产生了创纪录的 9 吨推力，并使整体式喷注器组零件数由原来的 115 个集成为 2 个，大大提高了生产效率。从空间“五金店”到“太空工厂”，“缩短型号研发流程，实现复杂结构产品的小批量快速制造只是 3D 打印作为颠覆性技术的一个方面。”

图 2-9　3D 打印火箭喷注器的测试

陈济轮认为，3D 打印将会打破传统制造工艺对先进结构设计的制约，让产品设计师放手做出“天马行空”的设计。如今，3D 打印已将人类生产制造活动延展到外太空。众所周知，太空环境与地面上完全不同，就是紧固螺母这么简单的工作，在空间站都受到极大的制约，更别说制造工具。因而在 3D 打印机被送上太空以前，人类进入太空就像去户外露营，得把要用的工具都带齐全。但自从空间站有了3D打印机（图2-10），航天员可以随时设计打印出急需的个性化工具，就像多了个空间“五金店”。美国航空航天局的地面工作人员就曾通过电子邮件给空间站传了一个数字模型文件，由空间站上的航天员自主地3D打印出一个急需的套筒扳手。

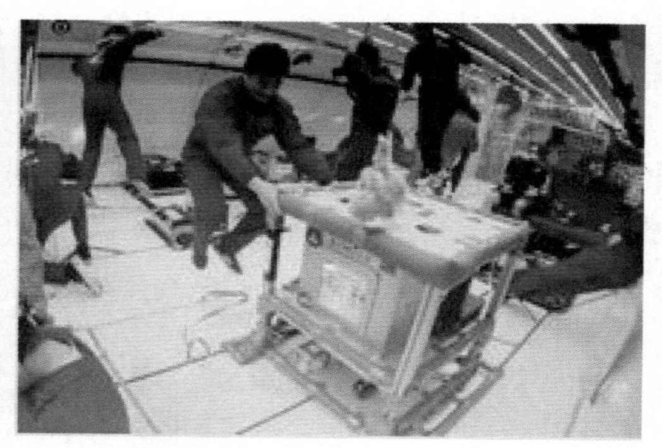

图2-10 3D打印机在太空工作

如今，中国对3D打印技术日益重视，迎来3D打印良好的发展机遇。3D打印已被当作“中国制造2025”的一项重要工程来发展，国家已制定了相应的发展规划，并从“十三五”开始进行财力支持。可以预见，随着3D打印技术规模产业化，传统的工艺流程、生产线、工厂模式、产业链组合都将面临深度调整。3D打印技术在中国航空航天领域上的应用前景也将充满无限可能。

任务2 汽车制造领域应用

3D打印技术所具有的高度柔性化、个性化的实体自由成型特点，以及快速的所见即所得实景展现优势，使其在个性张扬的汽车设计（图2-11）、研发和零件的快速制造中的应用日益广泛。目前3D打印机所制造出来的金属部件在精度和强度上已经大有提升，这也让许多行业开始对3D打印刮目相看，有的已经开始进行大规模尝试。3D打印的成本效益要更高一些，在加工某一零部件时，不需要冗长的生产线和复杂的加工流程，只需在一台打印机中就能够全部完成，从而将故障点数目降到最低，几乎杜绝了残次品的出现，这是传统制造技术难以比拟的。3D打印还能够制造出一些构造复杂、传统工艺无法实现的零部件，这也将大幅提高金属零部件的生产效率。

1．制造汽车零部件

针对汽车制造进行研发和生产，必须制造巨大的零件样件，要求制造的零部件往往需要较长的生产周期。利用3D打印技术制造汽车的零部件（图2-12），可以有效节约生产成本，还可以提高生产速度，缩短生产周期40%以上。因此利用金属激光烧结三维打印技术，对金属部件进行处理，选择各种合金材料作为3D打印的原材料，实现了加工过程的简化，并且提升了生产效率。

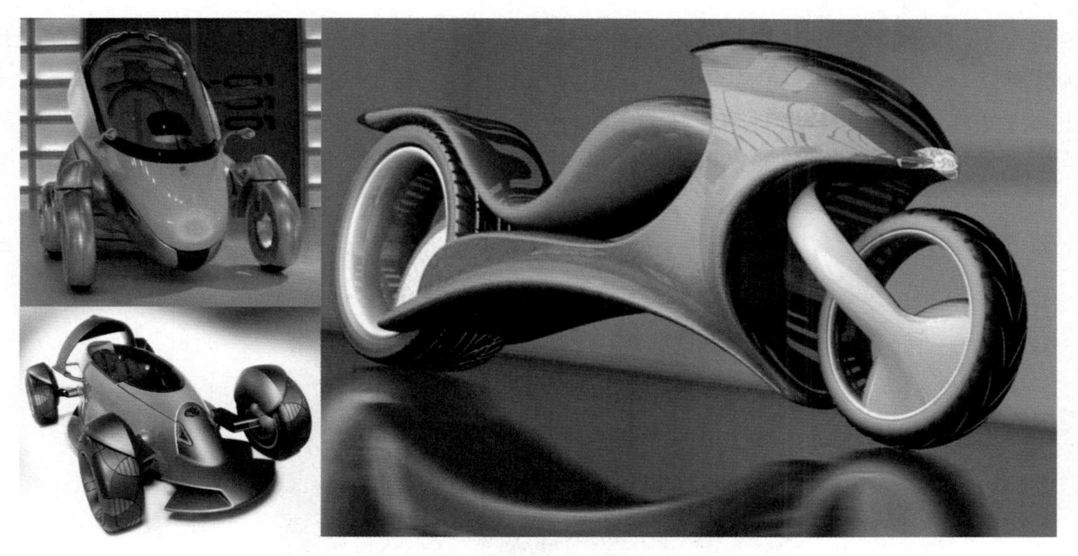

图 2-11　新型（概念）汽车设计

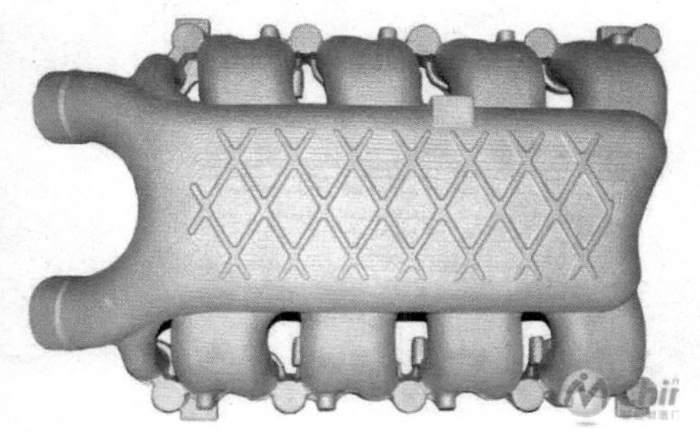

图 2-12　汽车发动机及关键零部件制造

2. 制造汽车模具复杂型腔

现代汽车企业生产零部件的形状变得日益复杂，给制造生产过程造成了极大的困难。如汽车空调外壳生产时，其外形结构相当复杂，造成了模具生产中必须要制造复杂的型腔和型芯，这种零部件生产往往只能够使用镶嵌、拼接方式来实现模具制造。传统制造方式制造的模具无法达到高精度生产，且生产的周期也被大幅度延长，因此传统的零部件制造方法耗费大且耗时长。如果在企业零配件制造时采用激光烧结 3D 打印技术可以有效控制汽车模具的复杂型腔，同时完成复杂型腔的整体加工（图 2-13）。利用 3D 打印技术可以节约生产成本，缩短加工时间，实现成本、工期双重提升。

3. 实现汽车制造轻量化

节能减排一直都是汽车行业和交通运输业比较重视的问题，汽车企业往往将生产制造的轻量化作为企业发展的重要目标，因此要降低汽车整车质量必须降低零部件的质量，汽车零部件制造过程中利用 3D 打印技术可以实现企业制造的轻量化。利用合金材料制造汽车的零部件，可以实现传统制造难以实现的生产。

2015 年美国旧金山的 Divergent Microfactories（DM）公司推出了世界上首款 3D 打印

超级跑车“刀锋（Blade）”，如图 2-14 所示。该公司表示此款车由一系列铝制“节点”和碳纤维管材拼插相连，轻松组装成汽车底盘，因此更加环保。Blade 搭载一台可使用汽油或压缩天然气为燃料的双燃料 700 马力（约合 515 千瓦）发动机。另外，由于整车质量很轻，整车质量仅为 1400 磅（约合 0.64 吨），从静止加速到每小时 60 英里（96 公里）仅用时两秒，轻松跻身顶尖超跑行列。

图 2-13　整体加工

图 2-14　首款 3D 打印超级跑车“刀锋（Blade）”

同年在中国首台 3D 打印汽车在海南三亚发布，如图 2-15 所示。据了解，这台概念汽车由某公司开发研制，“土豪金”色车身部分是运用复合材料 3D 打印而成的，重约 500 千克，其余为组装配件，该车通过电力驱动。结合 3D 打印技术，帮助汽车客户更快、更精准地打印出产品模型，用于装配测试和迭代优化，或者直接打印最终件，提高质量，降低整体研发成本。从设计到组装完成仅耗时一个月，其中 3D 打印阶段仅耗时 5 天。

图 2-15　中国首台 3D 打印汽车

4．汽修工具打印

汽车的维修工具具有特殊的尺寸要求和形状要求，可以利用 3D 打印技术中的三维数字扫描逆向技术对其进行打印。如汽车维修扳手通过三维扫描之后，创建数字模型，并利用图片处理技术来进行切片。汽修扳手打印时，应确定作业的尺寸和模具的形状，最后再通过复合材料进行堆积成型。扳手打印的误差应控制在 0.08～0.1mm。3D 打印的摄像头应选择双色摄像头，即彩色和单色两种。在确保各种打印信息数据准确的情况下，对汽车的维修工具进行打印，以满足特殊工具的高精度要求。虽然 3D 打印技术的操作比较简单，但是对于操作工作人员的素质要求相对较高，汽车维修企业应积极引进相关的 3D 打印技术和设备，通过人才集中培训方式来为 3D 打印工作提供人力资源支持。

5．零部件定制

由于当前汽车种类越来越多，汽车的型号更是不断更新，在进行汽车维修的时候，面临着很多问题。尤其是一些限量版的汽车或是已经下线的汽车的零部件相当少，维修过程中难以找到同类型的零件进行替代。因此，汽车维修企业必须要具备零部件定制生产的能力，而 3D 打印技术正好解决了汽车零部件的定制打印（图 2-16），为各种车型的零部件缺失维修提供了重要保障。

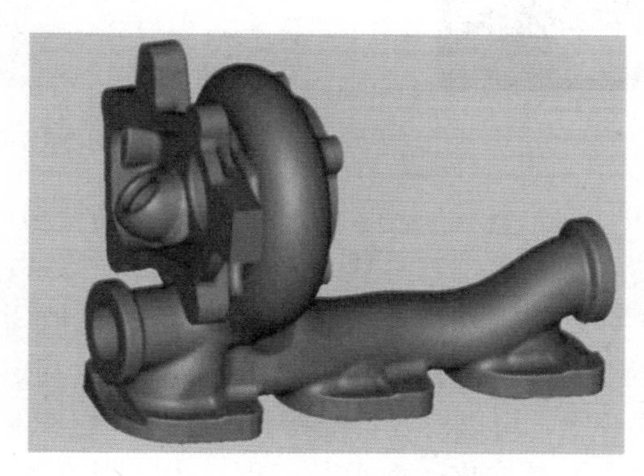

图 2-16　汽车零部件的定制打印

3D 打印技术立足于信息技术、材料技术、控制技术和智能制造技术，随着这些技术的不断进步，3D 打印技术在各领域的应用也越来越成熟。在汽车的制造和维修领域，3D 打印技术已经发挥了巨大的作用，在 3D 打印技术的推动下，汽车行业会向着个性化定制、便捷化和智能化的方向发展。

任务 3 医疗领域应用

3D 打印技术在生物医学领域的应用很广泛，主要分为以下四个方面。

（1）体外医疗模型和医疗器械个性化制造。基于 CT、MRI 等生物医学图像，生成 3D 打印用 CAD 模型，应用于外科整形、手术规划和个性化假肢设计等领域，如图 2-17 所示。

（2）永久植入物的个性化制造。基于仿生的多尺度生物复杂结构设计，建立具有多尺寸复杂结构的生物系统模型，采用具有生物相容性的材料，制造出可植入人体的修复体。

（3）组织工程支架的增材制造。人体组织支架和组织结构体的生物制造技术。

（4）细胞增材制造。利用 3D 打印技术制造具有个性化结构且具有功能性的人工器官与组织。

其中体外医疗模型和医疗器械的制造应用中，3D 打印的零件无须植入体内，所用材料不需要考虑生物相容性等问题；而体外医疗器械一般也只考虑所用材料的力学和理化性性能。目前这类应用最为普遍和成熟，也正在为人们的健康服务。在美国，大部分此类应用已经纳入医疗保险的范畴，特别是对于大型或高风险的手术，体外模型已经成为常规手术步骤，医生通过其进行手术规划，探讨各种重要问题。典型应用有下颚脑部模型、齿科医疗模型、盆骨模型（图 2-18）、手术模板与精准手术、手术导板等体外模型。

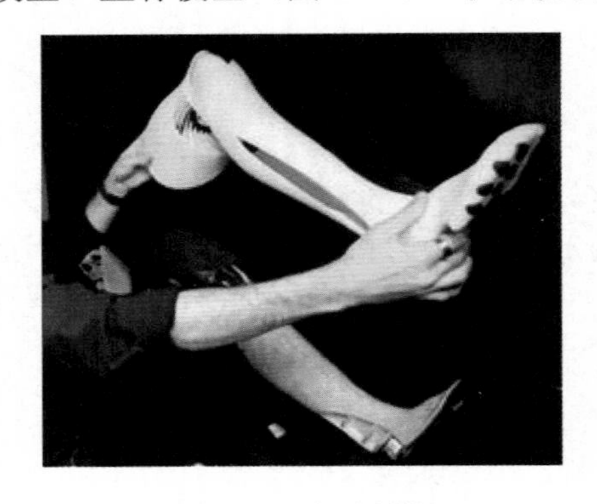

图 2-17　义肢制作

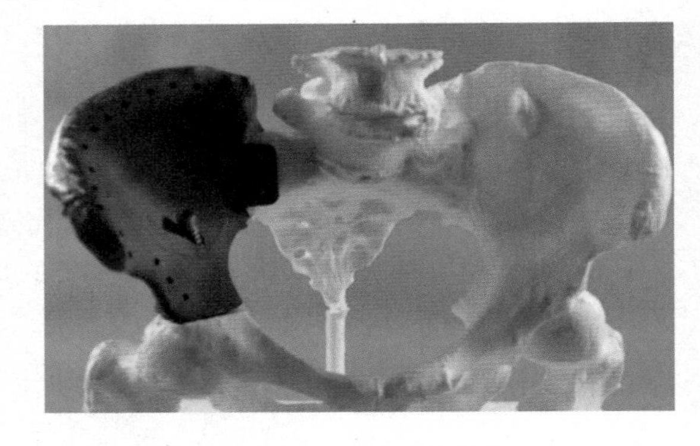

图 2-18　人体盆骨模型

永久植入物（图 2-19）的个性化制造，因所制造产品需要植入体内发挥功能，所以使用的材料必须具有良好的生物相容性，并要求在体内环境中降解。典型应用有钛合金假体定制、人工骨、非降解骨钉、人工外耳（图 2-20）、个性化种植牙等。

如图 2-21 所示，组织工程即人体器官的人工诱导制造，其定义为：“应用工程学和生命科学原理生长出活的代替物，用以修复、维持和改善人体组织和器官的功能。”传统方法生产的人造器官在人体内永远是异物；而组织工程植入物则可形成活的组织，参与人体新陈代谢。组织工程的三要素之一是细胞载体框架结构。研制适用的“细胞载体框架结构”所需材料和成型工艺是问题的关键之一。这一框架植入人体后，细胞参与生长过程，作为信号分子的载体和新组织生长的支架，随新组织的生长，适时降解，最终与新组织的生长相匹配地消失。有时它也称为间接细胞组装技术。

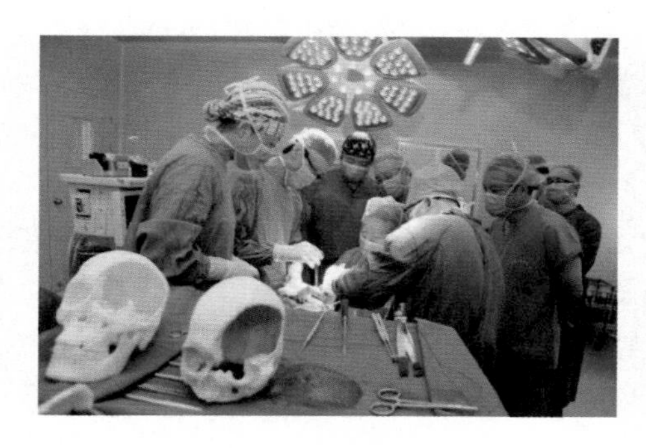

图 2-19　颅骨修补

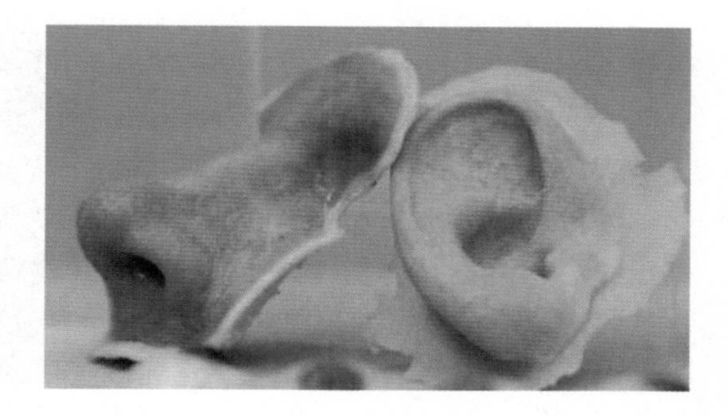

图 2-20　人体器官再植（人工外耳）

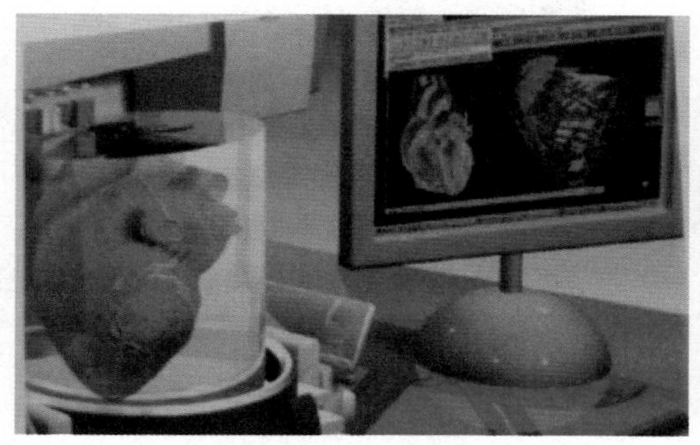

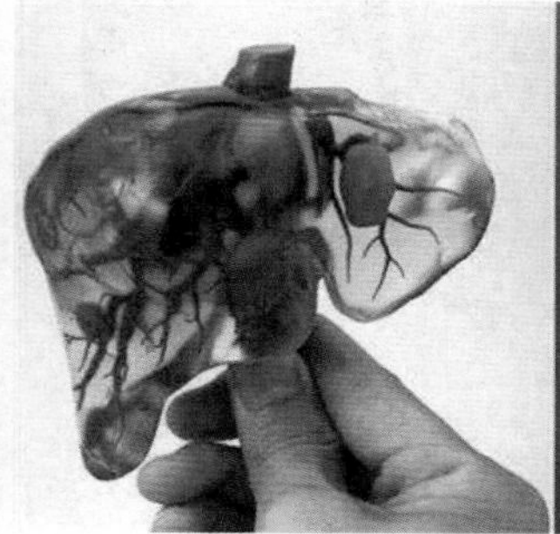

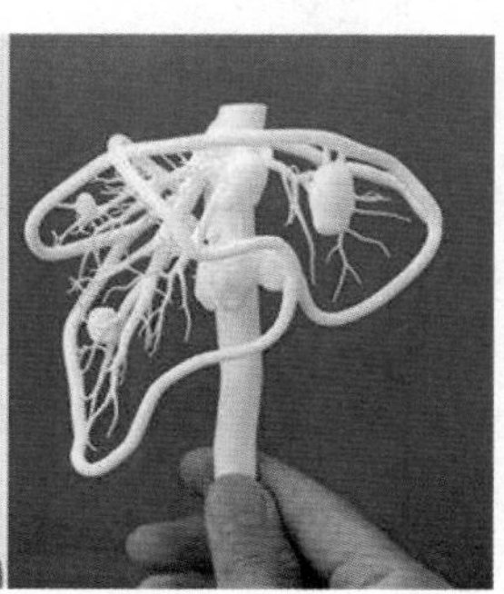

图 2-21　人体心脏及血管支架

如图 2-22 所示，直接将细胞、蛋白质及其他具有生物活性的材料作为增材制造的基本单元，利用增材制造技术直接进行细胞打印，以构建体外生物结构体、组织或器官模型。构建的体外生物结构体既可以用于植入患者，替代其病体部位，成为人工器官或组织；也可以应用于药物筛选，极大地加快药物开发进程，这也是增材制造学科的最新发展方向之一。

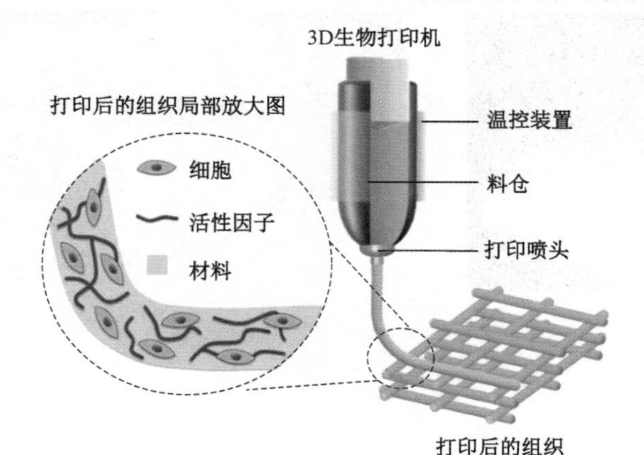

图 2-22　3D 生物打印机工艺

在制造细胞培养支架和植入性医疗器械产品上，3D 打印技术具有一定优势。由于每位患者的身高体重、器官大小都不一样，而 3D 打印可以满足个性化需求。从人体模型、模拟手术到金属打印植入物、齿科矫形，3D 打印技术致力于改变个性化医疗的未来。

任务 4 建筑领域应用

随着我国城市化水平不断提高，建筑模型的设计造型也越来越受人们的重视。建筑模型设计者为了更好地表达设计意图与展示建筑结构，以往常通过手工雕塑将设计模型制作出来，但是制作的模型往往精度不足，无法完整全面地表达设计师的内心思想。3D 打印技术能够将建筑设计师的设计理念迅速地转化为可以看得见、摸得着的建筑模型（图 2-23），使得建筑设计的表现更加立体、更加直观。

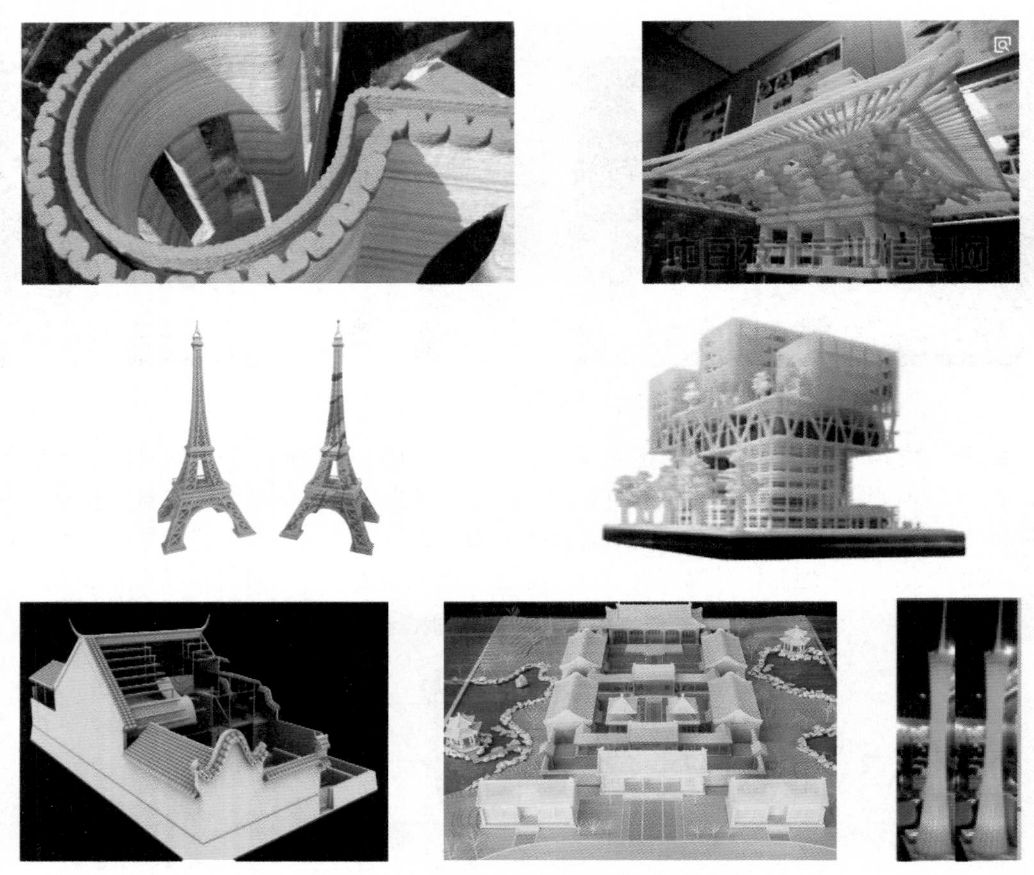

图 2-23　3D 打印的特色建筑

在建筑行业，已经有不少设计师、工程师涉足 3D 打印技术，因为 3D 打印建筑的优点很多，比如 3D 打印建筑的“油墨”实质是建筑垃圾的再利用，包括工业垃圾、矿山尾矿，还有水泥和钢筋、特殊的助剂等材料，并可就地取材，回收建筑垃圾，通过技术处理、加工分离使之成为 3D 打印建筑“油墨”的一部分原材料，让建筑垃圾回到建筑中。

3D 打印可以充分利用打印智能控制，使建筑一次成型，减少建筑中的材料损耗和工艺损耗。3D 打印建筑让未来的建筑工人劳动强度大大降低，工作环境大大改善，工作更高效。3D 打印建筑可以做到让建筑能耗大幅度降低，有效改善施工粉尘和噪声的影响，避免对环境造成污染，减少雾霾的产生。

3D 打印还能打印出具有平滑表面的各种立体造型的房屋，让建筑的艺术性通过 3D 打印技术一次性实现。3D 打印建筑对各种特殊设计结构、空间结构、研发性产品、单一样品具有比常规施工技术更明显的优势。

如图 2-24 所示，荷兰阿姆斯特丹建筑大学的建筑设计师 Janiaap Ruijssenaars 利用 3D 打印技术完成的全世界第一座 3D 打印建筑，其外形酷似“莫比乌斯环”，将天花板延伸成为地板，建筑内部则可以延伸成为外墙。

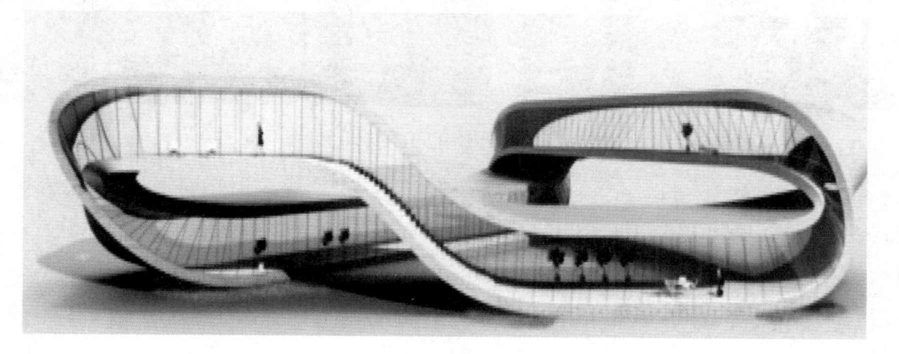

图 2-24 世界第一座 3D 打印建筑

建筑 3D 打印机高 6.6 米、宽 10 米、长 32 米，底部占地面积有一个篮球场大，高度有三层楼高，如图 2-25 所示。打印的材料宽度只能是 1.2 米，但长度可以无限长。根据计算机设计的图纸和方案，由计算机操控一个巨大喷口喷射出“油墨”，喷头像奶油裱花一样，油墨呈“Z”字形排列，层层叠加，很快便砌起了一面高墙。之后，墙与墙之间还可像搭积木一样垒起来，再用钢筋水泥进行二次“打印”灌注，连成一体。在 24 小时内可打印出 10 幢 200 平方米的建筑。

图 2-25 建筑 3D 打印机

2015 年，中国使用 3D 打印技术建造的一栋面积约 1100 平方米的别墅、一栋 5 层居民楼（图 2-26）在苏州工业园区亮相，引来了不少人驻足观光，惊叹新技术带给我们的奇妙体验。

大家走进了 3D 打印的别墅和五层楼房，房子的墙体看上去跟用水泥建造出来的一样，呈现出一圈圈蛋糕般的螺纹结构，用手指敲敲墙体，可以听到“嘭嘭”的声音。虽然手感粗糙，但每层之间密不透风，看上去浑然一体。五层高楼房由地下一层和地面五层组成，每层的建筑面积为 200 平方米，建造一层这样的房子，打印材料要一天，5 个工人只需要花三天的时间就可以将其建造好。

图 2-26　苏州的 3D 打印别墅

3D 打印机打印的建筑模型，快速、成本低、环保，同时制作精美，完全合乎设计者的要求。可节约建筑材料 30%～60%，工期缩短 50%～70%。建筑成本至少节省 50%以上。在节省材料的同时，内部结构还可以根据需求结合声学、力学等原理做到最优化，所以它的壁厚可以做得很薄，现在常规的建筑一般是 24 厘米的厚度，打印建筑可以做到 18 厘米甚至更薄，同时强度和保温性能丝毫不会减弱。并且顾客可以私人定制家居和房子风格。3D 打印技术的广泛推广将彻底改变现行建造方式，让世界上更多的人住得起房子。

2014 年，在台北市立美术馆的展览中，台湾艺术家彭泓智展示了 3D 打印的圣经中出现的“诺亚方舟（Ark of Noah）”，如图 2-27 所示。8 米长的诺亚方舟被分割成 6000 多个不同的模块，每个模块有 10 立方厘米，在现场打印组装的过程中，又分成了 4 个部分，每个部分中都加入了金属支撑结构，方便拆除再组装。6000 多块“小魔方”严丝合缝的黏合，成就了这一庞然大物。整个项目从最初设计到最终完成，耗时约 42000 小时（约 1750 天，4 年多），使用了 500 千克 3D 打印线材。整个项目花费 400 百万台币。绝对是大手笔大制作的作品！除了这件长 8 米的大型方舟，还有一个长 2 米的缩小版，均在台北市立美术馆展出。

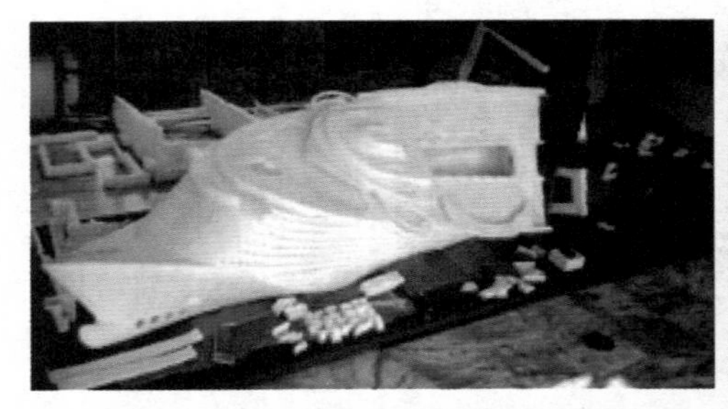

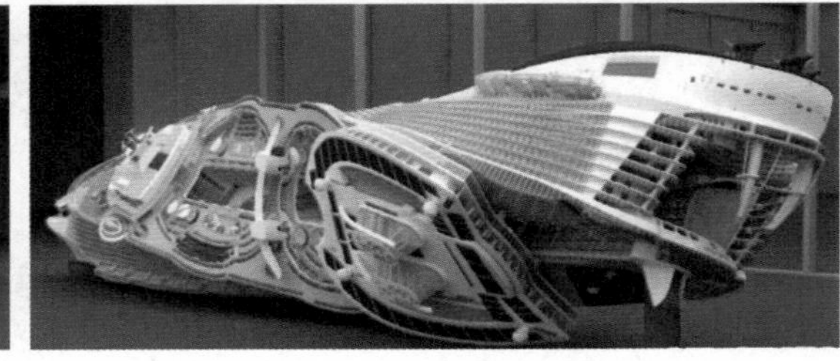

图 2-27　3D 打印的诺亚方舟

任务 5 个性化艺术品、服装与饰品

个性化服装、配件、饰品是 3D 打印服务最广阔的一个市场。如图 2-28 所示，定制运动鞋、首饰、衣服、眼镜等，越来越多品牌借助 3D 打印，让时尚焕发崭新面貌，使私人化定制变得触手可及。

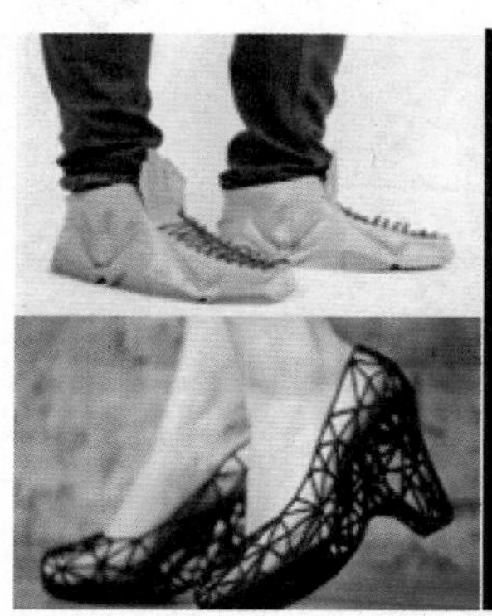

图 2-28　3D 打印个性化服装及鞋

3D 打印为消费者提供了更多充满个性化的选择，只要你展开想象力，就能够打造出专属于自己的个性配饰，如图 2-29 所示。3D 打印技术作为非常受欢迎的技术，被产品设计、首饰制作等艺术工作室广泛应用。不少艺术家也已经将 3D 打印技术应用在他们的艺术作品制作中，3D 打印技术帮艺术家们开拓出崭新的创作灵感。

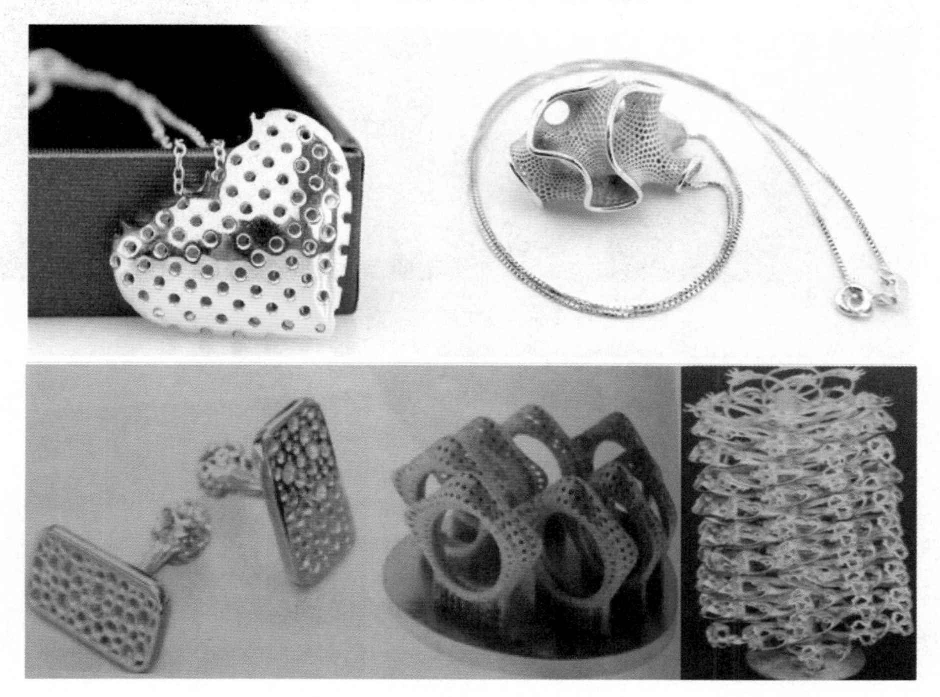

图 2-29　3D 打印个性化金首饰

博物馆或生活里常常会用替代品来保护很多复杂的原始作品不受环境或意外事件的伤害，同时又能将艺术或文物的影响传递给更多更远的人，3D 扫描和 3D 打印这两个最佳拍档技术将在复原和复制文物中发挥重大的作用。不单是复制文物，同时 3D 打印也可以创造出具有美感的艺术品，如图 2-30 所示。

图 2-30　3D 打印艺术品

任务 6　个性化食品

民以食为天，随着人们生活水平的提高，人们的口味也相应提高。饭店的厨师都在担心一人难调众口，所以用 3D 打印技术制作个性化食品也应运而生，如图 2-31 所示。目前世界上已有糖果 3D 打印机、水果 3D 打印机、巧克力 3D 打印机等。

随着可食用的 3D 打印材料的增多，不少 3D 打印机生产厂商也陆续推出食物 3D 打印机。目前食物 3D 打印机只是对烹饪前的食物进行配置，烹饪过程还需人工操作。3D 打印机根据食材配置进行制作，营养均衡；3D 打印机简化了做饭过程。

图 2-31　个性化煎饼及汉堡包

巧克力和玫瑰都是情人节不可缺少的元素，而将“自己”融入甜蜜的巧克力中送给爱人更是一种新浪漫。2013 年日本有一家名为“CUBE”的 3D 体验馆举办活动，教人们制作情人巧克力，如图 2-32 所示。使用一台增材制造机器，制作出有你自己脸蛋的松露巧克力。经过 3D 扫描仪扫描面部表情，然后在计算机里进行调整。接着做出巧克力模型，再将巧克力注入模型里面成型。这些直径约 3cm 的巧克力人像十分精美，连牙齿的形状都清晰可见。

图 2-32　制作巧克力

今后，在食物打印机的计算辅助设计软件上，允许使用者自行设计食谱并与他人分享。即使是对烹饪一窍不通的人，也可以通过下载名厨食谱，用食物打印机制作出精美的大餐，或者“打印”出营养全面的美味菜肴。

任务 7　3D 打印与创新教育

通过 3D 打印来完成你脑中所构想的一切，然后打印出实体来解决遇到的问题。学以致用，让创意变得触手可及。

目前，桌面级 3D 打印机正被迅速推广应用到建筑设计、工业设计、机械设计、模具设计、艺术设计、玩具设计等各个领域，打印得到各种各样的模型，用作产品样本和用于设计评审、机能测试及装配试验等。3D 打印机在欧美大学里几乎就是制造物理模型必不可少的工具，主要应用如下。

（1）机械工程学院：3D 打印可以完整地将计算机的数字模型转换为实物模型，使学生直观地评估自己的设计成果，从而提高学生的设计创造能力。

（2）建筑工程学院：3D 打印可以将整栋建筑物模型分批打印，最后组装成型，使学生的设计模型从平面展示时代推至三维时代。

（3）工业设计学院：3D 打印可以使学生突破制造工艺的限制，从而获得任何复杂的工业模型。

（4）美术学院：3D 打印可以将设计的美术模型以三维方式呈现，使学生从后期的评论反馈中继续提高设计水平。

最近几年 3D 打印机也迅速走进我国相关教育部门，甚至已走入中小学课堂。3D 打印技术及相关设备走进高校或职业院校，可以使学生们充分了解先进制造技术的突出优势、与传统加工技术的区别，并在一定程度上掌握、实际应用该技术，特别是有利于他们牢固地掌握各种三维设计建模软件的使用，这对未来创新技术的发展和创新人才的培养具有长远的意义和深远的影响。

1. 作品比赛

国内各高等职业院校的三维 CAD 软件比赛中，都增加了增材制造作品比赛。与 3D 打印机的结合，使参赛的学生对比赛兴趣盎然。他们认真钻研软件技术，学习 3D 打印机的原理和工艺步骤，熟悉它们的操作。如图 2-33 所示是我校学生灯具设计比赛作品。

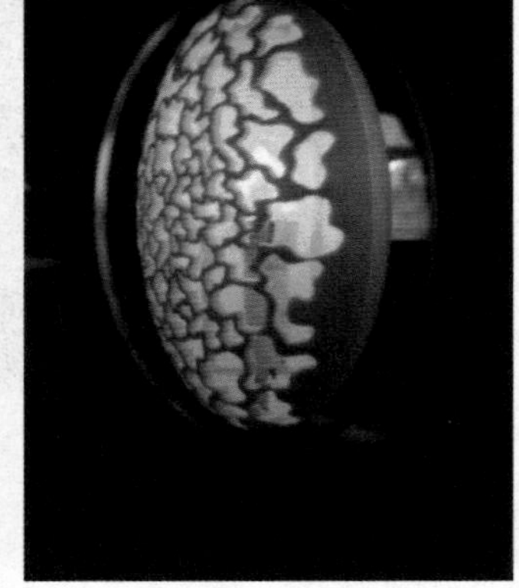

图 2-33　学生灯具设计比赛作品

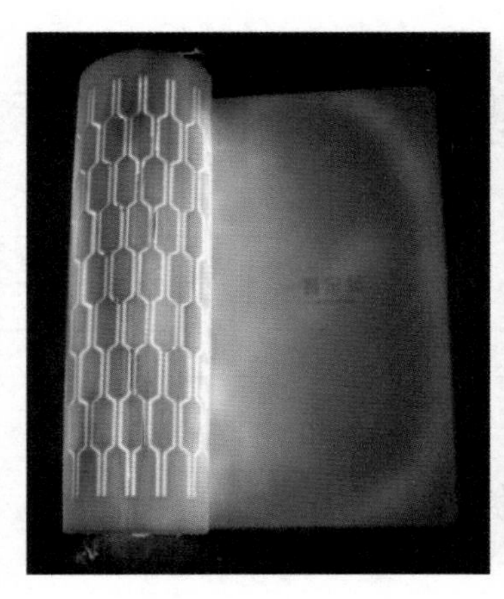

图 2-33　学生灯具设计比赛作品（续）

2．3D 彩色立体照片

2013 年中国首家 3D 照相馆的推出，标志着我国 3D 打印将走入百姓生活。3D 照相馆能三维“克隆”一个真实的你，无论是头发、眉目还是肤色，从哪个角度观察都和真实的你相差无几。这种“3D 彩色立体照片”的创新性深深吸引着好奇的人们。并且，人们还能亲自动手实践，运用 3D 建模软件，操作不同种类的增材制造设备，做出心仪的任意复杂的 3D 模型，如图 2-34 所示。

图 2-34　打印迷你版的人像

3D 彩色立体照片制作方法：首先，将人的全身外形扫描至计算机，通过计算机得出数据处理三维模型；其次，利用 3D 打印机将模型打印出来，得到个人的三维实体模型；最后，还可以按照个人的喜好对其进行上色。打印的原料可以是有机或无机的材料，例如，塑料、人造橡胶、铸造用蜡等，视不同的打印机而选用。目前，3D 照相馆正如雨后春笋般地在全国各地出现。

3．教育各学科的创新应用

3D 打印技术能够将抽象的概念带入现实世界，将学生的构思转变为可以捧在手中的真实立体彩色模型，可以将许多抽象的数学、物理理论变成具体的实物化模型，令教学更为生动，学生学习过程更高效。学生不仅可以享受到这种最新技术辅助教学的便利及各种创新用法，还可以以此作为促进学生提高设计技能的推动力，对他们的技术素养和未来的职业发展产生深远的影响。3D 打印在各学科教学中的应用案例如表 2-1 所示。

表 2-1　3D 打印在各学科教学中的应用案例

序　号	学　科	典型应用案例
1	教育教学	实现个性化教育，按个性需求和学生个人兴趣打印智力玩具、教具、实验器材
2	工业设计	根据设计作品快速制作出首版原型
3	数学	可根据数学方程打印出模型，用于解决几何曲面问题、立体空间的布局设计、艺术图案等
4	化学	制作 3D 立体大分子结构模型等
5	生物、医学	打印器官、人工关节及其他模型，在牙医行业应用也很广泛
6	电子	制作替代部件、模型夹具和电子设备外壳等
7	地理	制作立体地形图、GIS 模型等
8	建筑	打印出设计作品的微缩 3D 模型，根据设计制作桥梁等模型，进行力学实验
9	历史、考古	用于复原历史上的工艺品、古董，用于复制易碎物品
10	动画设计	打印出作品的 3D 模型，如人物、动画角色模型
11	机电工程	根据设计作品快速制作出原型，或是可直接使用的非标齿轮、连杆等部件

某校教师在设计入门课程中使用 3D 打印机作为学习环境，由学生扫描实物或自己设计物品，打印出原型，如图 2-35 所示，并在此基础上试验和改进。学生们可使用该技术制作 3D 漫画人物，利用三维软件设计人偶并打印出塑料模型。某大学的学生通过 3D 打印技术制造出一架模型飞机并成功试飞，飞机的所有零部件都是通过 3D 打印制造的。美国国家科学基金会的数字图书馆项目提供了很多 3D 动物和器官结构模型，包括无脊椎生物，很多是灭绝生物。甚至扫描并打印复制古人类化石。哈佛大学博物馆研究人员也利用计算机为收集到的残缺古代器具、化石等建立模型，然后用 3D 打印出复制品。美国国家地理网站打印出 3.9 亿年前远古生物立体模型，如图 2-36 所示；清华大学打印遥测卫星数据重构的地球仪模型如图 2-37 所示。

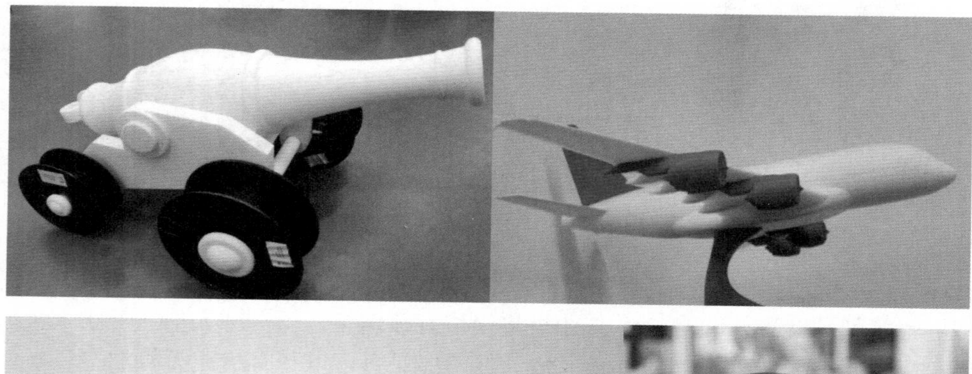

图 2-35　教学应用部分作品

图 2-36 3.9 亿年前远古生物立体模型（美国国家地理网站）

图 2-37 遥测卫星数据重构的地球仪模型（清华大学）

任务 8 家电领域应用

3D 打印技术在各行各业中应用越来越广泛，通用电器和家电行业更新频繁，外形设计是这类产品市场竞争的重要因素。为了缩短产品的开发周期，缩短家电模具的制造周期及提升家电模具的生产效率、减少产品变形、提高产品合格率，3D 打印技术在家电产品模具中的应用将越来越多，在帮助企业抢占市场、协助工业产品设计师进行产品的创新开发、提高竞争能力等方面表现得越来越明显。

图 2-38 全球首款 3D 食物打印机

1．3D 食物打印机

如图 2-38 所示，2014 年首款 3D 食物打印机由西班牙巴塞罗那的自然机器公司向市场推出，这款名为 Foodini 的机器使用 3D 打印技术，像是将食物打印出来一样制作出甜品、汉堡、面包、巧克力或意大利面。自然机器公司对于这款特殊"打印机"的销售前景十分乐观。据介绍，每台 Foodini 售价约 1000 欧元（约合 8600 元人民币），属于高端家电。Foodini 食物打印机通过互联网操作并配有触摸屏，从而使人们可以自由选择或自制食谱。和传统打印机一样，这款机器操作简单，但代替墨盒的是 5 个配料槽。

据悉，Foodini 由自然机器公司研发，在中国生产，目标群体是西餐厅、咖啡厅、高端消费家庭等。据该公司中国区负责人梁保平介绍，3D 食品打印机生产的目的在于压缩手工烹饪的时长，并颠覆传统的做饭方式，掀起一场厨房革命。

图 2-39 首款 3D 打印笔记本电脑

2．3D 打印笔记本电脑

2014 年全世界首款 3D 打印的笔记本电脑（图 2-39）已开始预售了，它允许任何人在自己的客厅里打印自己的设备，价格仅为传统产品的一半。这款笔记本电脑名为 Pi-Top，用户必须首先拥有一台 3D 打印机。该打印机的价格仅为 215 美元，只有大型咖啡机大小。Pi-Top 套件的售价仅为 180 英镑，它包括一个模板，可以将纸片厚的薄塑料片叠加熔化，从而“打印”出笔记本电脑的外壳。

该套件还包括一个显示屏和一台 Raspberry Pi（树莓派）卡片式电脑——它只有一张信用卡大小。你只需将这个显示屏和卡片式电脑插入外壳中，就可以组装一台笔记本电脑了。Pi-Top 具有一般笔记本电脑的所有功能，但是它的发明者希望它被用来教儿童拆解和组装笔记本电脑，从而学到计算机的相关知识。它可以制作成任何颜色，还可以将机主的名字压印在机壳上。

“除了用这个笔记本电脑输入文字外，你还能够用它来理解显示屏是如何工作的，电池是如何充电的，以及它是如何在电池和主电源之间进行切换的。”“如果它的某个部位破裂，你能够立即进行修复。很多家长准备购买它，因为他们认为它可以用来教孩子们理解他们日常使用的设备背后的技术原理。”Pi-Top 是“一款用来教你学会制造其他产品的产品，学校能够利用它来教授计算机课程。

图 2-40　首款 3D 打印笔记本电脑设计师

这个创意来自 23 岁的牛津大学工程学研究生莱恩·邓伍迪（Ryan Dunwoody）和 27 岁的自学计算机编程的法学研究生杰西·洛扎罗（Jesse Lozano），如图 2-40 所示。

3. 其他家电产品（图 2-41）

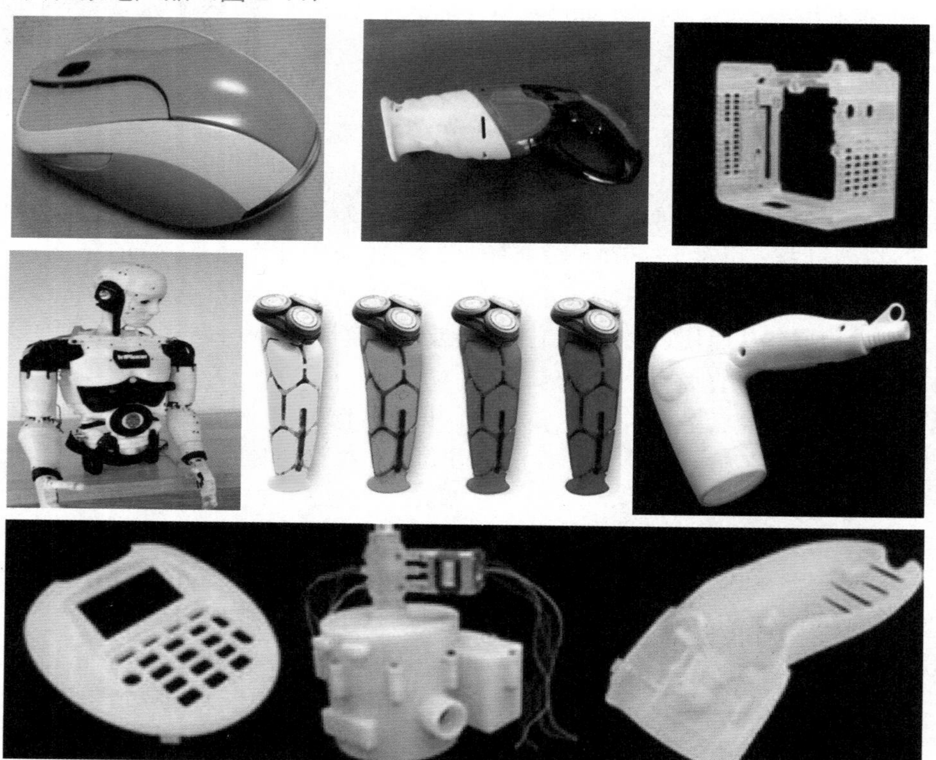

图 2-41　其他家电产品

项目三

桌面级 3D 打印机

现在市面上供用户选择的 3D 打印机数不胜数，而且每台打印机从外观到性能各不相同，价格也从几千到几十万元不等。

任务 1 3D 打印机分类

按照应用层次，3D 打印机可分为工业级和桌面级，前者先诞生。工业级 3D 打印机，主要用于科研和企业生产，体积庞大而且价格昂贵。

在 2011 年以前，市面上出售的绝大多数 3D 打印机为工业级 3D 打印机，价格为几十万甚至几百万元人民币。自 2011 年起，低成本（价格降至几万甚至几千元人民币）而又方便携带的桌面级 3D 打印机开始风靡，在拉低 3D 打印机技术应用门槛的同时，让这一项技术走进教育，走入生活。桌面级 3D 打印机是大型工业 3D 打印机的简化和小型化，成本更低廉、操作更简便，更加满足分布化生产、设计与制造一体化的需求。目前桌面级 3D 打印机在实用化方面亟待发展，研究打印材料的性能和工艺参数对打印精度的影响，提高打印效率，是今后我国 3D 打印技术的研究重点。

1．桌面级 3D 打印机

桌面级 3D 打印机目前深受 3D 打印爱好者和部分创业者的青睐。它结构简单，使用维护方便、效果好。由于目前还没有对桌面级 3D 打印机分类的名称出现，所以这里使用代表机型来对其进行分类。

（1）MakeBot 系列。

这一系列为目前市面上绝大多数 3D 打印机的结构类型，如图 3-1～图 3-6 所示，其结构与机械中的数控铣床类似。三个轴承担三个维度的位置，使喷头能到达设计尺寸中的任意位置，由于其结构较为成熟，所以是 3D 打印制造商的首选。其优点为精度较高，速度较快，较为成熟稳定，可搭载多喷头。缺点是成本较高，调试较为复杂，维修相对烦琐。

（2）RepRap Prusa i3 系列。

这一系列 3D 打印机的特点很是明显，结构简单，甚至很简陋，如图 3-7 所示。外观上基本未做任何修饰，主要是为实现功能而设计的。RepRap 公司是最早开源的一家 3D 打印公司。这也是目前市面上爱好者们做 DIY 的主力机型。主要优点：结构简单，拼装维修较为容易，成本较低；缺点：精度较差，速度较慢，打印效果不是很理想。

图 3-1　文搏藏龙 3D 打印机

图 3-2　文搏酷派 3D 打印机

图 3-3　封闭型 3D 打印机

图 3-4　敞开型打印机

图 3-5　双色 3D 打印机

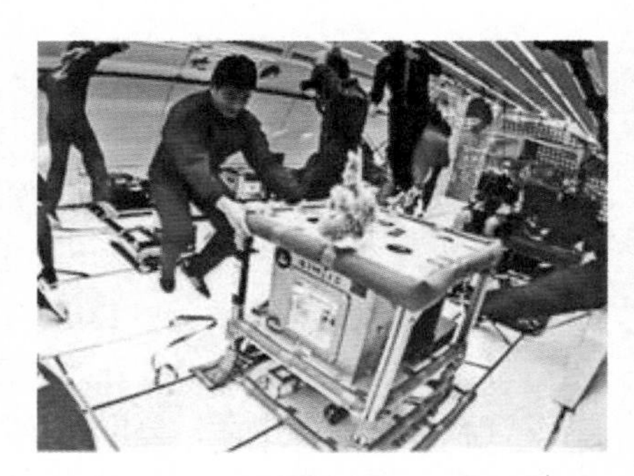
图 3-6　太空上用的 3D 打印机

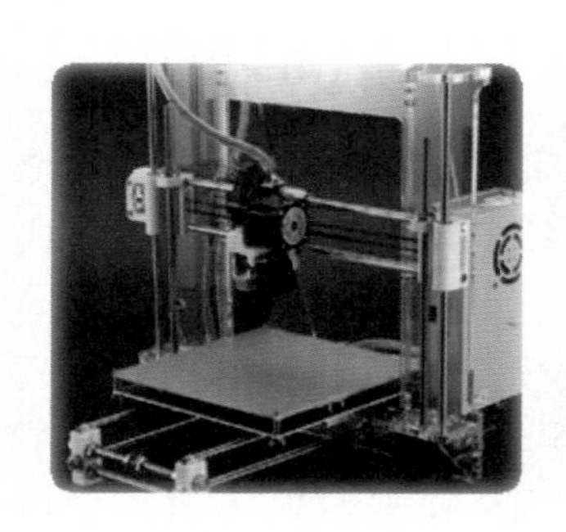

图 3-7　RepRap Prusa i3 系列 3D 打印机

（3）三角洲系列。

三角洲系列的 3D 打印机如图 3-8 所示，与前面两类 3D 打印机的结构迥然不同。前两种 3D 打印机使用的是笛卡尔坐标系，而三角洲系列则是并联式运动结构，其工作原理为：滑块依靠连杆与打印机喷头相连，当滑块上下运动时，依靠连杆的刚度完成对喷头的牵引，实现对打印头位置的控制。这种结构类型的 3D 打印机的优点是速度较快，精度较高，结构简单，适合 DIY；缺点是所占据的空间较大，稳定性较差。

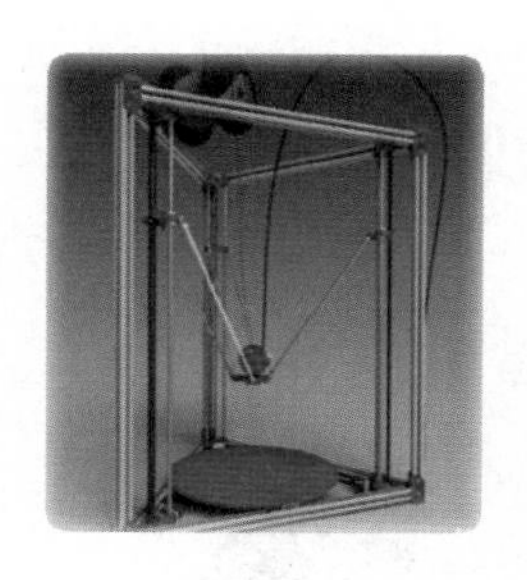

图 3-8　三角洲系列的 3D 打印机

2．工业级 3D 打印机

不同于桌面机主要集中在教育、创客和简单模型制作等领域，工业级 3D 打印机广泛应用于航空航天、汽车制造、医疗模具和珠宝定制等需求量巨大的行业，购买者大多集中在大型企业及制造商。工业级的 3D 打印机一般体积大，精度高，价格当然也是很高的，外形如图 3-9 所示。

图 3-9　各种各样外形的工业级 3D 打印机

3．便携式 3D 打印笔

3D 打印笔如图 3-10 所示，是不是让你立刻联想到神笔马良？似乎有那么一点儿接近。

这是一支可以在空气中书写的笔，帮你把想象力从纸张上解放出来。如果你觉得二维的画面不够生动，想让它变成三维的物体，它能帮你做到。

图 3-10　某品牌的 3D 打印笔

3D 打印笔是世界上第一支具有 3D 打印功能的笔。利用 PLA、ABS 塑料，3D 打印笔可以在任何表面“书写”，甚至可以直接在空气中作画，如图 3-11 所示。它很紧凑，并且无须计算机或计算机软件支持。只要把它插上电，等一会儿就可以开始你的奇妙创作了。

图 3-11　3D 打印笔的作品

一支 3D 打印笔约长 184mm，直径约为 31mm，质量约 60 克，可以在 110V 或 240V 的电压下工作。12 岁以下的儿童建议在专业人士指导下操作。由于材料在加热的情况下才能进行绘制，笔尖温度约 70～80℃（注意：仅限于中国国内所生产的 3D 打印笔。国内的 3D 打印笔笔尖是陶瓷的，已经经过降温处理。但国外的 3D 打印笔是金属铜的，温度会达到 200 多摄氏度）。如果碰触到笔尖，会有灼热感。所以在使用中需要注意，不要让孩子接触到笔尖及刚刚挤出的耗材。

任务 2　认识立铸桌面级 3D 打印机

以桌面级 3D 打印机为例，从机型、打印性能、材料属性等方面来进一步认识 3D 打印机。

1．结构功能

（1）立铸桌面级 3D 打印机的型号有 LZ-P350、LZ-P500 两种，如图 3-12 所示。

（2）采用不锈钢钣金和金属外框烤漆工艺，具体结构如图 3-13 所示。立铸 LZ-P350 打印机的结构主要由金属框架、钢板工作平台、显示屏、按钮、精密螺杆、装料架、打印耗材、进料管、送料机构、*XYZ* 三轴、喷头等部分组成。

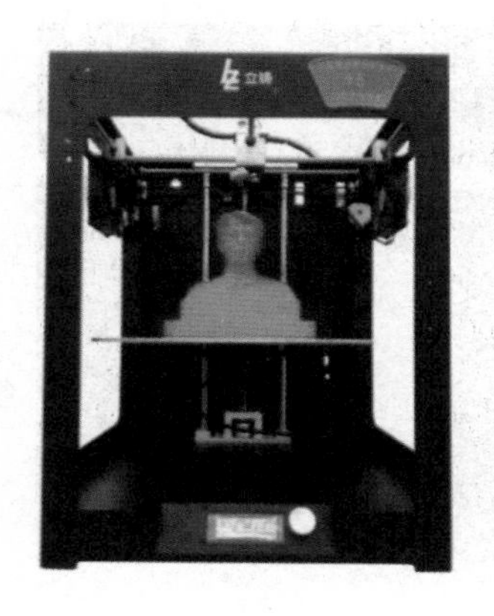

（a）立铸 LZ-P350 中型 3D 打印机

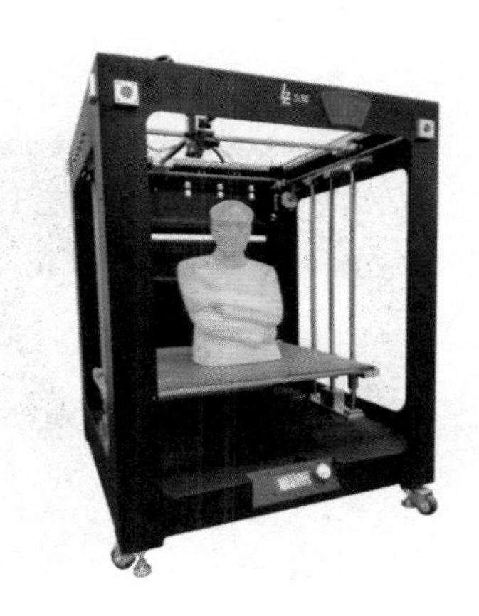

（b）立铸 LZ-P500 大型 3D 打印机

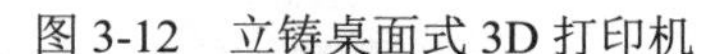

图 3-12　立铸桌面式 3D 打印机

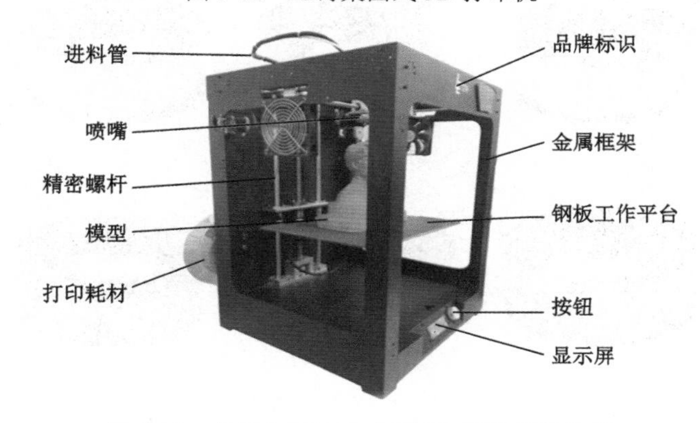

图 3-13　立铸 LZ-P350 中型 3D 打印机结构图

2．技术参数

（1）成型原理。

3D 所表示的物体通常是立体的、具备真实效果的。3D 模型可以让设计者与客户更为直观地了解产品外观，并能通过模拟仿真的方式获取一些重要的性能参数。而“打印”却是从零开始，通过逐层叠加的方式生成零件。每一层的生成方式和普通的打印过程类似，故名“打印”。3D 打印就是一种只要拥有三维模型，便能直接制造出实物的快速成型方法。

熔融沉积成型（FDM），属于线材挤出热熔成型的一类，是目前市场上最为常见的成型方法。FDM 的成型原理是将线状（一般直径不超过 3mm）的热塑性塑料（如 PLA、ABS 等）通过喷头加热熔化，然后在一定的压力下挤喷出来后，喷头同时沿水平方向移动，使挤出来的材料与之前一个层面的材料熔结在一起，每完成一个层面的熔结，工作台下降一层的高度（或是喷头上移一层的高度），再继续熔融沉积，直至堆叠完整个模型，如图 3-14 所示。

（2）打印材料。

现阶段 3D 打印用的材料主要以塑料为主，如图 3-15 所示，部分高端机器可以打印石膏和金属。塑料是目前用得最多的打印材料，其中又以 ABS 和 PLA 为主，这两种材料主要用于桌面级的 FDM 打印机。

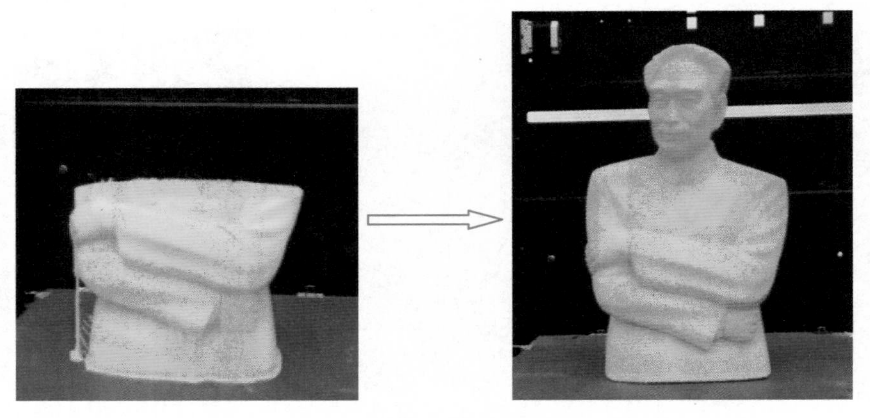

图 3-14　FDM 的成型过程

图 3-15　FDM 的线状耗材

① ABS。

ABS 原名为“丙烯腈-丁二烯-苯乙烯共聚物”，是最早用于桌面级 FDM 打印机的线材材料。

（a）打印温度。ABS 材料的打印温度为 210～240℃，打印时需要加热底板，温度为 80℃以上。ABS 的玻璃转化温度（这种塑料开始软化的温度）为 105℃。

（b）打印性能。一般来说，ABS 塑料相当容易打印。无论用什么样的挤出机，都会滑顺地挤出材料，不必担心堵塞或凝固。然而挤完后的步骤却有点困难，这种材料具有遇冷收缩的特性，会从加热板上局部脱落、悬空，而造成问题。另外，要是打印的物体高度很高，有时还会整层剥离。因此，ABS 打印不能少了加热板；打印 ABS 时要使用密闭式的打印机，最好别在室温太低的房间里打印，会加速材料的冷却，导致收缩，影响打印效果。

（c）模型强度。只要以适当的温度打印，让层层材料牢牢粘住，ABS 的强度就会变得相当高。ABS 具有柔韧性，承受压力时只会弯曲，不会折断。ABS 还具有很好的弹性，能够用来打印穿戴用品，如手镯、戒指等。

（d）缺点。ABS 最大的缺点就是打印时会产生强烈的气味。如果在通风不良的房间里打印 ABS 线材后会感到很不舒服，时间一长会产生头晕、干呕、恶心的症状。因此强烈建议在通风好的房间里打印 ABS，打印机不要放置在卧室中，应尽量选用封闭式的打印机，在打印时最好戴上面罩等保护装备。

其次就是打印时需要加热板，没有加热板的打印机无法打印。若要在没有挡风和抗温装备的状态下打印大型物体，就必须小心别让材料整层剥落及破损。

（e）适用的打印方向。ABS 适合制作可能会掉落、使用于高温环境下，或是经常接触、磕碰的物品，如图 3-16 所示。如刀柄、车用手机架、玩具、戒指等，利用成型、组装，几乎所有的东西都适合 ABS 来打印。

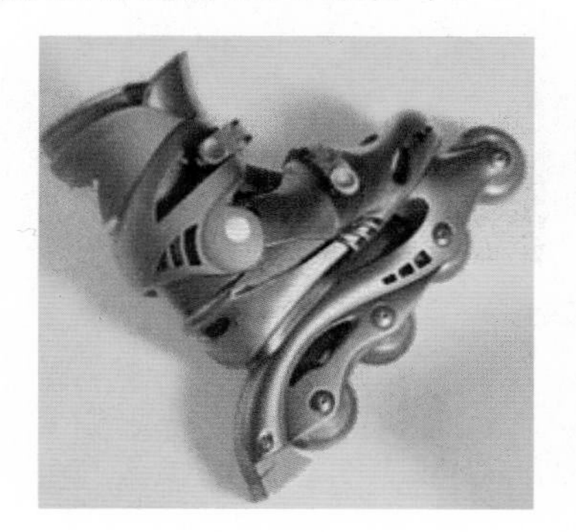

图 3-16　3D 打印 ABS 制件

（f）价格。ABS 线材比 PLA 略贵，一般为 60～200 元/kg。要注意的是部分公司出品的 3D 打印机，只能使用同公司的线材（线材直径与喷头口径都是特制的），因此价格有高有低。

② PLA。

PLA 通常指聚乳酸。这种材料为生物分解性塑料，是目前用得最多的 3D 打印用材料。

（a）打印温度。这种材料的打印温度为 180～200℃，加热板非必备品，但温度在 60℃时使用加热板。PLA 的玻璃转化温度是这种材料最大的缺点，仅有 60℃左右，因此用途有限。

（b）打印性能。PLA 的打印性能几乎与 ABS 完全相反，经常会堵塞热端（尤其是全金属制成的热端），这是因为 PLA 熔化后容易附着和延展，只要在装设轴承时，滴一滴机油到热端上就能滑顺、不堵塞。PLA 材料几乎不会收缩，即使是开放式的打印机，也能打印巨大的物体，不必担心成品从平板上悬空、歪斜或破损。适合在任何场地进行 3D 打印。

（c）模型强度。虽然 PLA 也能打印出强度相当高的物体，但却比其他塑料稍微脆弱一些。要是跌落或撞到东西时，多半会产生缺口或破损，在模型较薄的部位容易出现折断。

（d）缺点。PLA 不适合放进 60℃以上的环境中，这样的温度会让材料变形。此外，这种材料质地脆弱，不能用来制造工具的把手或须经常使用的零部件。再者，PLA 只要稍微弯曲就会折断，不适合做成薄的东西。

（e）适用的打印方向。PLA 为生物分解性塑料，既可回收，也可腐朽消失，适合制作盒子、礼物、原型的模型，也可以用在室外的一些结构件上，虽然 PLA 号称会生物分解，但若不加热就不会分解。PLA 还具有一定的通透性，在打印薄件时会有一定的透明效果，很美观，如图 3-17 所示。

（f）价格。PLA 应该是目前最便宜的塑料类打印材料，价格大致为 30～180 元/kg。

（3）打印速度。

打印速度是指单个打印作品在 Z 轴方向打印一段距离所需的时间（例如，每秒在 Z 轴方向打印的英寸或毫米值）。在保证打印作品质量的前提下，打印速度当然越快越好。FDM 机型打印速度最高可达 300mm/s，一般设置打印速度在 60mm/s 以上。

图 3-17　3D 打印 PLA 制件

（4）打印精度。

打印精度是最为重要的一项性能参数，它直接影响模型最终的外观质量，也是使用者对一个模型最为重视的地方。

打印精度是 3D 打印机最令人困惑的指标之一。在部分产品说明书中打印精度可能被写成分辨率、每英寸点数（DPI），Z 轴层厚、像素尺寸、喷头直径等。尽管这些参数有助于比较同一类 3D 打印机的精度，但是很难用来比较不同的 3D 打印技术。在比较 3D 打印机时最好的比较策略是亲自用眼睛去鉴定不同打印机打印出来的相同的模型成品。查看锋利的边缘和拐角清晰度、最小细节尺寸、侧壁质量和表面光滑度。用数字显微镜有助于模型成品的鉴定，这种设备可以放大并拍摄微小的细节。当然使用专门测试 3D 打印用的模型去检测也是一个很好的选择。

（5）成型尺寸。

① 立铸 LZ-P350 中型 3D 打印机，设备外形尺寸为 500mm×470mm×650mm，质量 30kg；可打印模型尺寸为 350mm×310mm×400mm。

② 立铸 LZ-P500 大型 3D 打印机，设备外形尺寸为 750mm×7500mm×1000mm，质量 100kg；可打印模型尺寸为 500mm×500mm×600mm。

（6）其他参数。

① 喷头直径为 0.4mm 或 0.8mm；打印每一层厚度可以为 0.1～0.3mm。

② 工作电压为 100～220V 50Hz。

③ 数据接口可用 SD 卡输入；3D 打印的模型格式为 STL。

3．3D 打印机中显示屏参数介绍

显示屏右边有个控制按钮，按钮有三个作用。① 轻按旋钮：确认；② 逆时针旋转：向下选择菜单；③ 顺时针旋转：向上选择菜单。

（1）打开电源开关后，液晶显示屏会正常工作，如图 3-18 所示。显示喷头温度（当前值/预设值）；XYZ 轴位置（喷头当前所在位置坐标值）；打印速度（设置为 85%）；打印完成百分比（SD 卡中当前程序已打印完成的百分比）；平台温度（当前值/预设值）；打印时间（模型已打印多长时间）；打印机工作状态（提示当前打印机的情况）。

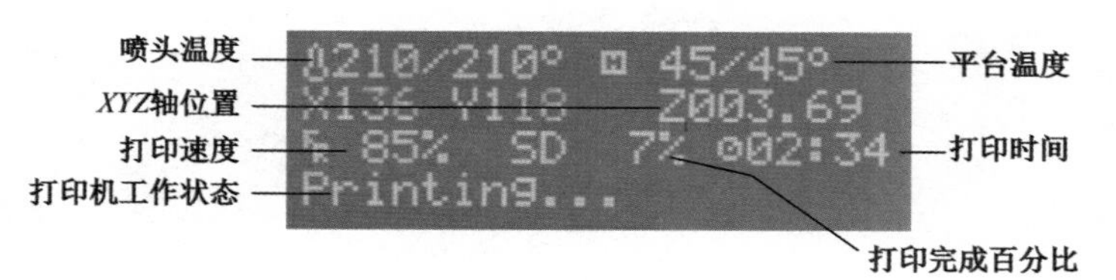

图 3-18　显示屏

（2）按下控制按钮，3D 打印机会发出“嘀”的一声，然后显示屏进入主界面，主界面菜单的具体结构及参数说明见表 3-1。

表 3-1　3D 打印机的菜单结构及参数说明

菜单显示		参数说明	备注
主菜单	Info screen Prepare → >Control → Print from SD →	Info screen　返回待机屏幕	在菜单后面有箭头（→）的，表示还有下一级子菜单
		Prepare　准备打印	
		Control　设置打印参数	
		Print from SD（No card）　从 SD 卡打印（或显示无 SD 卡）	
Prepare 子菜单	Main Disable steppers Auto home Preheat PLA → Preheat ABS → Cooldown Switch power off >Move axis →	Main　返回上一层	
		Disable steppers　解锁电机	可手动移动轴
		Auto home　回机械原点	
		Preheat PLA　PLA 耗材预加热	
		Preheat ABS　ABS 耗材预加热	
		Cooldown　冷却，停止加热	
		Switch power off　关闭电源	
		Move axis　移动各轴	手动控制各轴
	Preheat PLA 子菜单 Prepare Preheat PLA 1 Preheat PLA Bed	Prepare　返回上一层	
		Preheat PLA 1　喷头加热	
		Preheat PLA Bed　平台加热	
	Preheat ABS 子菜单 Prepare Preheat ABS 1 Preheat ABS Bed	Prepare　返回上一层	
		Preheat ABS 1　喷头加热	
		Preheat ABS Bed　平台加热	
	Move axis 子菜单 >Move X → Move Y → Move Z → Extruder →	Move X　移动 *X* 轴	
		Move Y　移动 *Y* 轴	
		Move Z　移动 *Z* 轴	
		Extruder　挤出机吐丝	喷头要达到一定温度才会吐丝
Control 子菜单	Temperature Pause print Resume print Stop print	Temperature　设置打印温度	3D 打印机在打印中的不同状态下，显示屏菜单会有所不同
		Pause print　暂停打印	
		Resume print　恢复打印	
		Stop print　停止打印	
	Temperature 子菜单 Temperature Fan speed: 0 Nozzle: 210 Bed: 70	Temperature　返回上一层	打印前及打印中均可设置
		Fan speed　散热风扇速度	
		Nozzle　喷头温度	
		Bed　平台温度	
Print from SD 子菜单	>fuwa.gcode xiaomanyao.gcode huaping.gcode	显示 SD 卡内的文件名	

项目四

三维造型设计

3D 建模是计算机图形图像的核心技术之一，应用领域非常广泛，如图 4-1 所示。医疗行业使用生物器官的 3D 模型仿真手术解剖或辅助治疗；电影娱乐行业使用 3D 模型实现人物和动物的动画和动态模拟；网络游戏行业使用 3D 模型作为视频游戏素材资源；化工或材料工程师利用 3D 模型来表现新型合成化合物的结构与性能关系；建筑行业使用 3D 建筑模型来验证建筑物和景观设计的空间合理性和美学视觉效果；地理学家已开始构建 3D 地质模型作为地理信息标准。

图 4-1　三维造型设计

制造业是 3D 建模技术的最大用户，利用 3D 模型可以为产品建立数字样品，进行产品性能分析和验证并实现数字化制造。数字化制造包括增材（3D）和减材（CNC）制造，3D 模型是 CAD/CAM 的数据源。学习和掌握 3D 建模技术关系到 3D 打印机用户能否将头脑中（或图纸上）的创意想法数字化，并被打印机的控制软件所读取，最终完成自己的设计作品的打印。

任务 1　存钱罐的三维造型设计

将一个造型美观的存钱罐放在自己的书桌上，对于桌面的整体格局具有点睛的作用。它既可以督促养成勤俭节约的好习惯，还可以美化环境，赏心悦目，也可以作为礼物送给朋友，意义非凡。

如图 4-2 所示的存钱罐尺寸约为 150mm×150mm×140mm，壁厚为 2mm。存钱罐的内部为空心结构，用来放零钱，打印的时候内部最好不要加支撑。3D 打印理论时间约 5.5～6.5h（不同厂商打印机的打印时间会有差别，仅供参考）。

图 4-2　存钱罐

下面介绍利用中望软件的 3D 建模工具进行造型设计。异形曲面建模功能是本案例的主要特色，加上材质渲染功能，使模型更为漂亮。

中望软件（3D One Plus）建模实例一

1. 打开 3D One Plus 软件

（1）双击“3D One Plus”图标，打开 3D One Plus 设计软件。

（2）单击顶部工具栏的“保存”按钮，选择一个保存的位置，将文件命名为“存钱罐”。

2. 创建 3 个相互垂直的基准面

（1）单击左侧工具栏的“插入基准面”→“XY 基准平面”，偏移设置为 0，如图 4-3 所示，单击绿色的确定按钮完成创建。

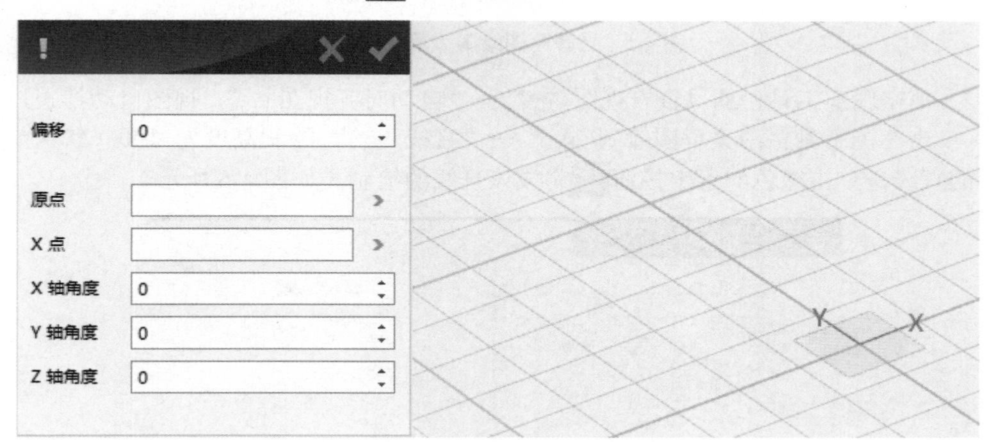

图 4-3　插入 XY 基准平面

（2）以同样的方法分别单击左侧工具栏的“插入基准面”→“XZ 基准平面”及“YZ 基准平面”，偏移设置为 0，完成 XZ 基准平面及 YZ 平面的创建。

至此，已完成创建 3 个相互垂直的基准平面，如图 4-4 所示。

3. 创建外形

（1）单击上一步骤创建的 XZ 平面（黄色），再单击“新建草图”，如图 4-5 所示，即选择 XZ 平面作为草图绘制平面并进入草图绘制环境。

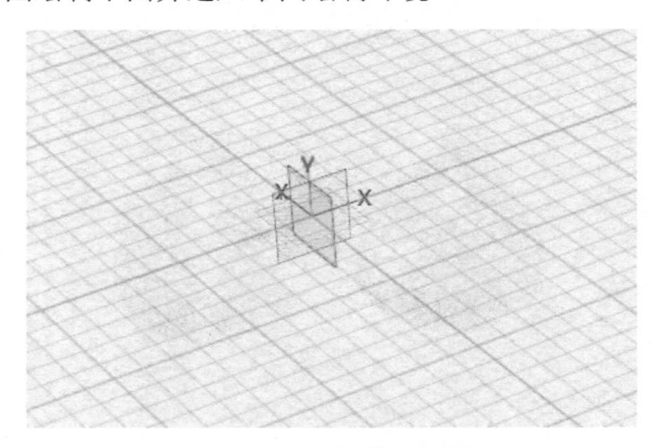

图 4-4　创建 3 个相互垂直的基准平面

图 4-5　选择草图绘制（草绘）平面

（2）单击底部工具栏的“查看视图”→“自动对齐视图”，视图自动摆正，方便作图。单击左侧工具栏的“草图绘制”→“直线”，绘制高度为 100（默认单位为 mm）的直线，单击绿色的确定按钮完成该直线的绘制，如图 4-6 所示。

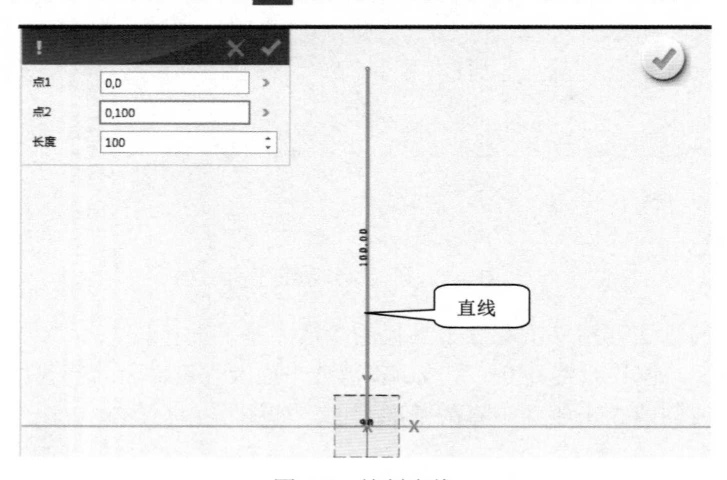

图 4-6　绘制直线

（3）单击工具栏的“草图绘制”→“直线”，绘制一条中心点经过原点（0，0）、长度为150的直线，单击绿色的确定按钮完成该直线的绘制，如图4-7所示。

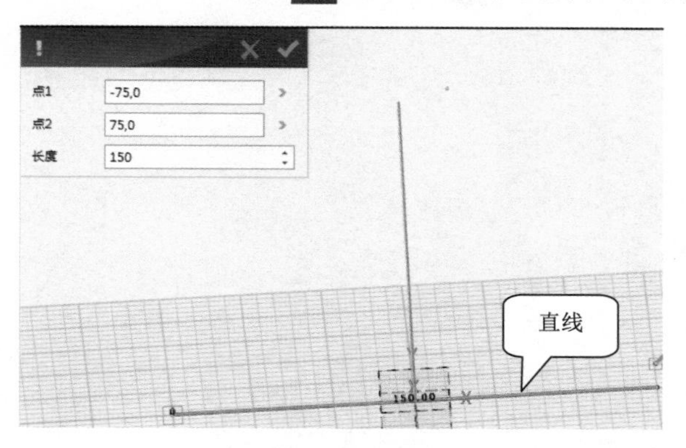

图4-7　直线绘制

（4）单击工具栏的“草图绘制”→“通过点绘制曲线”，连接上一步中两条直线的三个端点，单击绿色的确定按钮完成该曲线的绘制，如图4-8所示。

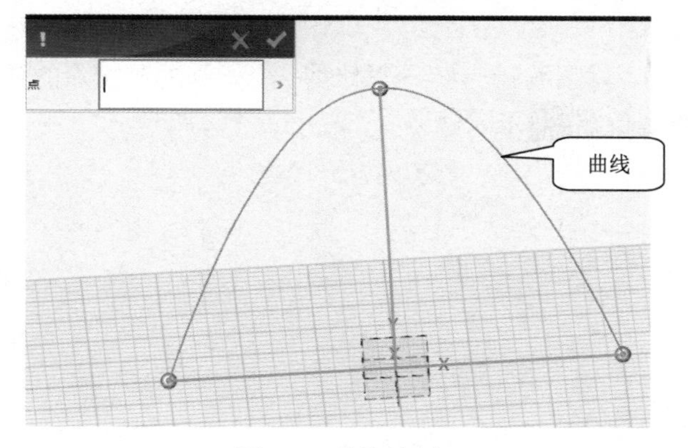

图4-8　曲线绘制

（5）单击工具栏的“草图绘制”→“直线”，绘制高度为−40的直线，单击绿色的确定按钮完成该直线的绘制，如图4-9所示。

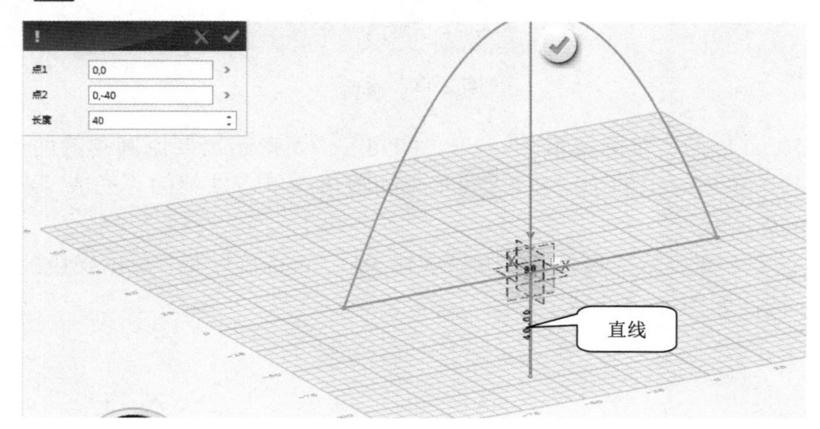

图4-9　直线绘制

（6）单击工具栏的“草图绘制 ”→“通过点绘制曲线 ”，连接上一步两条直线的三个端点，单击绿色的确定按钮 完成该曲线的绘制，如图 4-10 所示。

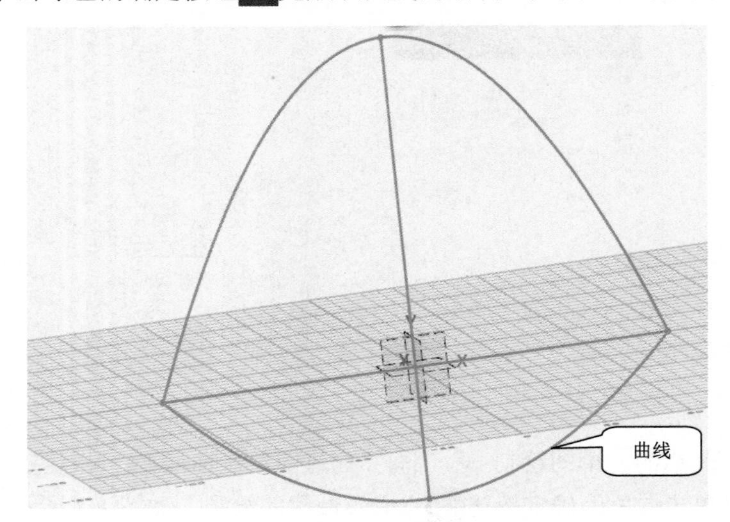

图 4-10　下曲线绘制

（7）单击工具栏的“草图编辑 ”→“修剪 ”，单击要删除的弧线和直线，如图 4-11 所示，单击绿色的确定按钮 完成修剪。

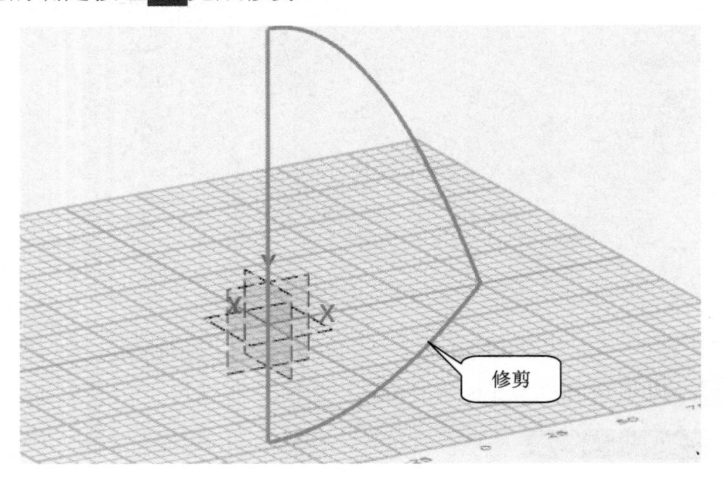

图 4-11　修剪

（8）单击工具栏的“草图编辑 ”→“圆角 ”，单击需要倒圆角的两条曲线，圆角半径设置为 40，单击绿色的确定按钮 完成倒圆角，单击顶部的“完成 ”，退出草图绘制，如图 4-12 所示。

（9）单击工具栏的“特征造型 ”→“旋转 ”，点选旋转轴，单击绿色的确定按钮 完成曲面的旋转，如图 4-13 所示。

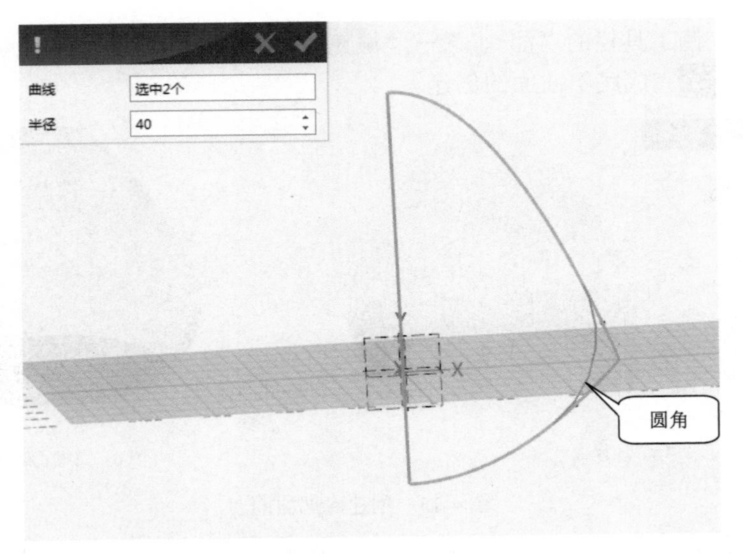

图 4-12 倒圆角

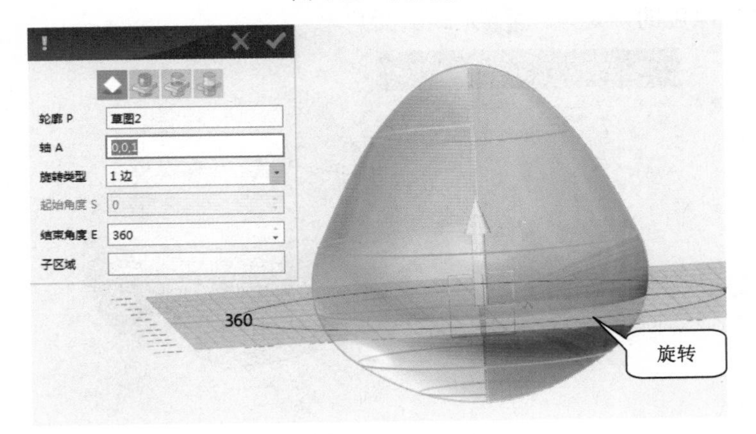

图 4-13 旋转

（10）双击选中如图 4-14 所示位置的曲面（黄色），按<Delete>键删除此曲面。

（a）选中面

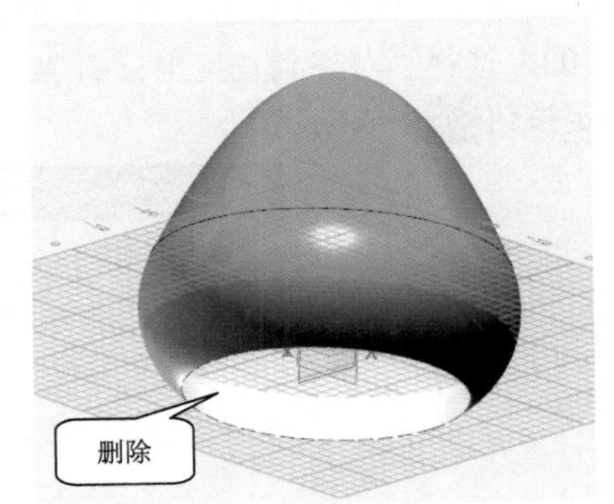

（b）删除面

图 4-14 删除曲面

（11）单击左侧工具栏的“面”→“填充缝隙”，参数设置如图 4-15 所示，单击绿色的确定按钮完成底部曲面的创建。

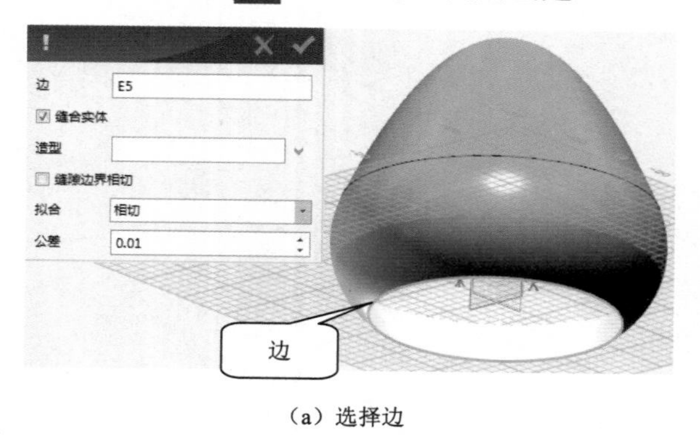

（a）选择边

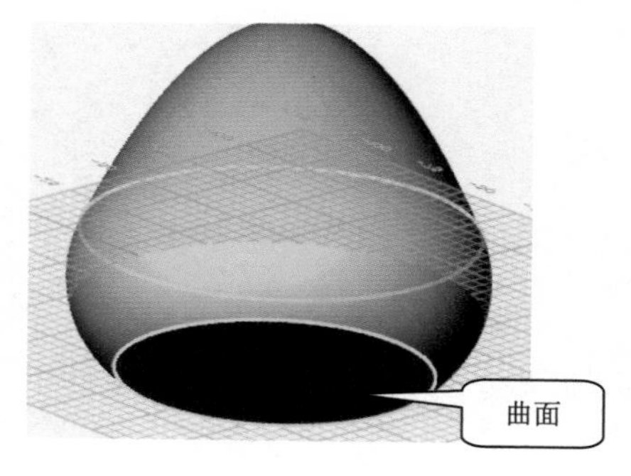

（b）完成底部曲面

图 4-15 创建底部曲面

（12）单击左侧工具栏的“特征造型”→“圆角”，如图 4-16 所示选择边，圆角设置为 40，单击绿色的确定按钮完成倒圆角。

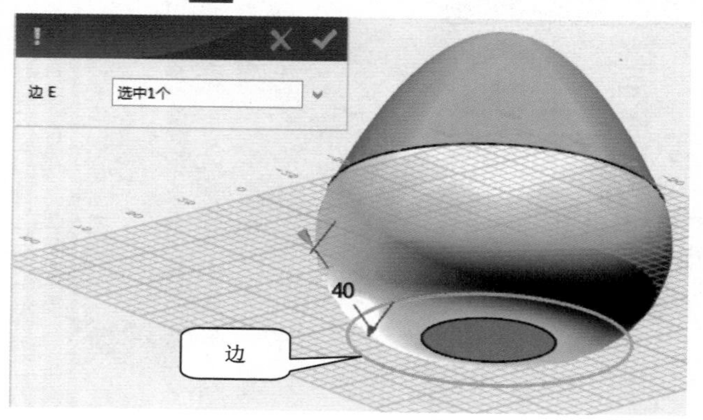

图 4-16 底部倒圆角

4．造型草绘

（1）单击左侧工具栏的“插入基准面”→“3 点插入基准面”，原点坐标为（0，-65，0），选择“对齐到几何坐标的 XZ 面”偏移设置为 0，如图 4-17 所示，单击绿色的确定按钮完成创建。

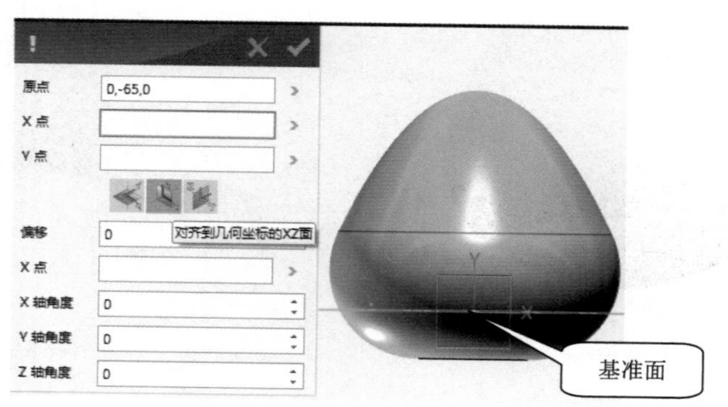

图 4-17 插入基准面

（2）选取上一步创建的基准面为草绘平面，单击“新建草图”进入草绘平面，单击底部工具栏的“查看视图 ”→“自动对齐视图 ”，视图自动摆正，如图 4-18 所示。

（3）单击左侧工具栏的“草图绘制 ”→“直线 ”，在绘制直线对话框中分别输入线段 1、2、3、4 的坐标点，参数如图 4-19 所示，绘制形状如图 4-20 所示。单击绿色的确定按钮 完成直线的绘制。

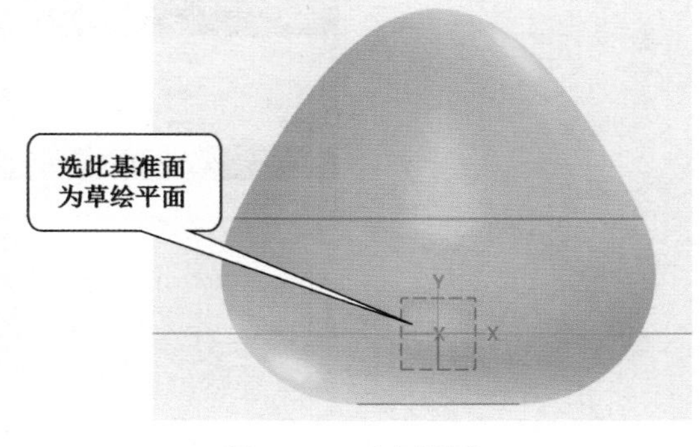

图 4-18　对齐视图

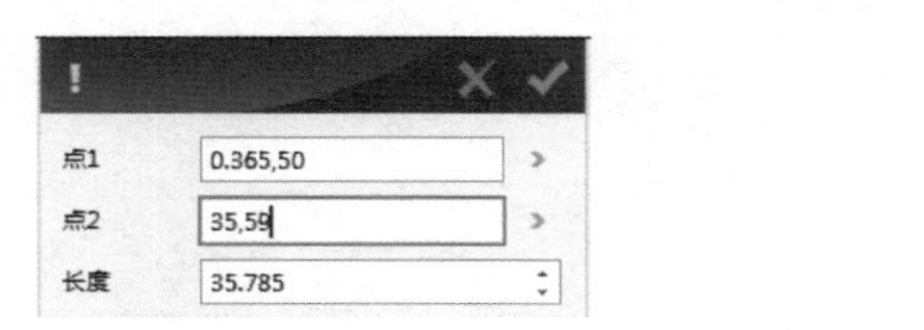

（a）线段 1

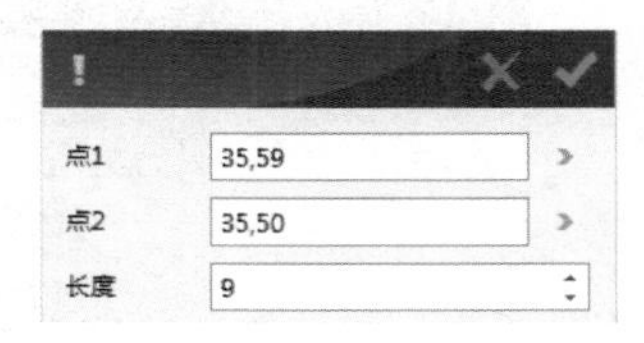

（b）线段 2

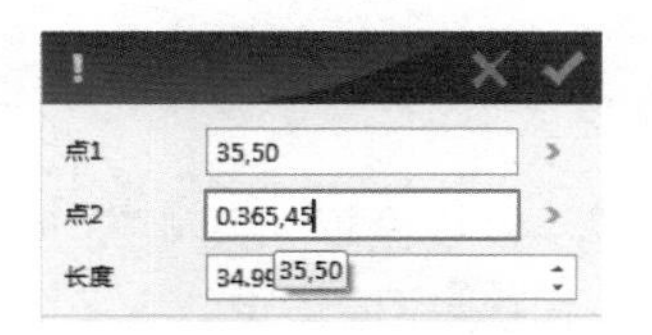

（c）线段 3

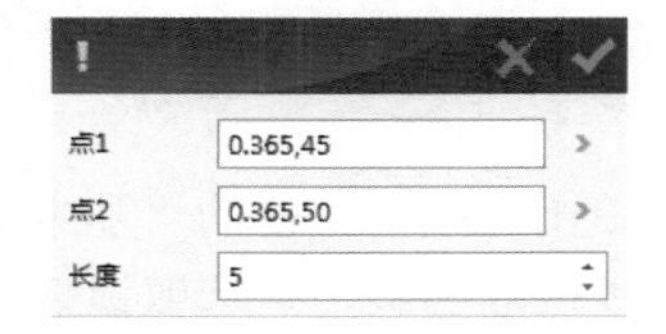

（d）线段 4

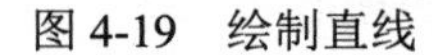
图 4-19　绘制直线

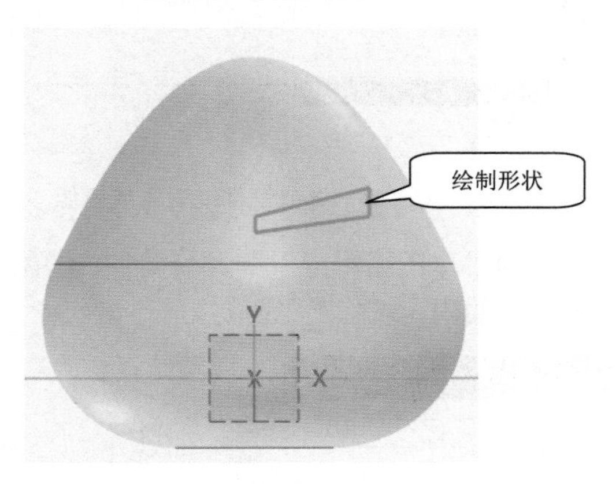

图 4-20　绘制形状

（4）单击左侧工具栏的“基本编辑 ”→“镜像 ”，参数设置如图 4-21 所示，选择上一步中绘制的线段 1、2、3 为实体，选取镜像线后完成镜像。

（5）单击左侧工具栏的“草图绘制 ”→“圆形 ”，绘制半径为 13 的圆形，参数设置如图 4-22 所示。单击绿色的确定按钮 完成圆形的绘制。

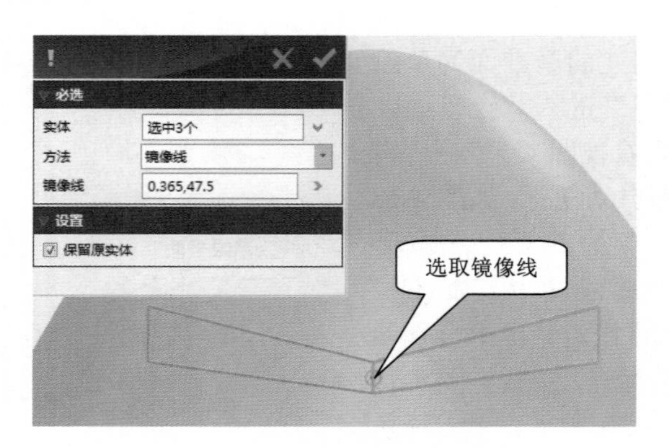

图 4-21　选取镜像线后完成镜像

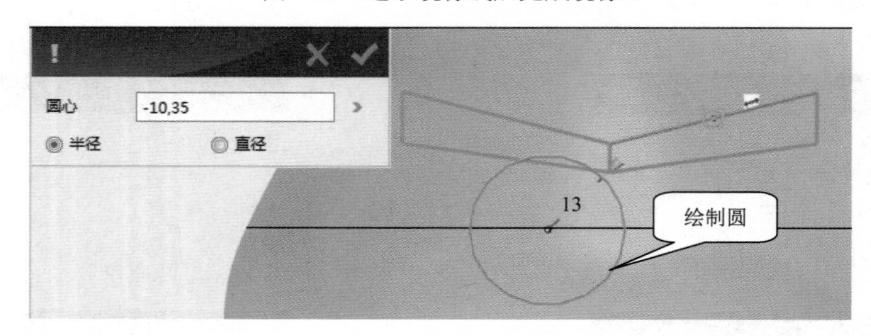

图 4-22　绘制半径 13 的圆形

（6）单击左侧工具栏的“基本编辑”→“镜像”，参数设置如图 4-23 所示，实体选择上一步创建的圆形，选取镜像线后单击绿色的确定按钮完成镜像。

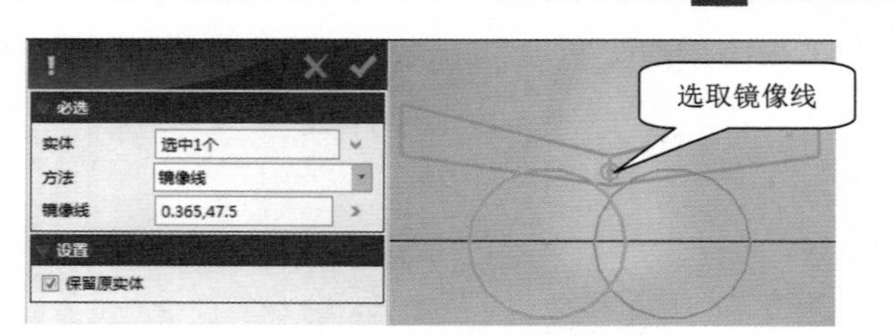

图 4-23　选取镜像线后完成镜像

（7）单击左侧工具栏的“草图编辑”→“修剪”，单击修剪图线，如图 4-24 所示为修剪后的草图，单击绿色的确定按钮完成修剪。

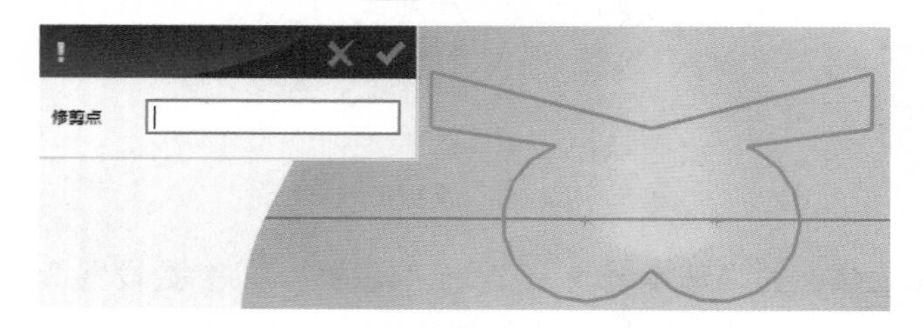

图 4-24　修剪后的草图

（8）单击左侧工具栏的“特征造型”→“拉伸”，参数设置如图 4-25 所示，拉伸高度设置为 10，单击绿色的确定按钮完成拉伸。

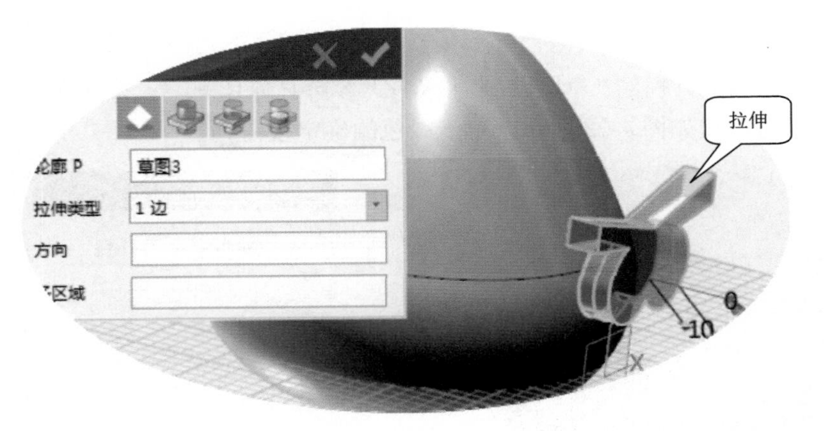

图 4-25　拉伸平面高度为 10

5．动态移动到合适位置

单击左侧工具栏的“基本编辑”→“移动”，选择“动态移动”，拖动绿色的旋转轴（使“眼睛”贴近“脑袋”的方向），输入旋转角度为 25，参数设置如图 4-26（a）所示；拖动 Z 轴，向 Z 轴方向移动，输入数值-12，参数设置如图 4-26（b）所示；拖动 Y 轴，向 Y 轴方向移动，输入数值 11，参数设置如图 4-26（c）所示；单击绿色的确定按钮完成移动。

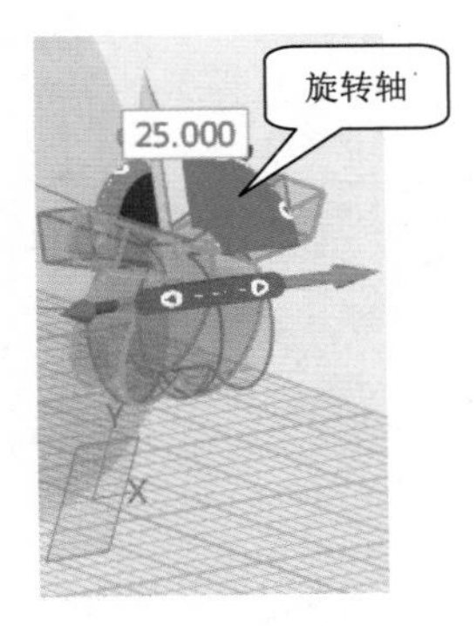

（a）拖动绿色旋转轴

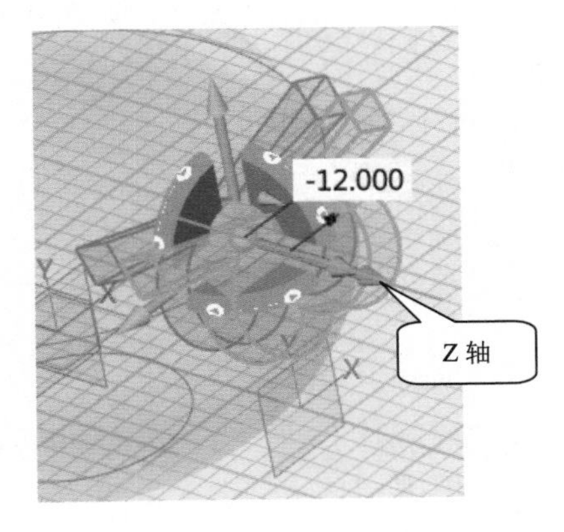

（b）拖动红色 Z 轴

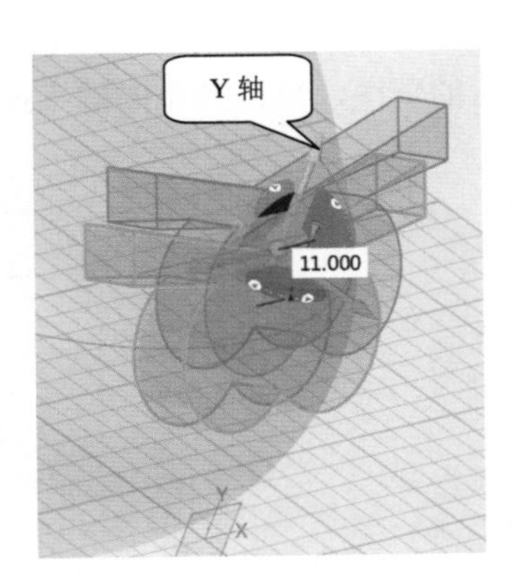

（c）拖动黄色 Y 轴

图 4-26　动态移动

6．草图绘制与拉伸

（1）单击左侧工具栏的“草图绘制 ”→“参考几何体 ”，选择草绘平面为图 4-27 所示平面，参考曲线如图 4-28 所示，单击绿色的确定按钮。

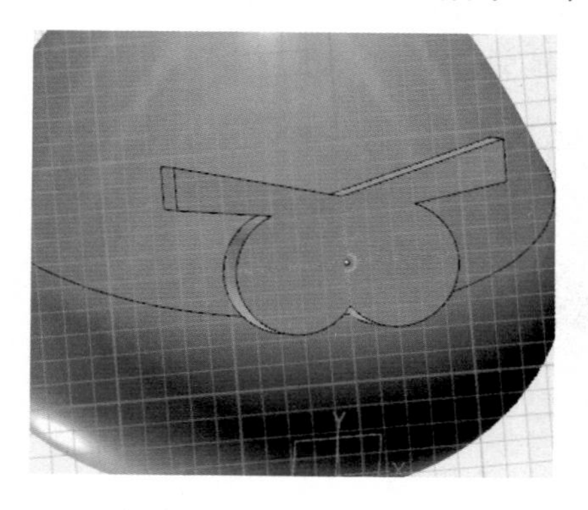

图 4-27　选择草图绘制平面

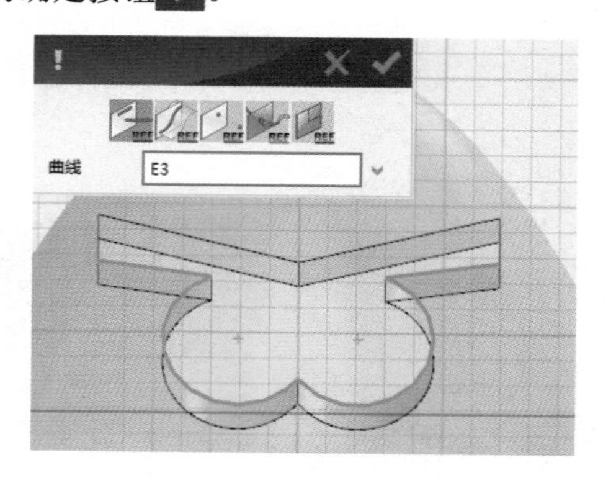

图 4-28　参考曲线（蓝色线条）

（2）在上一步参考几何体不退出草图界面的基础上修改草图，单击左侧工具栏的“草图编辑 ”→“修剪/延伸曲线 ”，先选择曲线，再选择终点，具体参数设置如图 4-29 所示，单击绿色的确定按钮完成延伸。

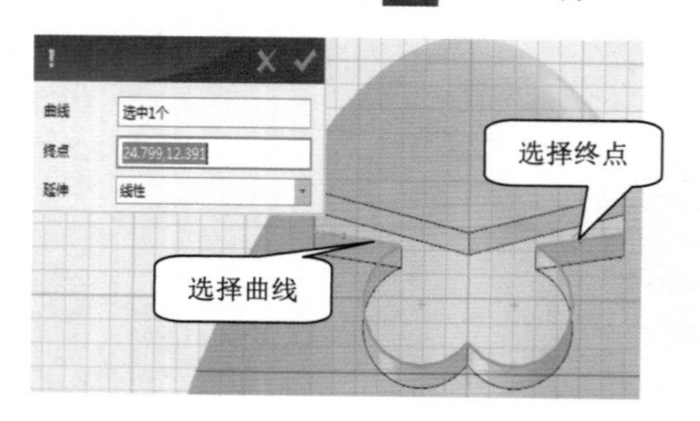

（a）延伸左侧曲线

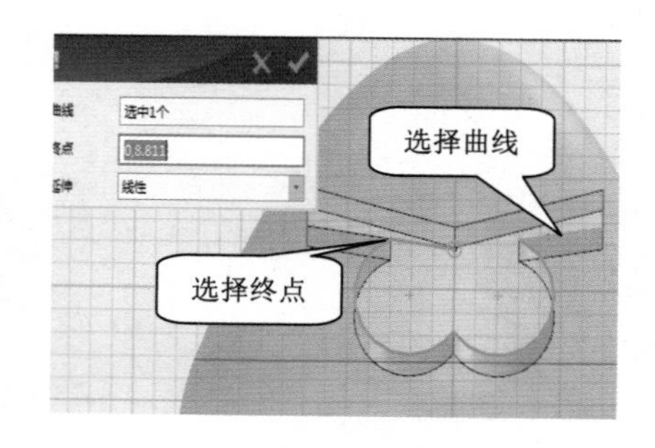

（b）延伸右侧曲线

图 4-29　延伸曲线

（3）单击左侧工具栏的“草图编辑 ”→“修剪 ”，单击修剪曲线，如图 4-30 所示为修剪后的草图，单击绿色的确定按钮完成修剪。

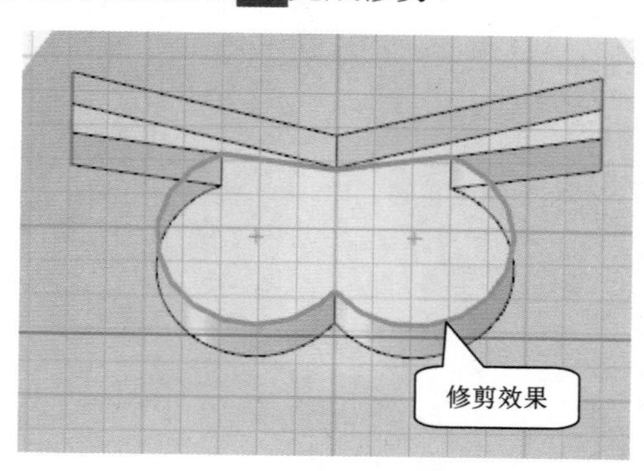

图 4-30　修剪后的草图

（4）单击左侧工具栏的“草图绘制”→“直线”，在绘制直线对话框中输入线段1的坐标点，参数如图4-31（a）所示，绘制形状如图4-31（b）所示，单击绿色的确定按钮完成直线的绘制。按下鼠标中键，重复上一次命令，在绘制直线对话框中输入线段2的坐标点，参数如图4-31（c）所示，绘制形状如图4-31（d）所示，单击绿色的确定按钮完成直线的绘制。

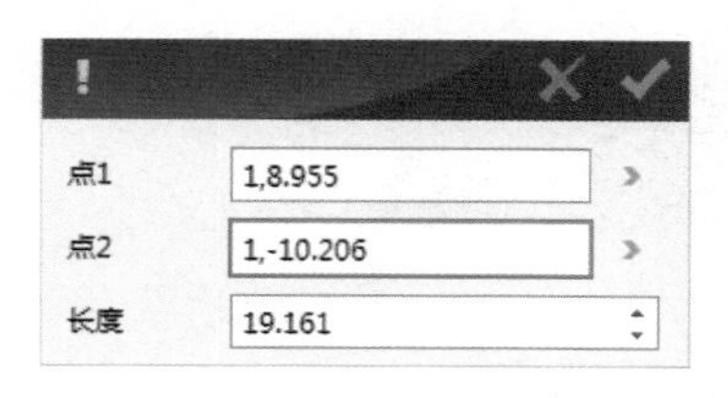

（a）线段1坐标

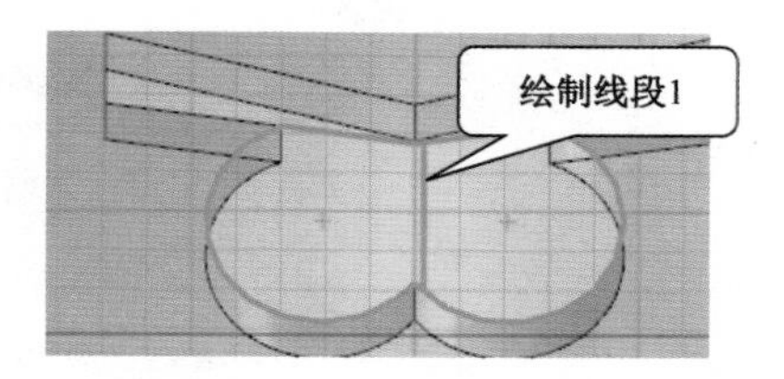

（b）线段1

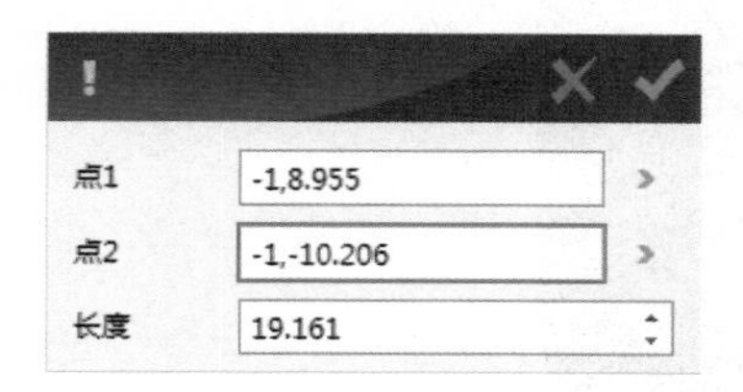

（c）线段2坐标

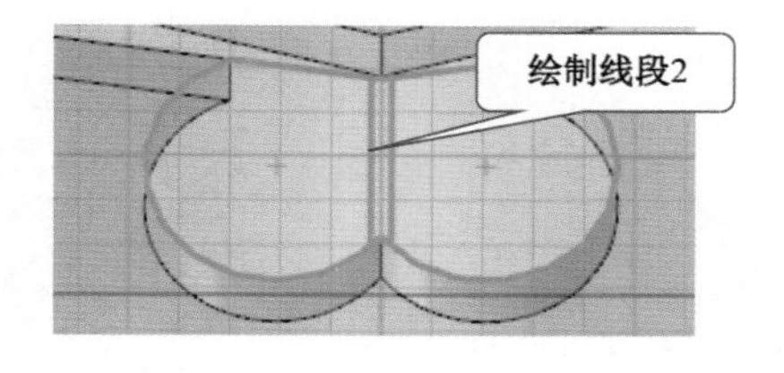

（d）线段2

图4-31　绘制线段

（5）单击左侧工具栏的“草图编辑”→“修剪”，单击修剪图线，如图4-32所示为修剪后的草图，单击绿色的确定按钮完成修剪。

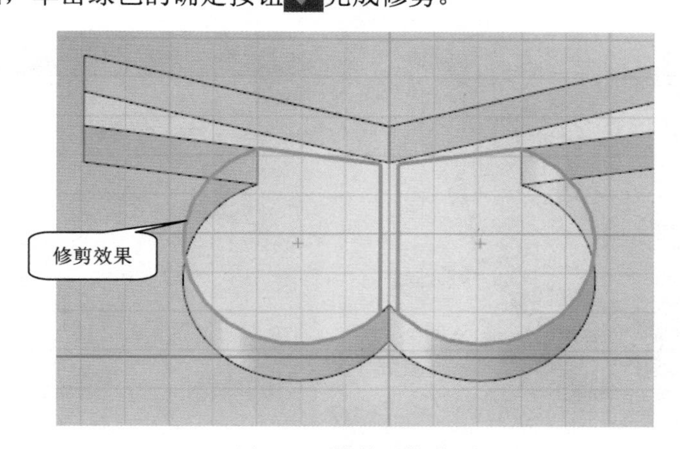

图4-32　修剪后的草图

（6）单击左侧工具栏的“特征造型”→“拉伸”，参数设置如图4-33所示，拉伸高度为2，单击绿色的确定按钮完成拉伸。

7．圆角与减运算

（1）单击左侧工具栏的“特征造型”→“圆角”，参数设置如图4-34所示，圆角半径设置为2，单击绿色的确定按钮完成倒圆角。

三维造型设计

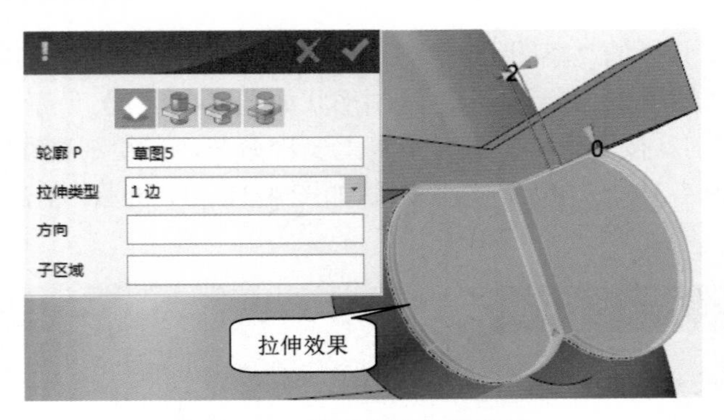

图 4-33　将绘制的草图拉伸

图 4-34　倒圆角

（2）单击左侧工具栏的“草图绘制”→“圆形”，选择草绘平面如图 4-35 所示，绘制半径为 3.5 的圆形，参数设置如图 4-36 所示，单击绿色的确定按钮完成圆形的绘制。

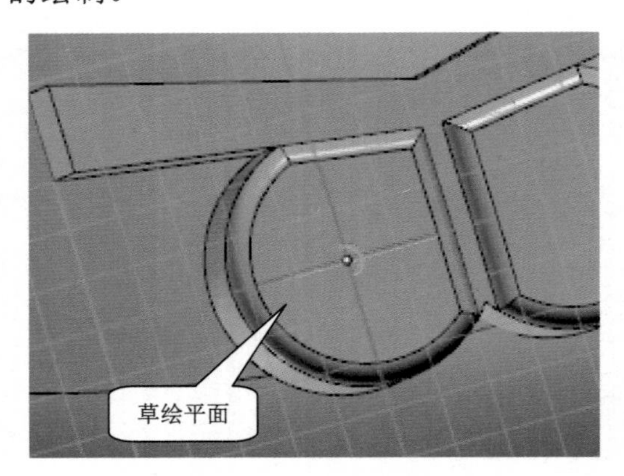

图 4-35　选取草绘平面

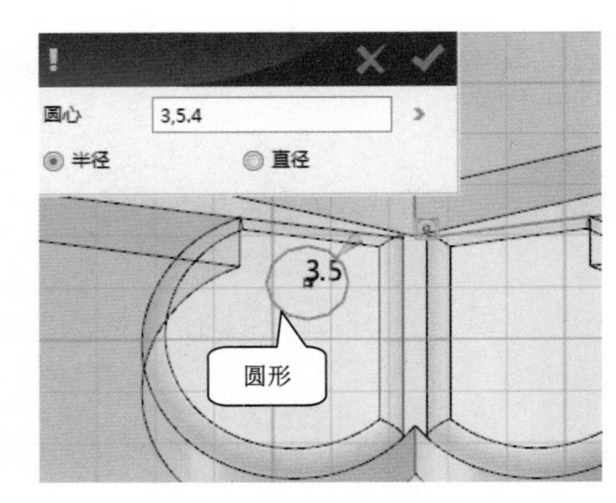

图 4-36　绘制半径为 3.5 的圆形

（3）单击左侧工具栏的“基本编辑”→“镜像”，参数设置如图 4-37 所示，实体选择上一步创建的圆形，选取镜像线后单击绿色的确定按钮完成镜像。

（4）退出草图绘制，单击左侧工具栏的“特征造型”→“拉伸”，参数设置如图 4-38（a）所示，拉伸高度为-2，布尔运算选择减运算，单击绿色的确定按钮完成拉伸，拉伸后效果如图 4-38（b）所示。

图 4-37　镜像

（a）拉伸圆形

（b）拉伸效果

图 4-38　拉伸

8．绘制曲线

（1）单击左侧工具栏的“草图绘制”→“通过点绘制曲线”，选择网格面为草绘平面，如图 4-39（a）所示，分别输入点的坐标，参数如图 4-39（b）、（c）、（d）所示，单击绿色的确定按钮完成曲线的绘制，如图 4-39（e）所示。

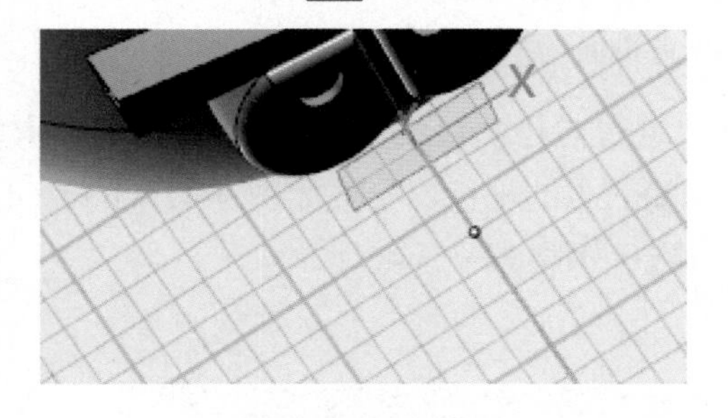

（a）选择草绘平面

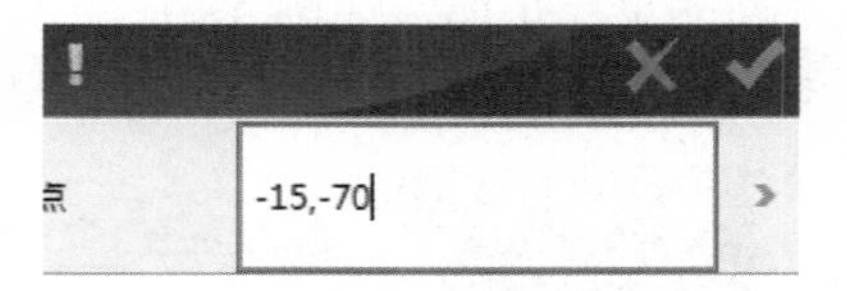

（b）点 1 坐标值

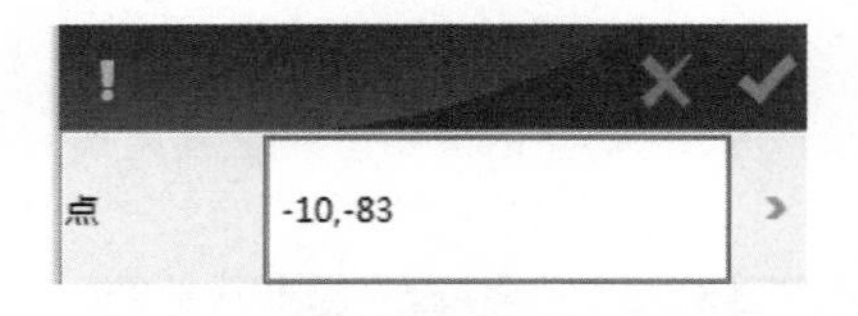

（c）点 2 坐标值

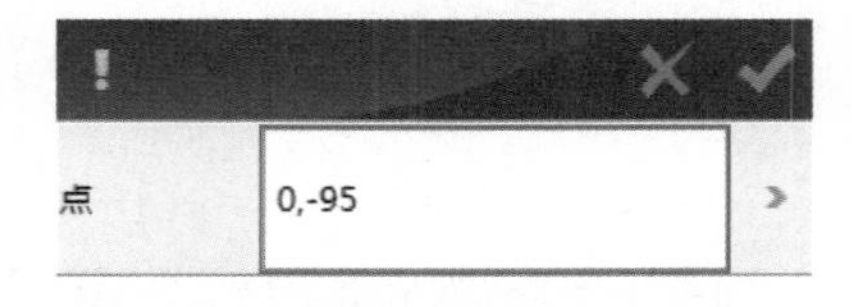

（d）点 3 坐标值

图 4-39　选择草绘平面绘制曲线

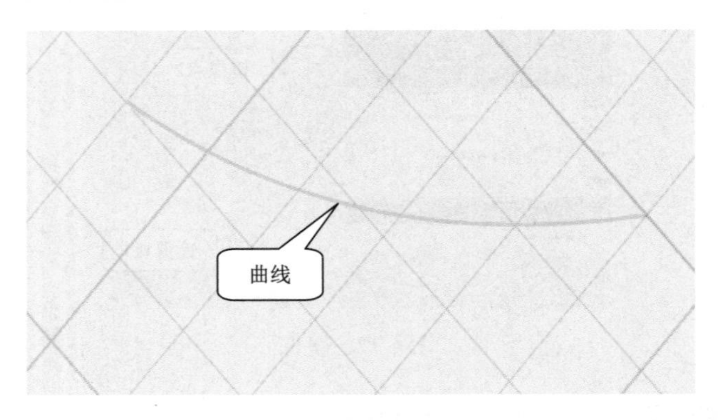

（e）绘制曲线

图 4-39 选择草绘平面绘制曲线（续）

（2）单击左侧工具栏的“插入基准面”→“3 点插入基准面”，选择对齐到几何坐标的 YZ 面，参数设置如图 4-40 所示，单击绿色的确定按钮完成创建。

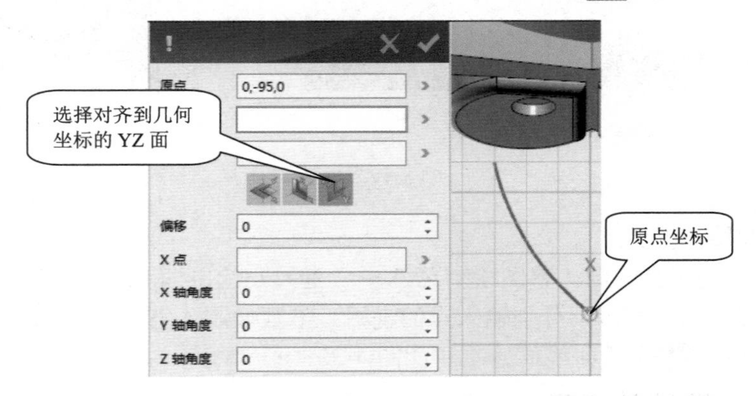

图 4-40 创建 YZ 基准面

（3）单击左侧工具栏的“草图绘制”→“通过点绘制曲线”，选取上一步创建的基准面为草绘平面，如图 4-41（a）所示，分别输入点的坐标，参数如图 4-41（b）、（c）（d）所示。单击绿色的确定按钮完成曲线的绘制，如图 4-41（e）所示。

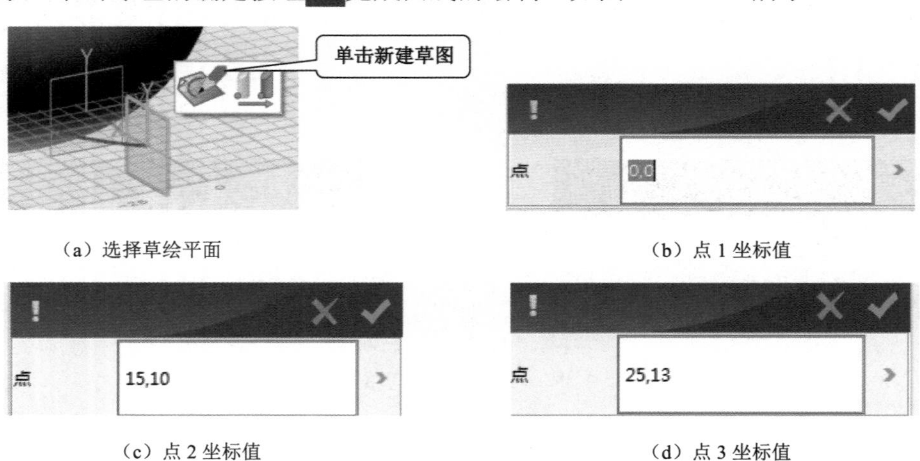

（a）选择草绘平面　（b）点 1 坐标值

（c）点 2 坐标值　（d）点 3 坐标值

图 4-41 绘制曲线

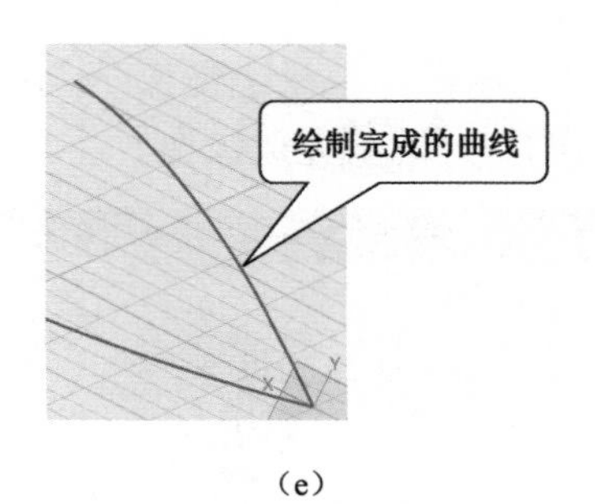

（e）

图 4-41　绘制曲线（续）

（4）单击左侧工具栏的“插入基准面”→“3 点插入基准面”，选择对齐到几何坐标的 XZ 面，参数设置如图 4-42 所示，单击绿色的确定按钮完成创建。

（5）选取上一步创建的基准面，创建草图。单击左侧工具栏的“草图绘制”→“圆弧”，设置半径为 20，如图 4-43 所示，单击绿色的确定按钮完成绘制。

图 4-42　创建 XZ 基准面

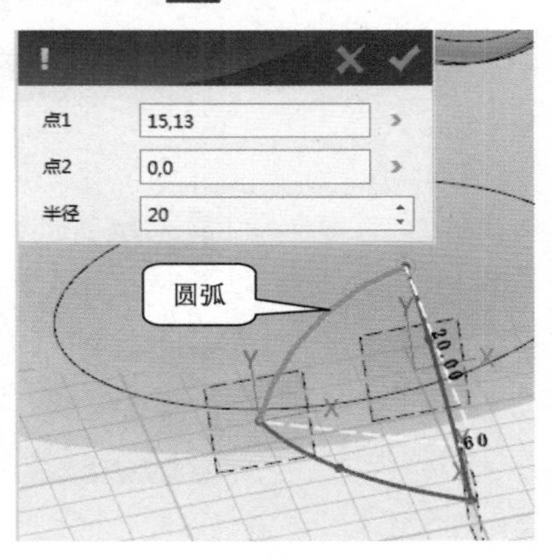

图 4-43　绘制半径为 20 圆弧

9．创建曲面

（1）单击左侧工具栏的“曲面”→“FEM 面”，参数设置如图 4-44 所示，单击绿色的确定按钮完成 FEM 面的创建。

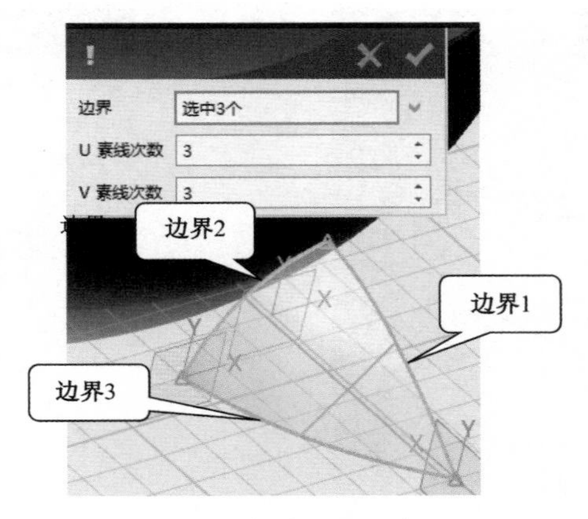

图 4-44　创建 FEM 面

（2）单击左侧工具栏的“基本编辑”→“镜像”，选择线方式，点 1、点 2 参数设置如 4-45 所示，单击绿色的确定按钮完成镜像。

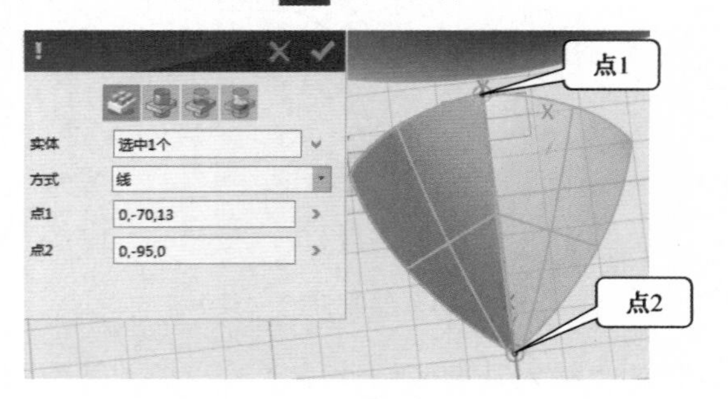

图 4-45　镜像

（3）单击左侧工具栏的“空间曲线描绘”→“直线”，点 1、点 2 的参数设置如图 4-46 所示，单击绿色的确定按钮完成直线的绘制。

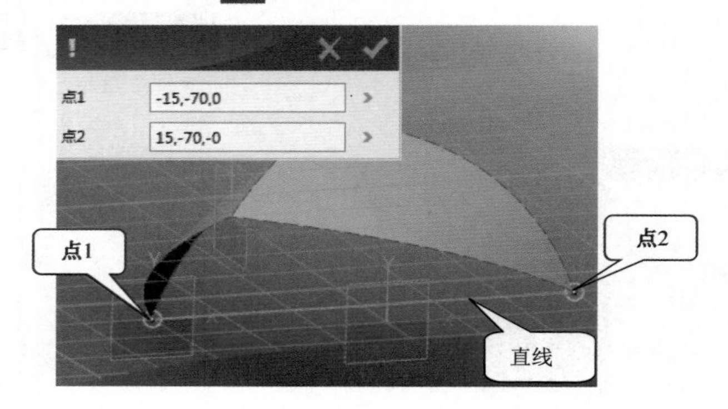

图 4-46　绘制直线

（4）单击左侧工具栏的“曲面”→“FEM 面”，参数设置如图 4-47 所示，单击绿色的确定按钮完成 FEM 面的创建。

（5）单击左侧工具栏的“曲面”→“FEM 面”，参数设置如图 4-48 所示，单击绿色的确定按钮完成 FEM 面的创建。

图 4-47　创建 FEM 面

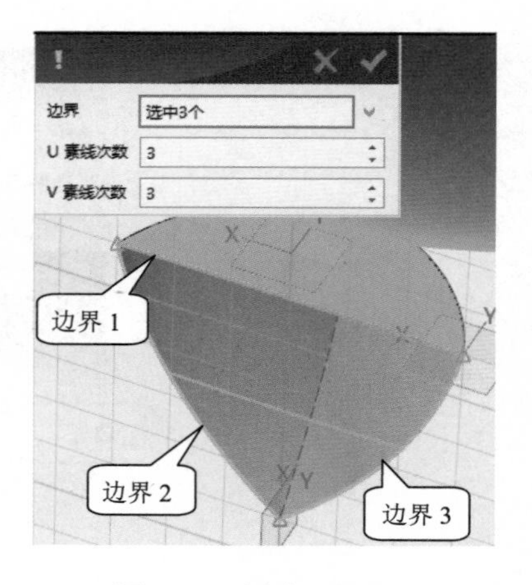

图 4-48　创建 FEM 面

10．绘制曲线

（1）选择创建完成的基准面，单击“新建草图”，如图 4-49（a）所示，单击左侧工具栏的“草图绘制”→“通过点绘制曲线”，分别输入点的坐标，如图 4-49（b）、（c）、（d）所示，单击绿色的确定按钮完成曲线的绘制，如图 4-49（e）所示。

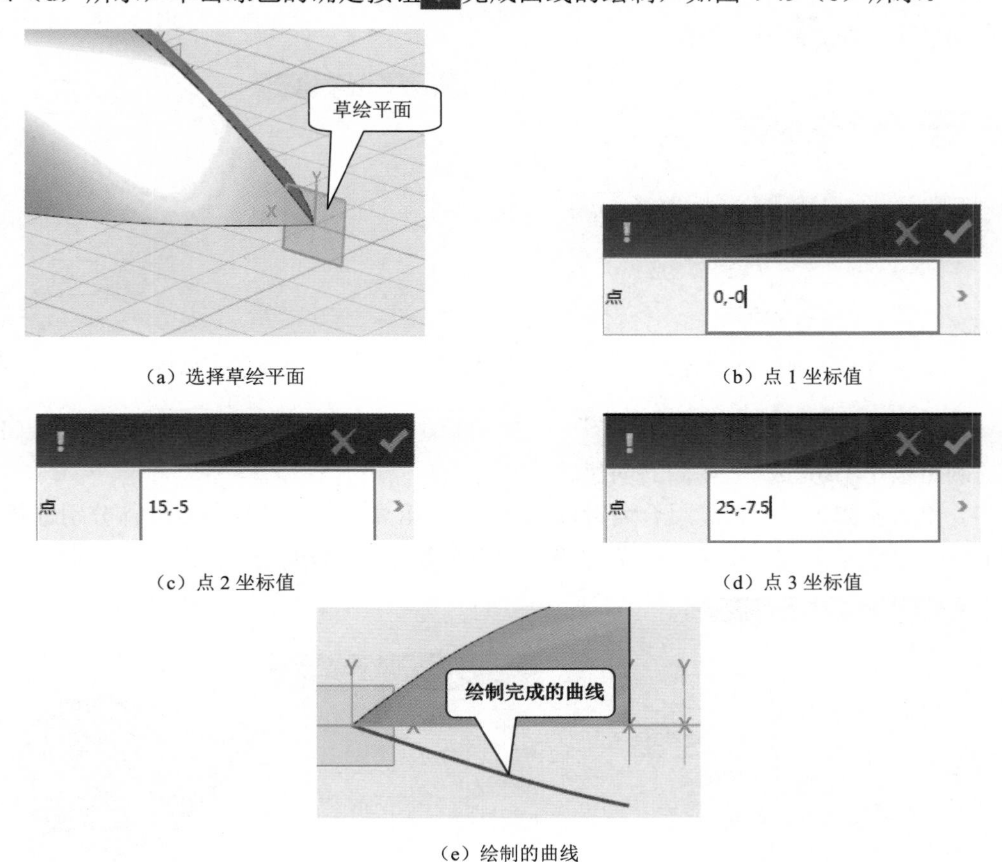

（a）选择草绘平面　（b）点 1 坐标值

（c）点 2 坐标值　（d）点 3 坐标值

（e）绘制的曲线

图 4-49　绘制曲线

（2）单击左侧工具栏的“草图绘制”→“圆弧”，选取上一步绘制的曲线的两个端点，新建草图，半径为 20，参数设置如图 4-50 所示，单击绿色的确定按钮完成圆弧的绘制。

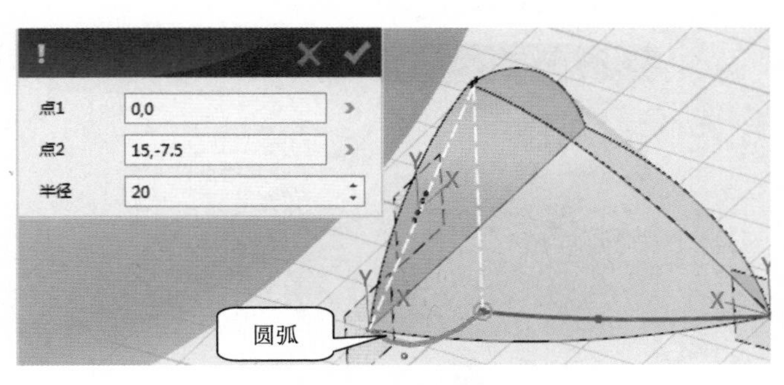

图 4-50　绘制圆弧

11．绘制曲线与组合编辑

（1）单击左侧工具栏的“曲面”→“FEM 面”，参数设置如图 4-51 所示，单击绿色的确定按钮完成 FEM 面的创建。

（2）单击左侧工具栏的“基本编辑”→“镜像”，参数设置如图 4-52 所示，单击绿色的确定按钮完成镜像。

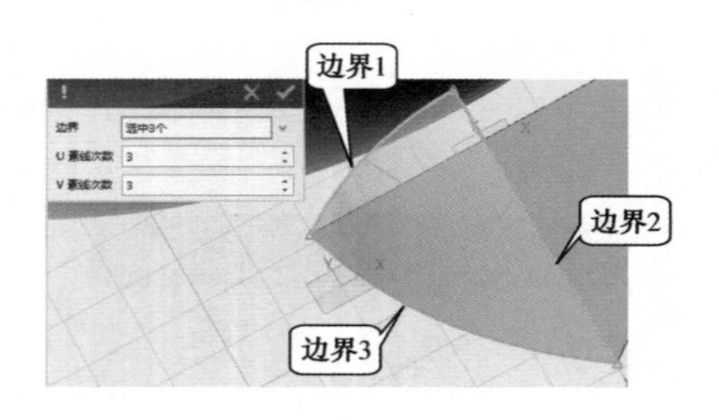

图 4-51　创建 FEM 面

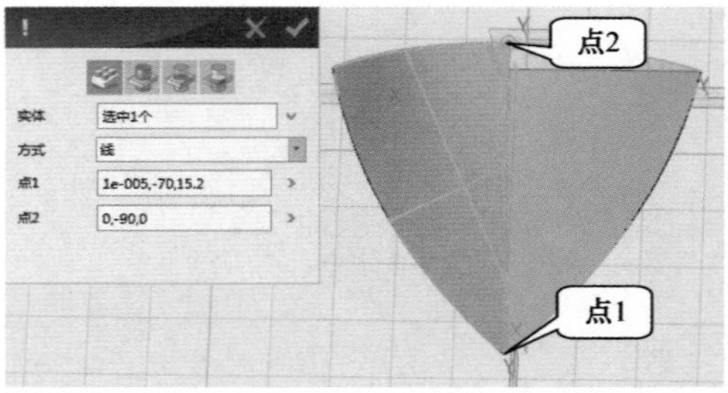

图 4-52　镜像

（3）单击左侧工具栏的“曲面”→“FEM 面”，参数设置如图 4-53 所示，单击绿色的确定按钮完成 FEM 面的创建。

（4）单击左侧工具栏的“组合编辑”→“加运算”，基体与合并体分别选择上、下两部分，如图 4-54 所示，单击绿色的确定按钮完成组合编辑。

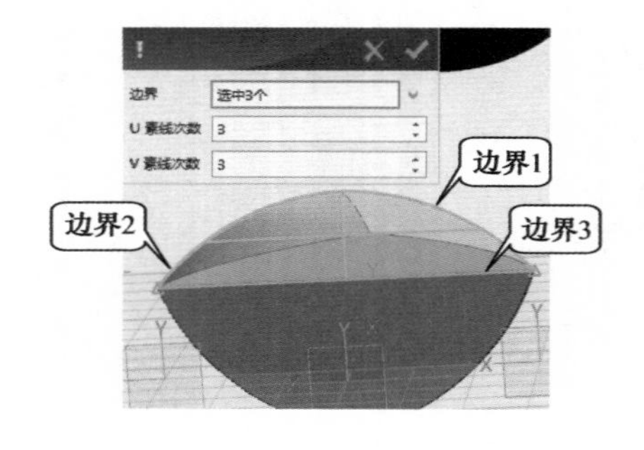

图 4-53　创建 FEM 面

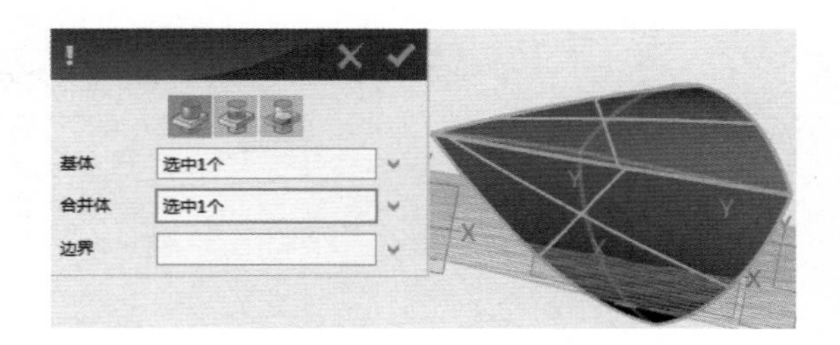

图 4-54　组合编辑

12．移动

（1）单击左侧工具栏的“基本编辑”→“移动”，先单击起始点，然后单击目标点，如图 4-55 所示，单击绿色的确定按钮完成移动。

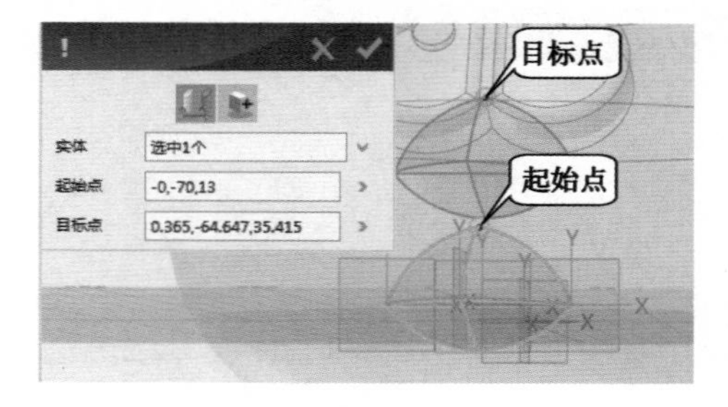

图 4-55　移动

（2）单击左侧工具栏的“基本编辑”→“移动”，拖动 Y 轴，移动-4，参数设置如图 4-56 所示，单击绿色的确定按钮完成移动。

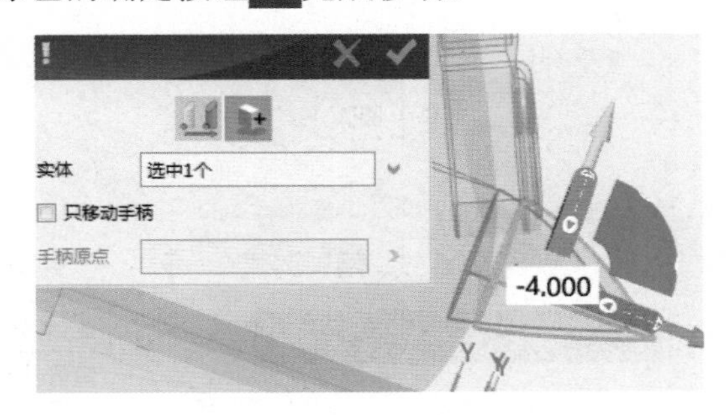

图 4-56 拖动 Y 轴，移动-4

13．绘制草图

（1）单击左侧工具栏的“插入基准面”→“3 点插入基准面”，X 轴角度设置为 40，如图 4-57 所示，单击绿色的确定按钮完成基准面的创建。

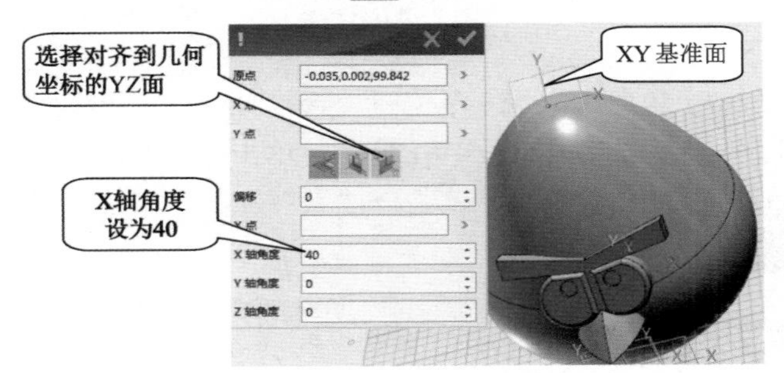

图 4-57 创建基准面

（2）选择创建完成的基准面，单击“新建草图”，单击左侧工具栏的“草图绘制”→“椭圆”，参数设置如图 4-58 所示，单击绿色的确定按钮完成椭圆的绘制。

（a）新建草图

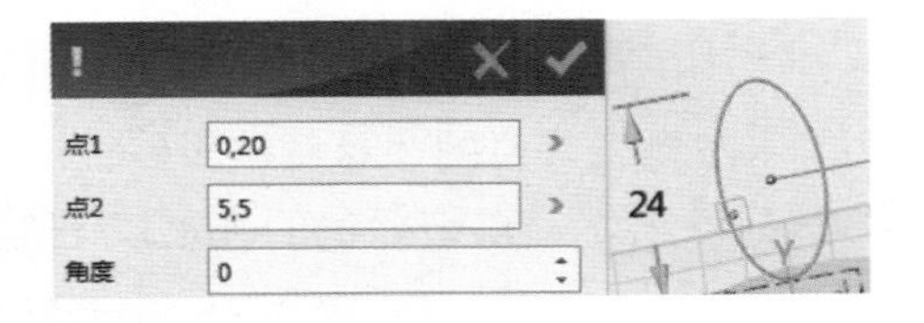

（b）绘制椭圆

图 4-58 完成椭圆的绘制

（3）单击左侧工具栏的“草图绘制”→“圆弧”，参数设置如图 4-59 所示，单击绿色的确定按钮完成圆弧的绘制。

（4）单击左侧工具栏的“草图绘制”→“直线”，在椭圆的上端点处绘制一条直线作为镜像辅助线，参数设置如图 4-60 所示，单击绿色的确定按钮完成直线的绘制。

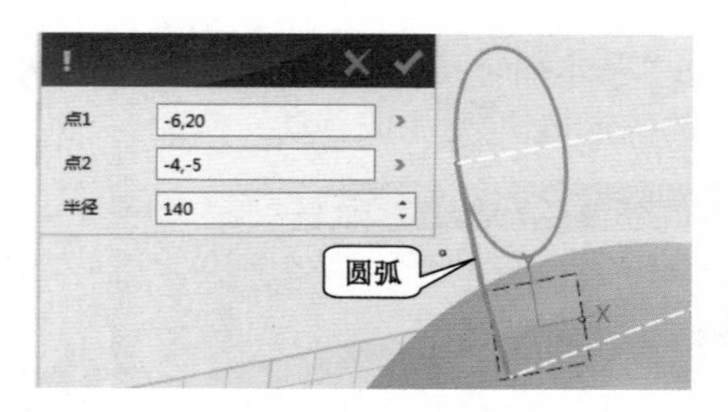

图 4-59 绘制圆弧

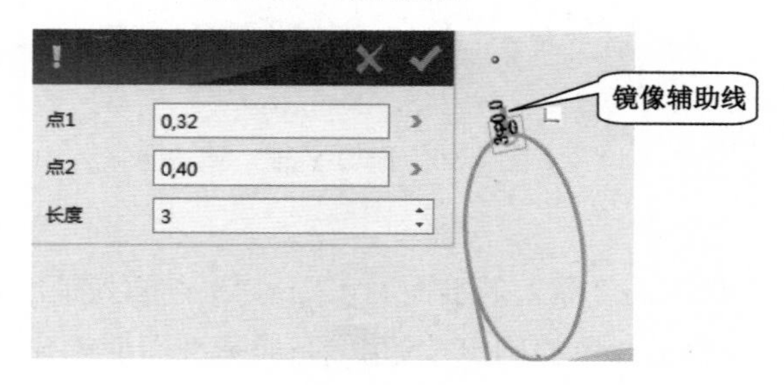

图 4-60 绘制镜像辅助线

（5）单击左侧工具栏的“基本绘制”→“镜像”，镜像线选取上一步创建的镜像辅助线，实体选择圆弧，参数设置如图 4-61 所示，单击绿色的确定按钮完成镜像。

（6）单击左侧工具栏的“草图绘制”→“直线”，参数设置如图 4-62 所示，单击绿色的确定按钮完成直线的绘制。

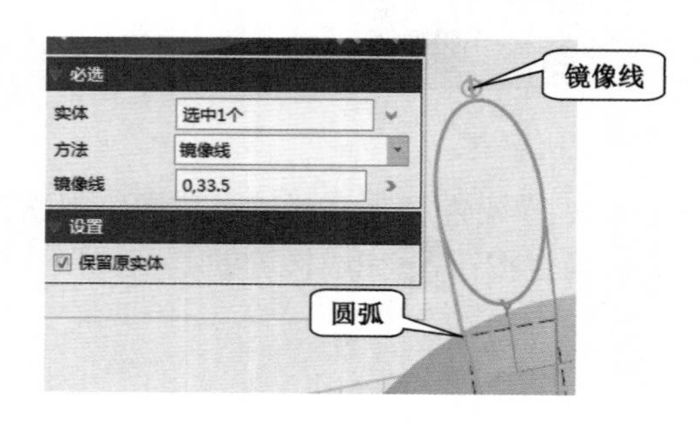

图 4-61 镜像圆弧

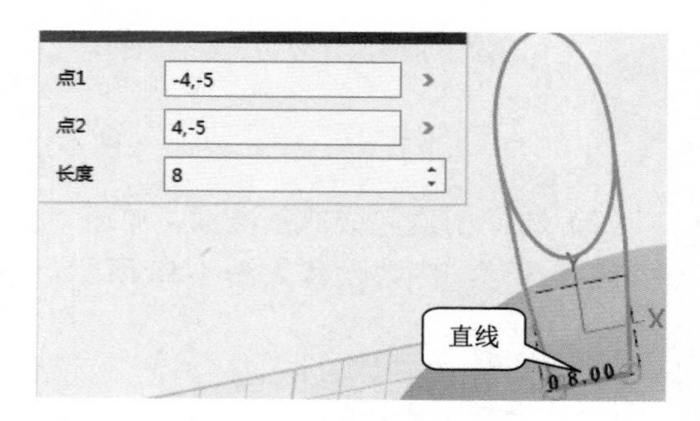

图 4-62 绘制长度为 8 的直线

（7）单击左侧工具栏的“草图编辑”→“修剪”，单击删除镜像辅助线，修剪后的效果如图 4-63 所示，单击绿色的确定按钮完成修剪。

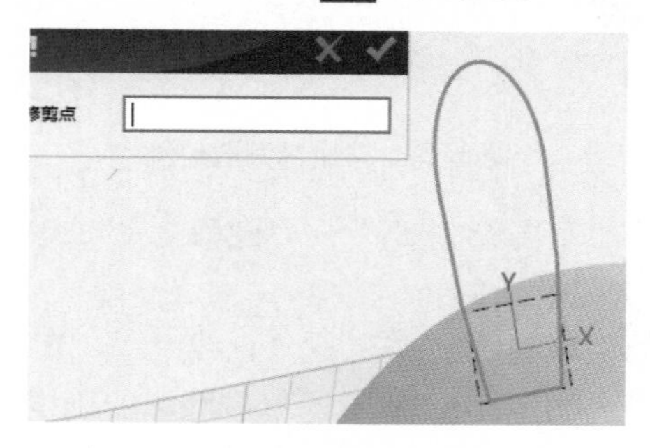

图 4-63 修剪后的效果

14．造型修改

（1）单击左侧工具栏的“特征造型”→“拉伸”，拉伸高度为-5，参数设置如图 4-64 所示，单击绿色的确定按钮完成拉伸。

（2）单击左侧工具栏的“特征造型”→“圆角”，圆角半径为 2.5，参数设置如图 4-65 所示，单击绿色的确定按钮完成倒圆角。

图 4-64 拉伸

图 4-65 倒圆角

（3）单击左侧工具栏的“特殊功能”→“圆柱弯折”，半径设置为 40，参数设置如图 4-66 所示，单击绿色的确定按钮完成圆柱弯折。

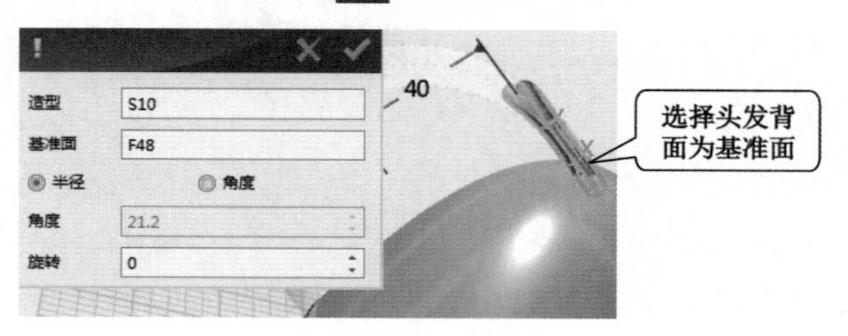

图 4-66 圆柱弯折

（4）单击左侧工具栏的“基本编辑”→“阵列”，方向选择图中绿色箭头，参数设置如图 4-67 所示，单击绿色的确定按钮完成阵列。

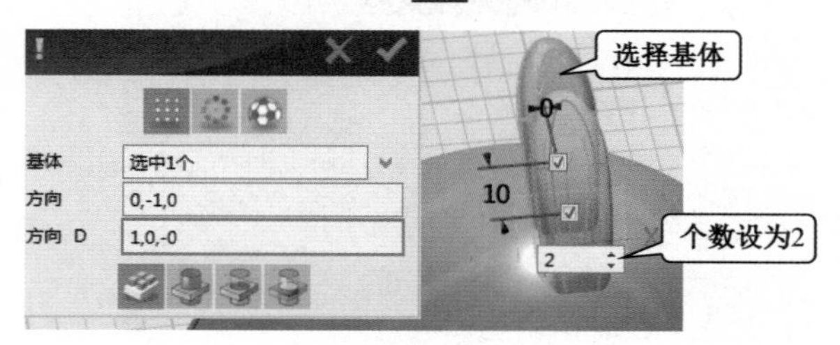

图 4-67 阵列

（5）单击左侧工具栏的“基本编辑”→“移动”，选择动态移动，拖动 X 轴，向 X 轴方向移动，输入数值 5，参数设置如图 4-68（a）所示；拖动旋转轴（黄色），输入旋转角度为 25，参数设置如图 4-68（b）所示，单击绿色的确定按钮完成移动。

（a）X 轴移动 5

（b）旋转角度为 25°

图 4-68　移动

15．绘制草图与拉伸

（1）如图 4-69（a）所示，选择 XY 基准面，单击“新建草图”。单击左侧工具栏的“草图绘制”→“多段线”，通过 11 个点坐标（140，50）、（150，65）、（155，60）、（145，50）、（160，55）、（160，48）、（150，45）、（160，45）、（160，35）、（145，40）、（140，50）绘制一封闭的多边形，如图 4-69（b）所示，单击绿色的确定按钮完成多段线的绘制。

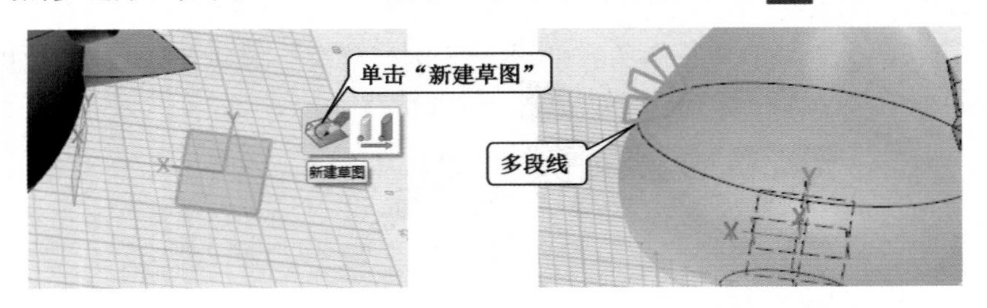

（a）创建草图　　（b）绘制多段线

图 4-69　多段线绘制

（2）单击左侧工具栏的“特征造型”→“拉伸”，拉伸类型选为对称，拉伸高度设为 4，参数设置如图 4-70 所示，单击绿色的确定按钮完成拉伸。

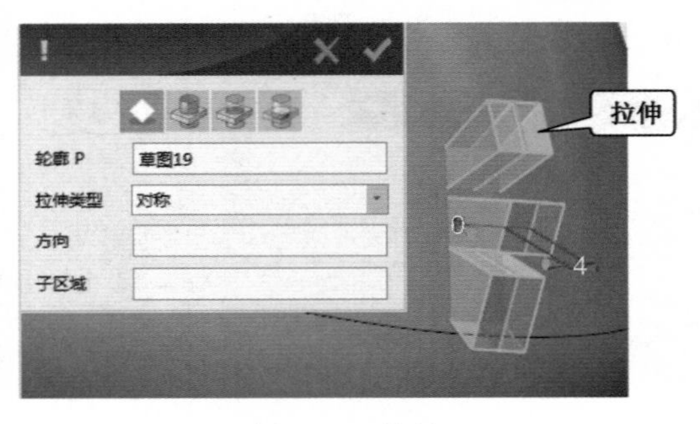

图 4-70　拉伸

（3）单击左侧工具栏的“基本编辑”→“移动”，选择动态移动，拖动 Y 轴，向 Y 轴方向移动，输入数值-5，参数设置如图 4-71 所示，单击绿色的确定按钮完成移动。

（4）单击左侧工具栏的“草图绘制”→“直线”，选择草绘平面，并绘制直线，如图 4-72 所示，单击绿色的确定按钮完成直线的绘制。

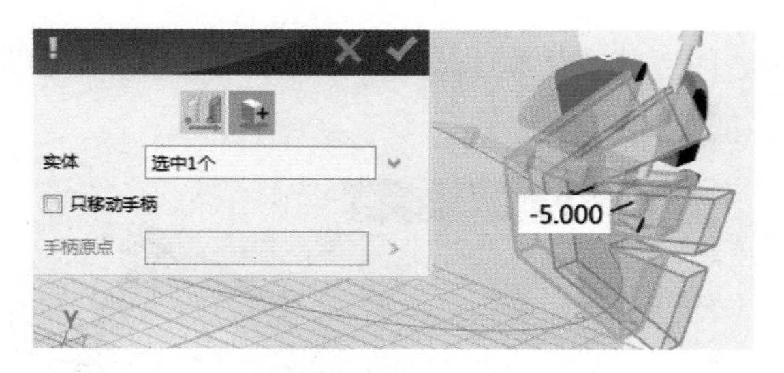

图 4-71　移动

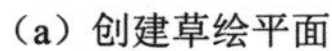

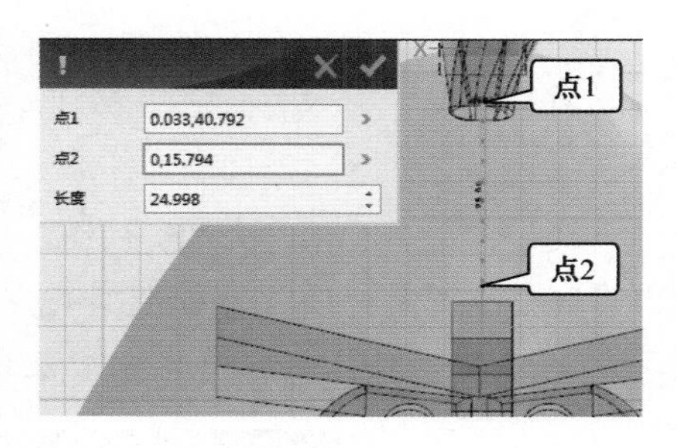

（a）创建草绘平面　　（b）绘制直线

图 4-72　直线绘制

（5）单击左侧工具栏的“草图编辑”→“偏移曲线”，勾选“在两个方向偏移”，参数设置如图 4-73 所示，单击绿色的确定按钮完成偏移。

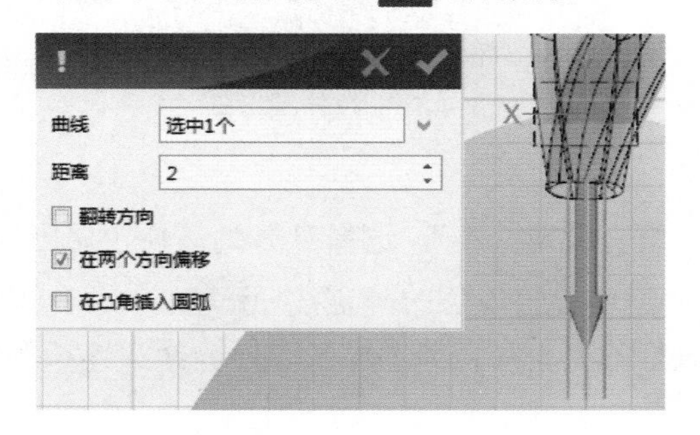

图 4-73　偏移

（6）单击左侧工具栏的“草图绘制”→“直线”，首尾连接上一步所偏移出来的两条直线，如图 4-74 所示，按<Delete>键删除中间多余的线段，单击绿色的确定按钮完成直线的绘制。

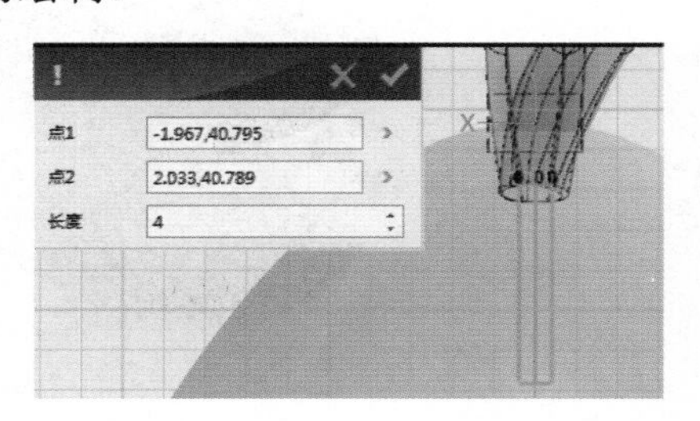

图 4-74　绘制直线并删除多余线段

（7）单击左侧工具栏的“特征造型”→“抽壳”，厚度设置为-3，如图 4-75 所示，单击绿色的确定按钮完成抽壳。

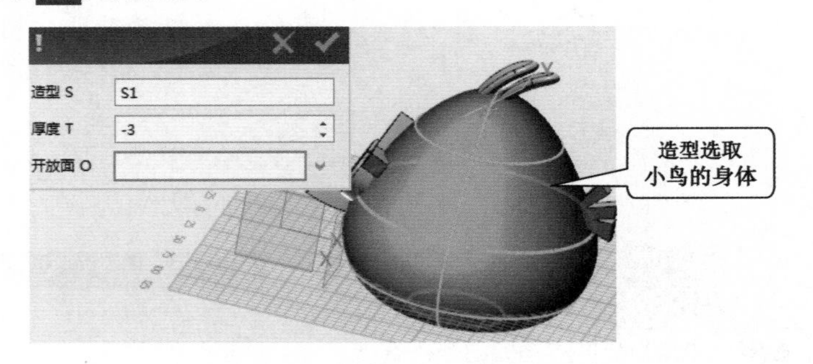

图 4-75　抽壳

（8）单击左侧工具栏的“特征造型”→“拉伸”，布尔运算选择减运算，拉伸高度为-55，切出投币口，参数设置如图 4-76 所示，单击绿色的确定按钮完成拉伸。

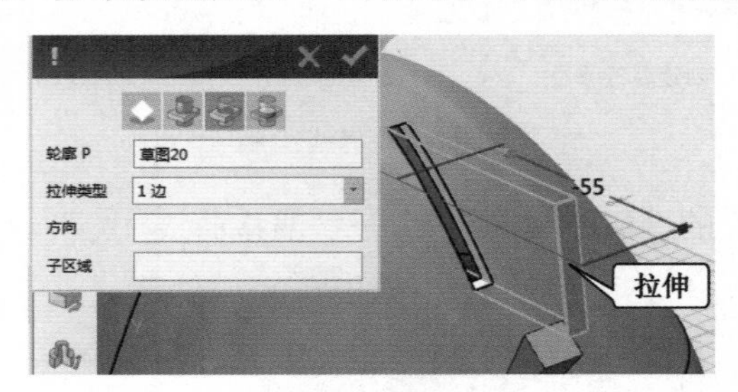

图 4-76　拉伸减运算

16．组合编辑

单击左侧工具栏的“组合编辑”，选择身体为基体，尾巴、头发、嘴巴、眼睛等部分为合并体，如图 4-77 所示，单击绿色的确定按钮完成组合编辑。（可以先进行渲染之后再组合，单击左侧工具栏的“材质渲染”，选择选择实体和颜色。）

17．建模完成

至此，存钱罐的建模已全部完成，如图 4-78 所示。

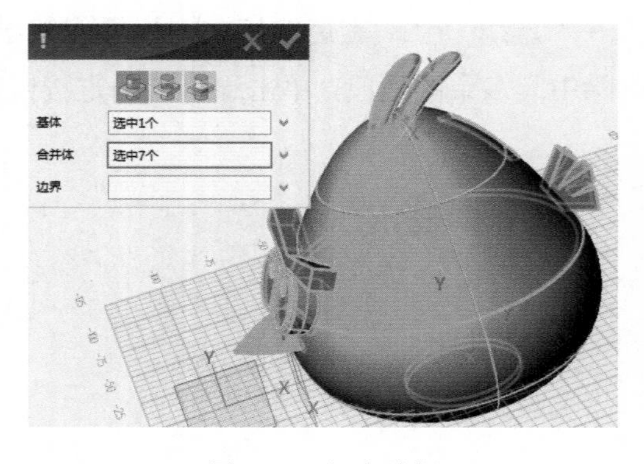

图 4-77　组合编辑

图 4-78　最终效果图

◆ 课外习题

请参照图 4-79 所示图形用建模软件进行三维建模。

（a）小火车存钱罐　（b）可爱猪存钱罐　（c）小青蛙存钱罐

图 4-79　练习图

任务 2　3D 打印机器人

中望软件（3D One Plus）建模实例二

1．绘制身体

（1）打开 3D One Plus 软件，单击底部工具栏的“查看视图”→“自动对齐视图”，视图自动摆正，方便作图。单击左侧工具栏的“草图绘制”→“多段线”，利用网格特性绘制如图 4-80 所示的多段线（默认单位为 mm），单击绿色的确定按钮完成多段线的绘制。

（2）单击左侧工具栏的“特征造型”→“拉伸”，再选择上一步绘制的草图，拉伸结束点设为 20，如图 4-81 所示，单击绿色的确定按钮完成拉伸。

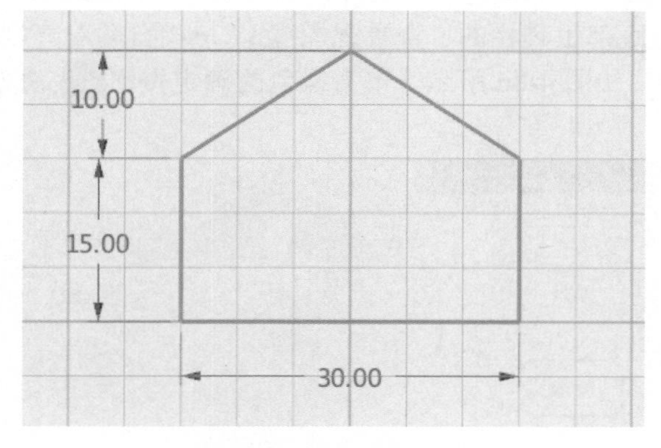

图 4-80　绘制多段线

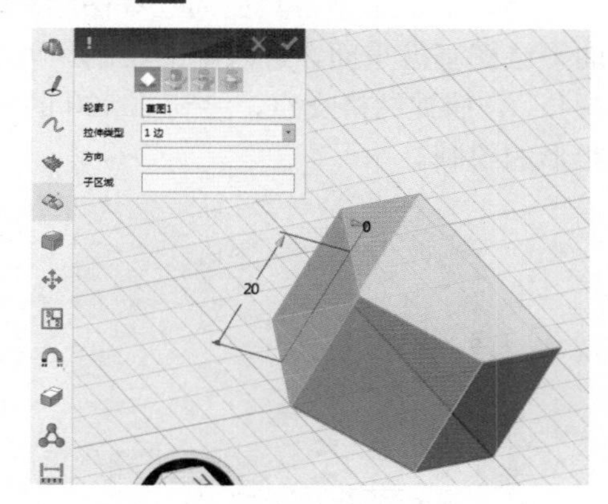

图 4-81　拉伸

（3）单击左侧工具栏的“草图绘制”→“多段线”，选择如图 4-82 所示的黄色平面为绘图基准平面，进入草图绘制，再单击底部工具栏的“查看视图”→“自动对齐视

图 ”，视图自动摆正。捕捉网格交点，绘制如图 4-83 所示的多段线，单击绿色的确定按钮完成多段线的绘制。

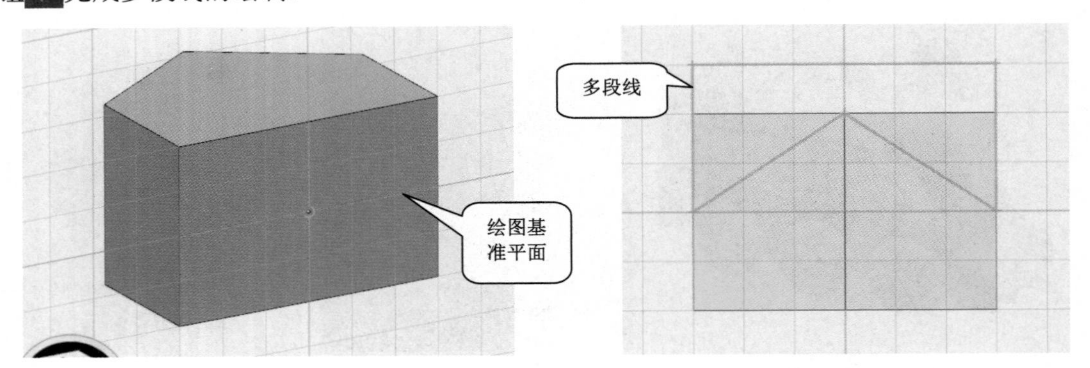

图 4-82　选择绘图基准平面　　　　图 4-83　绘制多段线

（4）单击左侧工具栏的“特征造型”→“拉伸”，再选择上一步绘制的草图，拉伸结束点设为-25，布尔运算设为减运算，如图 4-84 所示，单击绿色的确定按钮完成拉伸。

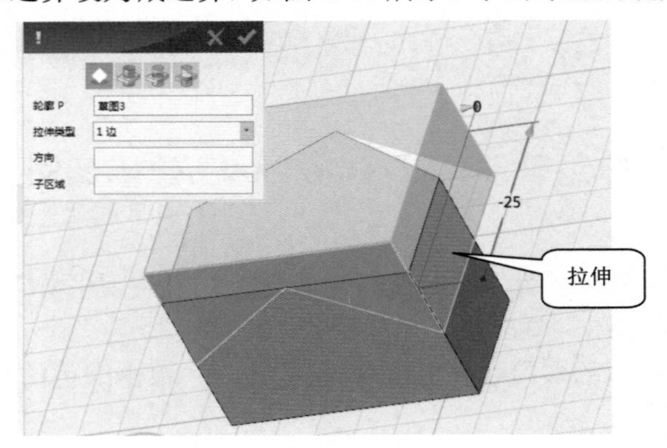

图 4-84　拉伸

（5）单击左侧工具栏的“草图绘制”→“矩形”，选择如图 4-85 所示的黄色平面为绘图基准平面，进入草图绘制，再单击底部工具栏的“查看视图”→“自动对齐视图”，捕捉网格交点，绘制 20×20 的矩形，如图 4-86 所示，单击绿色的确定按钮完成矩形的绘制。

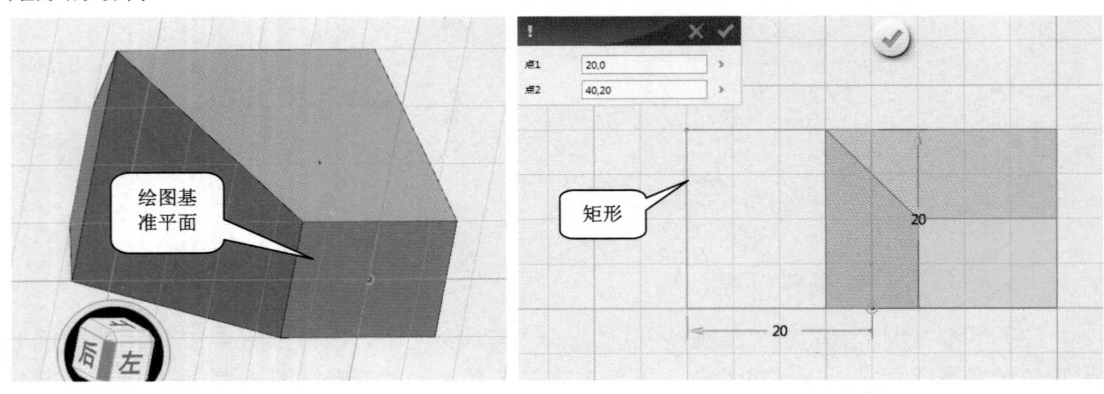

图 4-85　选择绘图基准平面　　　　图 4-86　绘制矩形

（6）单击左侧工具栏的“草图绘制”→“圆弧”，绘制半径为 20 的圆弧，参数设置如图 4-87 所示，单击绿色的确定按钮完成圆弧的绘制。再将矩形上端的直线删除，如图 4-88 所示。

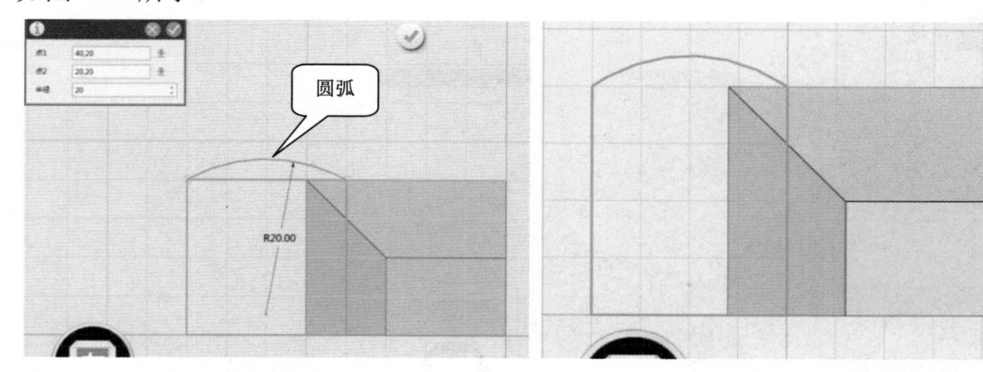

图 4-87　绘制圆弧　　图 4-88　删除直线

（7）单击左侧工具栏的“特征造型”→“拉伸”，再选择上一步绘制的草图，拉伸结束点设为 5，如图 4-89 所示，单击绿色的确定按钮完成拉伸。

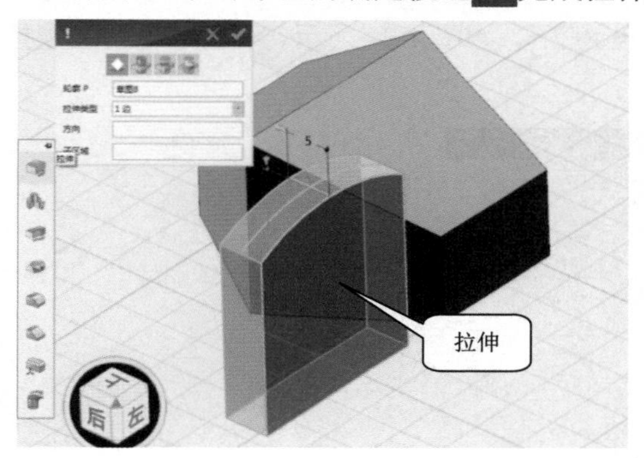

图 4-89　拉伸

（8）单击上一步绘制的造型，如图 4-90 所示；在弹出的工具栏中选择“移动”，再选择“动态移动”，如图 4-91 所示，光标放在 X 轴箭头上然后按住鼠标左键，拖拽移动 12.5 的距离，单击绿色的确定按钮完成移动。

图 4-90　选取造型

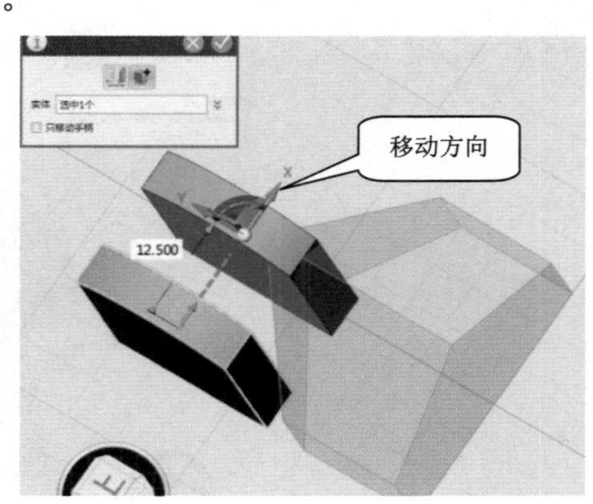

图 4-91　移动

（9）单击左侧工具栏的“草图绘制”→“直线”，选择如图 4-92 所示的黄色平面作为绘图基准平面，进入草图绘制，再单击底部工具栏的“查看视图”→“自动对齐视图”，视图自动摆正。利用网格交点绘制一条辅助直线，如图 4-93 所示，单击绿色的确定按钮完成绘制。

图 4-92　选择绘图基准平面

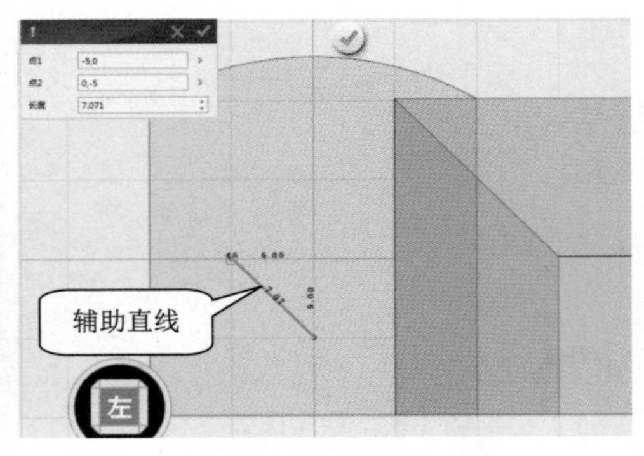

图 4-93　绘制辅助直线

（10）单击左侧工具栏的“草图绘制”→“圆形”，圆心选择上一步绘制的辅助直线的中点位置，半径设为 2.5，如图 4-94 所示，单击绿色的确定按钮完成圆形的绘制，最后将辅助直线删除。

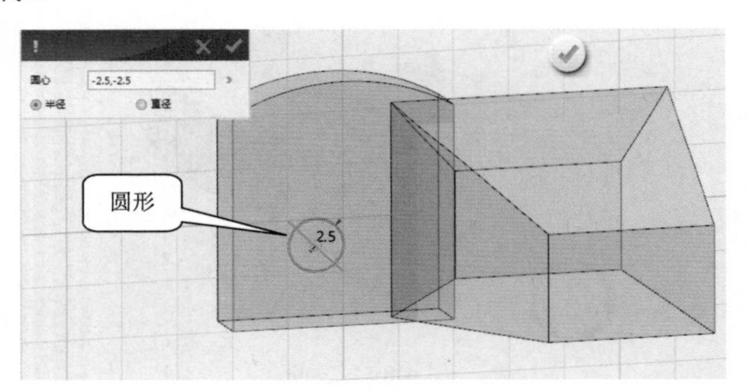

图 4-94　绘制圆形

（11）单击左侧工具栏的“特征造型”→“拉伸”，再选择上一步绘制的圆，拉伸类型设置为 2 边，起始点设置为 5.5，结束点设置为-10.5，布尔运算设置为加运算，如图 4-95 所示，单击绿色的确定按钮完成拉伸。

图 4-95　拉伸为圆柱体

（12）单击左侧工具栏的“基本实体”→“球体”，选取上一步绘制的圆柱体一个端面的中心点为球心，半径设为3，布尔运算设为加运算，如图4-96所示，单击绿色的确定按钮完成一侧球体的绘制。用同样方法在另一侧绘制球体，如图4-97所示。

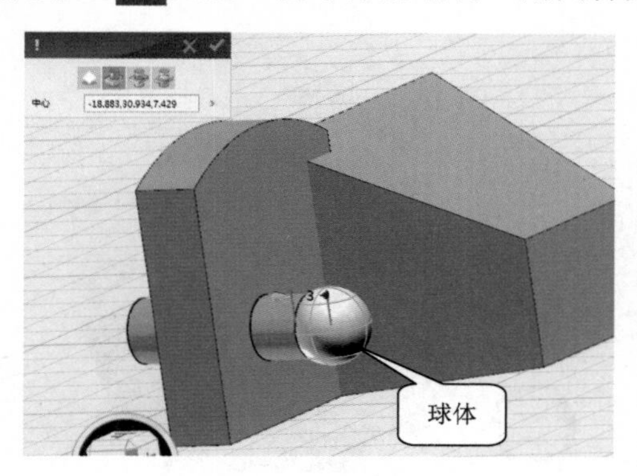

图 4-96 绘制球体

图 4-97 绘制另一侧球体

（13）单击左侧工具栏的“草图绘制”→“预制文字”，选择绘图基准平面如图4-98（a）所示；在弹出的对话框中文字栏输入“3D”，其他项目为默认值，如图4-98（b）所示，单击绿色的确定按钮。再单击左侧工具栏的“基本编辑”→“旋转”，在弹出的对话框中实体选择“3D”草图，基点选择绘图基准平面内的中间位置，角度设为180°，单击绿色的确定按钮完成“3D”文字的绘制，如图4-98（c）所示。

（a）选择绘图基准平面

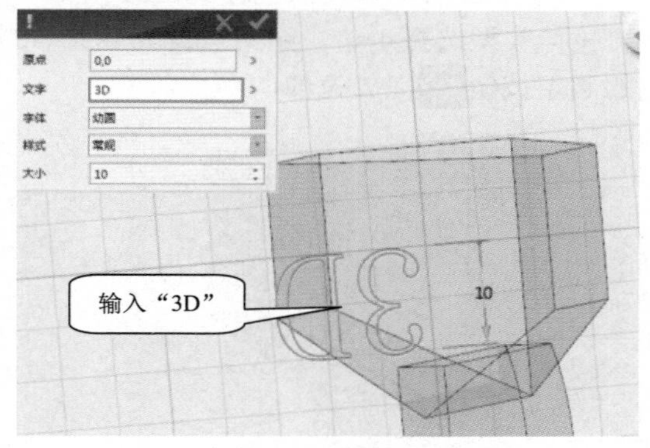

（b）绘制“3D”草图

（c）旋转“3D”文字

图 4-98 绘制“3D”文字

（14）单击左侧工具栏的“特征造型”→“拉伸”，再选择上一步绘制的“3D”草图，拉伸类型设为 1 边，结束点设为 0.5，布尔运算设为加运算，单击绿色的确定按钮完成拉伸，如图 4-99 所示。

图 4-99　拉伸“3D”文字

（15）单击左侧工具栏的“草图绘制”→“预制文字”，选择绘图基准平面如图 4-100 所示，在弹出的对话框中文字栏输入“打印”，单击绿色的确定按钮。再单击左侧工具栏的“基本编辑”→“旋转”，基点选择绘图基准平面内的中间位置，角度设为 180°，单击绿色的确定按钮。

（16）单击左侧工具栏的“特征造型”→“拉伸”，再选择上一步绘制的文字“打印”，拉伸类型选择 1 边，结束点设为 0.5，布尔运算设为加运算，如图 4-101 所示，单击绿色的确定按钮完成拉伸。

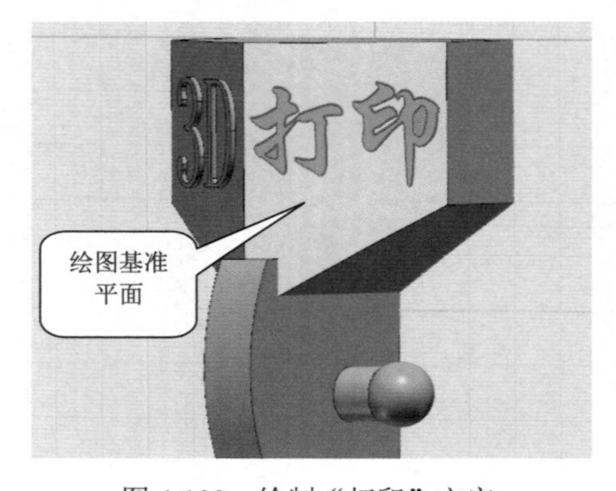

图 4-100　绘制“打印”文字

图 4-101　拉伸“打印”文字

2．绘制头部

（1）单击左侧工具栏的“草图绘制”→“参考几何体”，先选取如图 4-102 所示平面为绘图基准平面，再依次点选如图 4-103 所示的参考几何体的 5 条轮廓线，然后单击绿色的确定按钮。

（2）先框选上一步的参考几何体轮廓线，再单击左侧工具栏的“草图编辑”→“偏移曲线”，向内侧方向偏移，距离设为 2，参数设置如图 4-104 所示，单击绿色的确定按钮完成偏移。最后删除参考几何体轮廓线，保留偏移后的轮廓线，如图 4-105 所示。

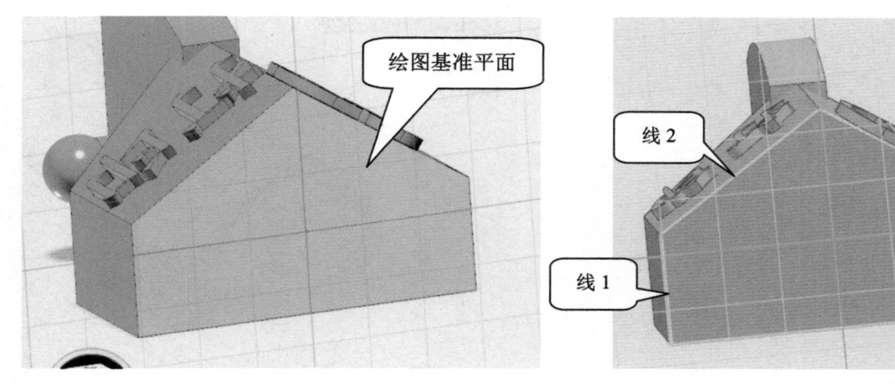

图 4-102　选择绘图基准平面　　　　图 4-103　参考几何体轮廓线

图 4-104　向内侧偏移

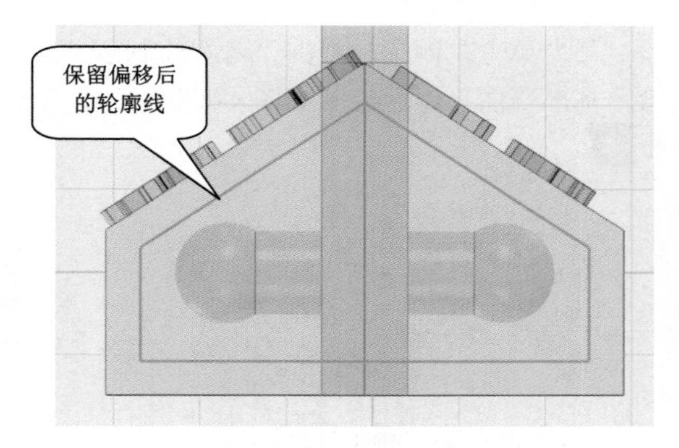

图 4-105　删除参考几何体轮廓线

（3）单击左侧工具栏的“草图绘制”→“直线”，绘制如图 4-106 所示的辅助直线，单击绿色的确定按钮。再单击左侧工具栏的“草图编辑”→“偏移曲线”，点选刚绘制的直线，勾选“在两个方向偏移”，距离设为 10，参数设置如图 4-107 所示，单击绿色的确定按钮完成偏移。

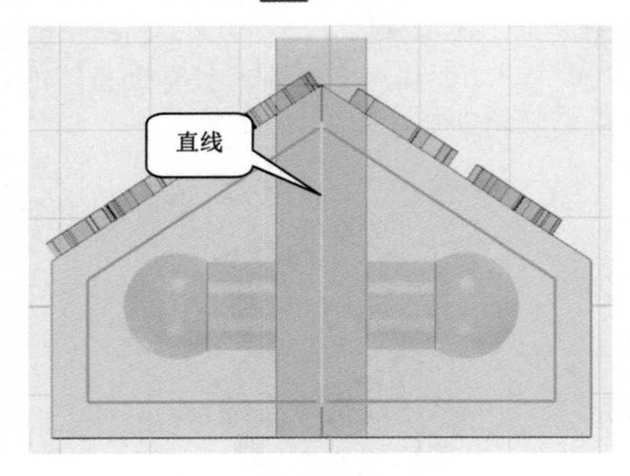

图 4-106　绘制辅助直线

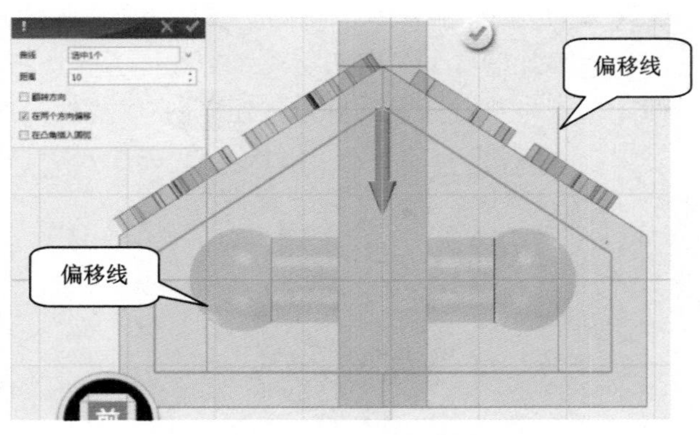

图 4-107　向外侧两边偏移

（4）单击左侧工具栏的“草图编辑”→“修剪”，修剪多余的线段，保留如图 4-108 所示的线段，单击绿色的确定按钮。再单击左侧工具栏的“特征造型”→“拉伸”，点选刚保留的线段，拉伸类型设为 1 边，结束点设为 16，布尔运算设为基体，如图 4-109 所示，单击绿色的确定按钮完成拉伸。

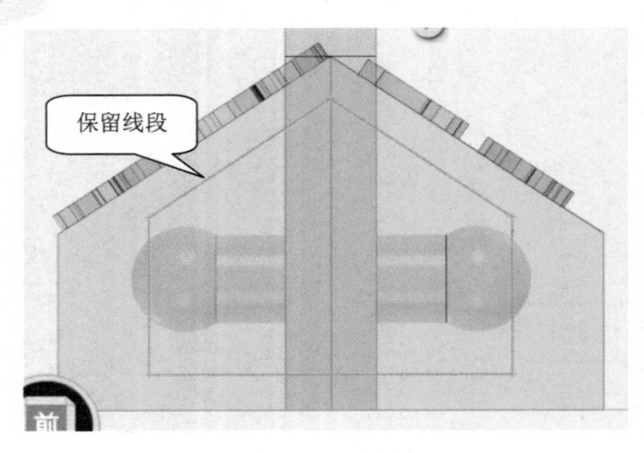

图 4-108　修剪

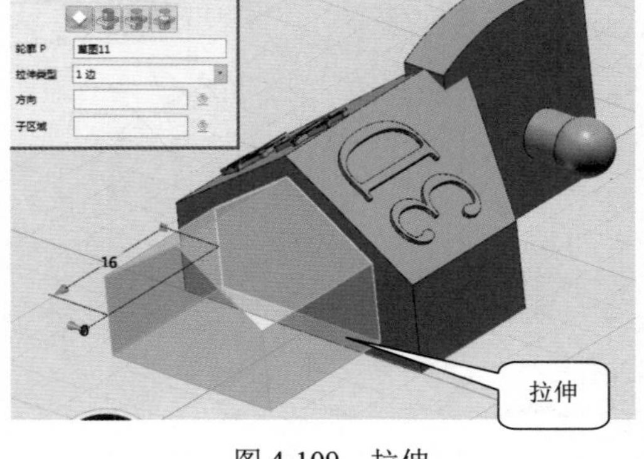

图 4-109　拉伸

（5）单击左侧工具栏的“草图绘制”→“多段线”，选择如图 4-110 所示平面为绘图基准平面。然后绘制如图 4-111 所示的头部轮廓线（尺寸自定义），单击绿色的确定按钮。

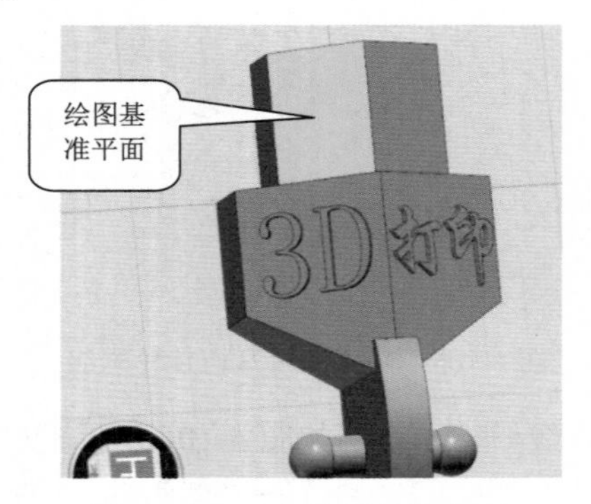

图 4-110　选择绘图基准平面

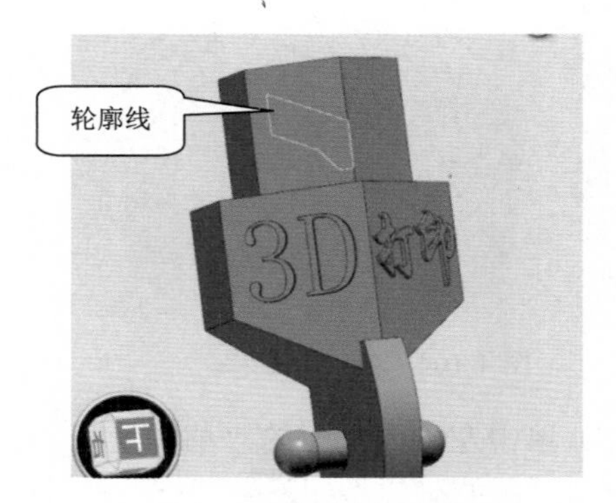

图 4-111　绘制头部轮廓线

（6）单击左侧工具栏的“草图绘制”→“直线”，绘制辅助直线（作为镜像线），如图 4-112 所示。再单击左侧工具栏的“基本编辑”→“镜像”，在弹出的对话框中，实体选择如图 4-113 所示头部轮廓线，方式选择“线”，点 1 和点 2 分别选择辅助直线的两个端点，单击绿色的确定按钮完成镜像，然后删除辅助直线。

图 4-112　绘制辅助直线

图 4-113　镜像后效果

（7）利用左侧工具栏的“特征造型”→“拉伸”，对上一步绘制的头部平面分别进行拉伸，拉伸类型设为 1 边，结束点设为-0.5，布尔运算设为减运算，单击绿色的确定按钮完成拉伸，如图 4-114 所示。

图 4-114　拉伸

（8）单击左侧工具栏的“草图绘制”→“直线”，选择绘图基准平面如图 4-115 所示。利用网格交点绘制辅助直线，如图 4-116 所示；单击左侧工具栏的“草图绘制”→“圆形”，圆心选择刚绘制的辅助直线的中点位置，半径设为 3，单击绿色的确定按钮完成圆形的绘制，如图 4-117 所示，然后删除辅助直线。

图 4-115　选择绘图基准平面

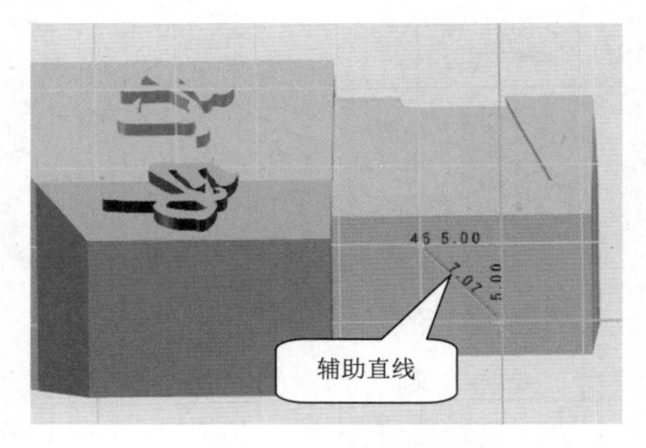

图 4-116　绘制辅助直线

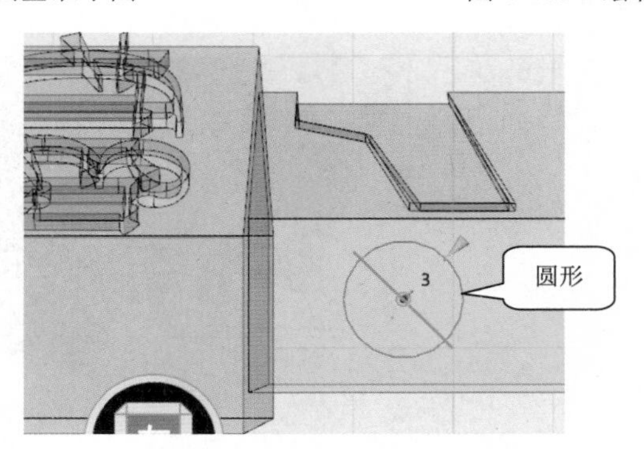

图 4-117　绘制圆形

（9）单击左侧工具栏的“特征造型”→“拉伸”，选择上一步绘制的圆形，拉伸类型选择 1 边，结束点设为 2，布尔运算设为基体，如图 4-118 所示，单击绿色的确定按钮完成拉伸。

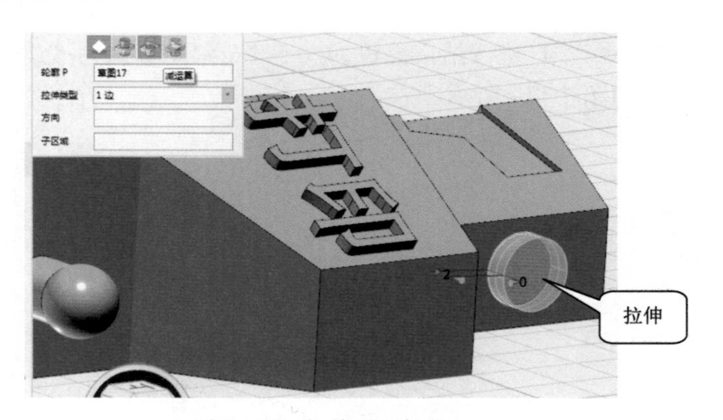

图 4-118　拉伸成圆柱体

（10）单击左侧工具栏的“草图绘制”→“多段线”，选择上一步拉伸的圆柱体端面为绘图基准平面，如图 4-119 所示。绘制三角形的耳朵，如图 4-120 所示，单击绿色的确定按钮完成绘制。

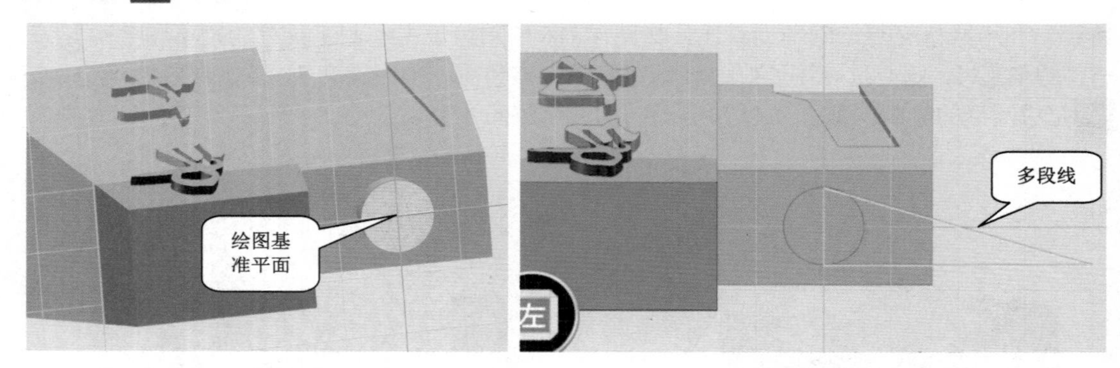

图 4-119　选择绘图基准平面　　图 4-120　绘制三角形

（11）单击左侧工具栏的“特征造型”→“拉伸”，选择三角形耳朵，拉伸类型选择 2 边，起始点设为-1，结束点设为-3，布尔运算设为基体，如图 4-121 所示，单击绿色的确定按钮完成拉伸。

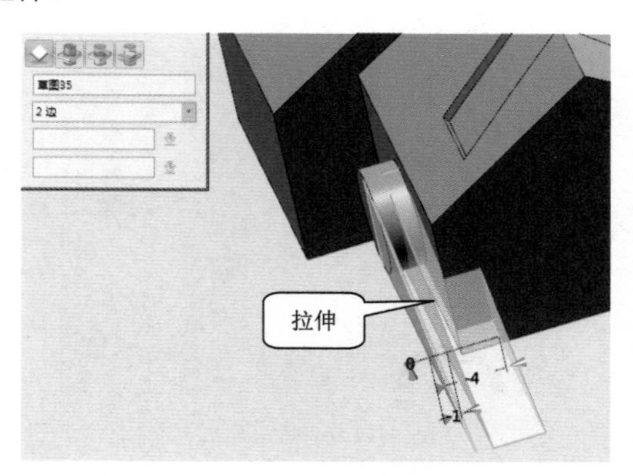

图 4-121　拉伸三角形耳朵

（12）单击左侧工具栏的“特征造型”→“圆角”，选择三角形耳朵的边线，如

图 4-122 所示，半径设为 2，单击绿色的确定按钮完成圆角。

图 4-122　圆角

（13）单击左侧工具栏的“草图绘制”→“直线”，选择绘图基准平面如图 4-123（a）所示，绘制辅助直线，如图 4-123（b）所示，单击绿色的确定按钮。再单击左侧工具栏的“特征造型”→“拉伸”，选择辅助直线，拉伸为高 20 的平面，如图 4-124（c）所示，单击绿色的确定按钮完成辅助平面的绘制。

（a）选择绘图基准平面

（b）绘制辅助直线

（c）直线拉伸为平面

图 4-123　绘制辅助平面

（14）单击左侧工具栏的“基本编辑”→镜像，在弹出的对话框中，实体选择如图 4-124 所示耳朵部分，方式选择“平面”，平面选择上一步绘制的辅助平面，单击绿色的确定按钮完成镜像，然后隐藏辅助平面。

图 4-124　镜像

（15）单击左侧工具栏的“组合编辑”，基体选择头部，如图 4-125（a）所示，合并体选择耳朵，如图 4-125（b）所示，布尔运算选择加运算，单击绿色的确定按钮完成组合。

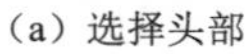

（a）选择头部　　（b）选择耳朵

图 4-125　组合

（16）单击左侧工具栏的“基本编辑”→“移动”→“动态移动”，选择上一步的头部组合体，沿如图 4-126 所示 Y 轴方向移动，距离为-20（即向 Y 轴负方向移动距离 20），单击绿色的确定按钮完成移动。

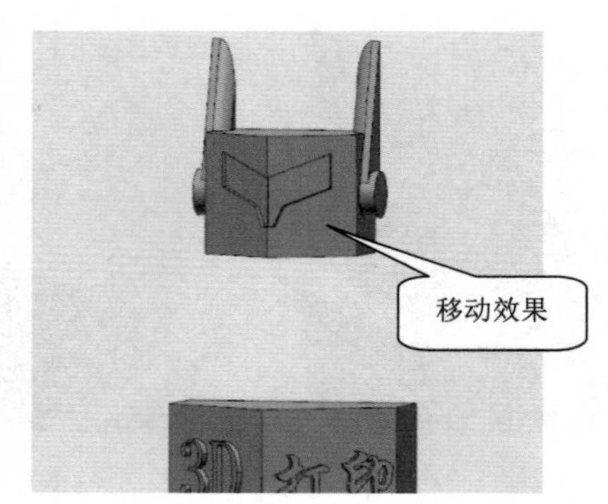

图 4-126　移动

（17）单击左侧工具栏的“草图绘制”→“圆形”，选择如图 4-127（a）所示平面为绘图基准平面，圆心输入（0，-2），半径为 2.5，如图 4-127（b）所示，单击绿色的确定按钮完成圆形的绘制。

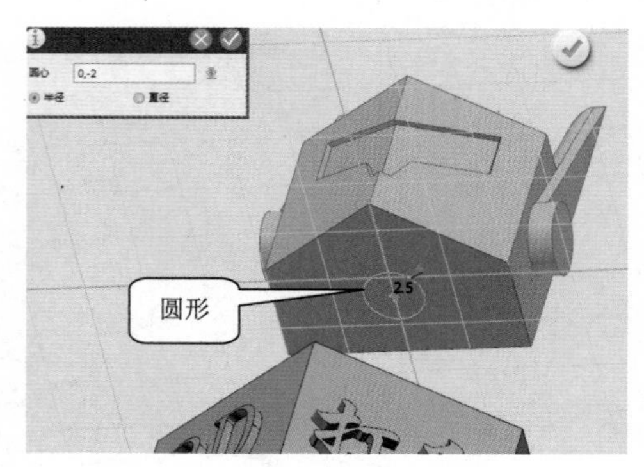

（a）选择绘图基准平面　　（b）绘制头部圆形

图 4-127　绘制圆形

（18）单击左侧工具栏的“特征造型”→“拉伸”，选择上一步绘制的圆形，拉伸类型选择1边，结束点设为6，布尔运算设为加运算，如图4-128所示，单击绿色的确定按钮完成拉伸。

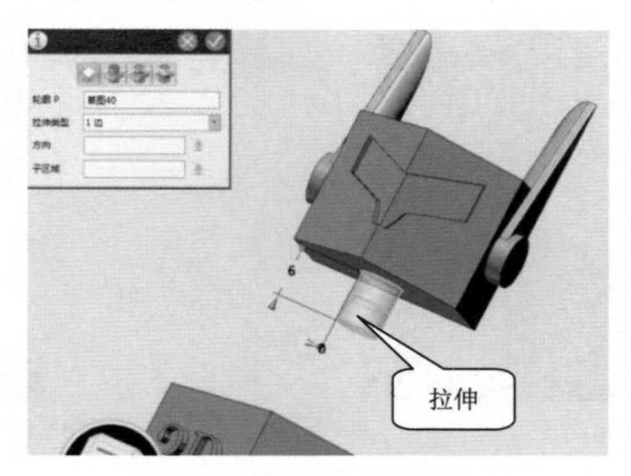

图4-128　拉伸为圆柱体

（19）单击左侧工具栏的“基本实体”→“球体”，选取上一步绘制的圆柱体端面中心点为球心，半径设为3.3，布尔运算设为加运算，如图4-129所示，单击绿色的确定按钮完成球体的绘制。

图4-129　绘制球体

3．绘制手臂

（1）单击左侧工具栏的“基本实体”→“六面体”，在弹出对话框中设置点输入（-15，7.5，6.25），对齐平面选择如图4-130所示；绘制35×12.5×8的六面体，单击绿色的确定按钮。

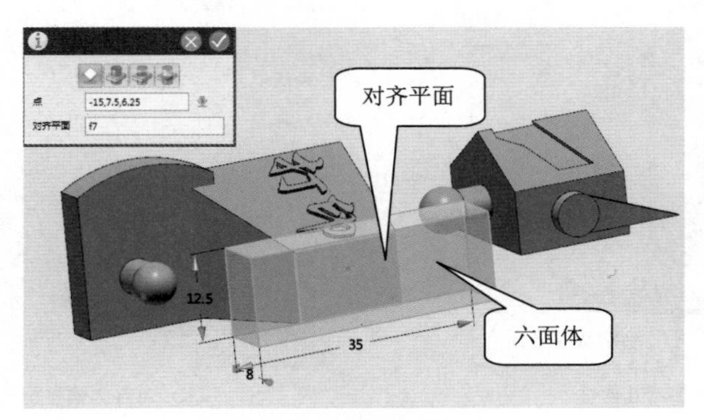

图4-130　绘制六面体

（2）单击左侧工具栏的“特征造型”→“倒角”，选择边线如图 4-131（a）所示，倒角距离设为 8，单击绿色的确定按钮，倒角效果如图 4-131（b）所示。

（a）选择倒角边线

（b）倒角效果

图 4-131　倒角

（3）单击鼠标中键，再次执行倒角命令，选择如图 4-132 所示的 4 条边线，倒角距离设为 2，单击绿色的确定按钮完成倒角。

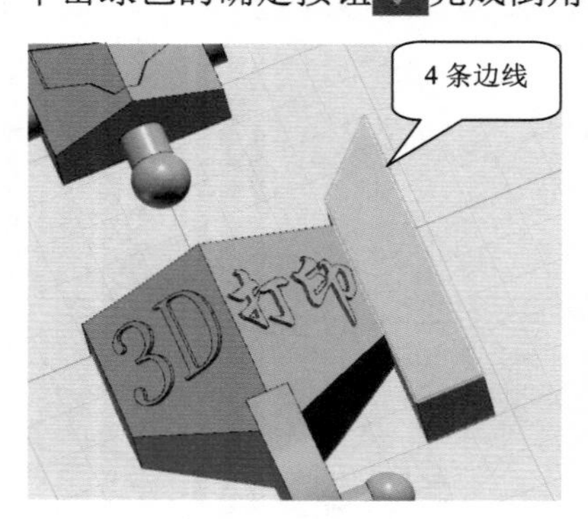

图 4-132　倒角

（4）单击左侧工具栏的“草图绘制”→“参考几何体”，选取绘图基准平面如图 4-133（a）所示，再依次点选图中参考几何体的 4 条轮廓线，单击绿色的确定按钮。框选 4 条轮廓线，然后单击左侧工具栏的“草图编辑”→“偏移”，向内侧偏移，距离设为 1.5，如图 4-133（b）所示，删除外侧 4 条轮廓线，保留内侧偏移轮廓线。

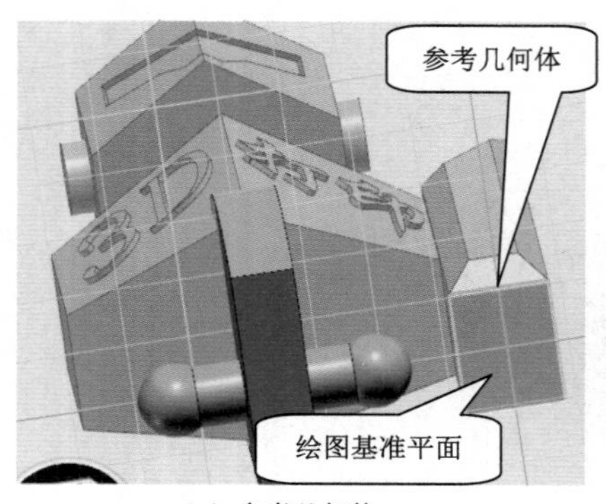

（a）参考几何体

（b）向内侧偏移距离 1.5

图 4-133　偏移

（5）单击左侧工具栏的“特征造型”→“拉伸”，选择上一步绘制的轮廓线，拉伸类型设为1边，结束点设为10，布尔运算设为基体，单击绿色的确定按钮完成拉伸，如图4-134所示。

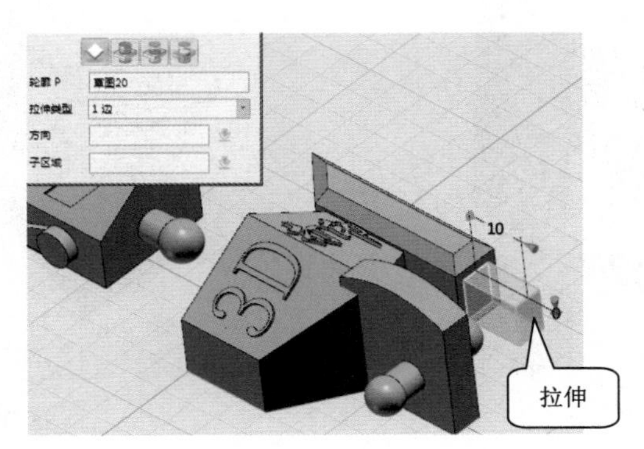

图4-134 拉伸

（6）单击左侧工具栏的“特殊功能”→“扭曲”，选择上一步拉伸的长方体，选择基准面如图4-135所示，扭曲角度设为180°，单击绿色的确定按钮完成扭曲。

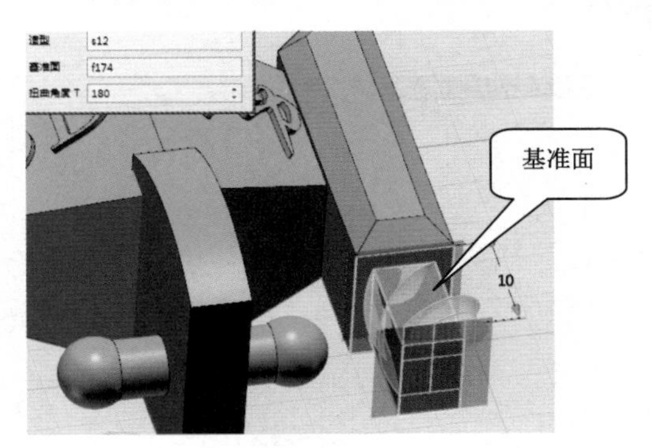

图4-135 扭曲长方体

（7）单击左侧工具栏的“基本实体”→“六面体”，在弹出对话框中设置点输入（-19，35，7.25）或选取平面的中心位置，对齐平面选择如图4-136（a）所示；绘制8×10×10的六面体如图4-136（b）所示，单击绿色的确定按钮。

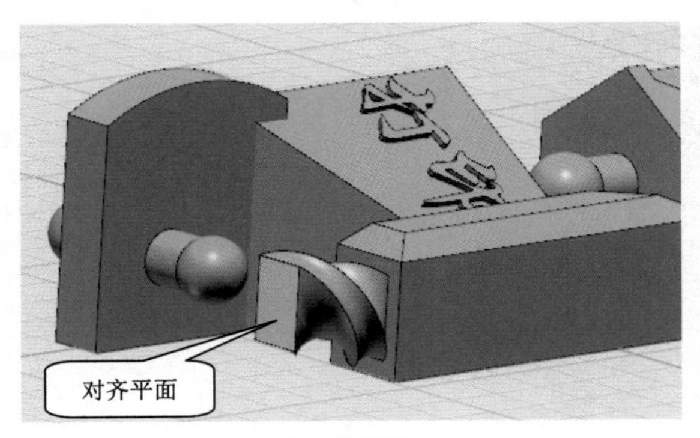

（a）对齐平面

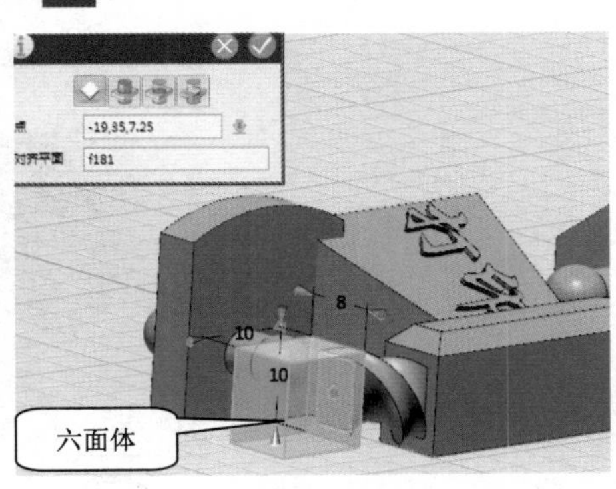

（b）绘制六面体

图4-136 绘制六面体

（8）单击左侧工具栏的“特征造型”→“倒角”，选择如图 4-137（a）所示平面的 4 条边线，倒角距离设为 1，单击绿色的确定按钮，倒角效果如图 4-137（b）所示。

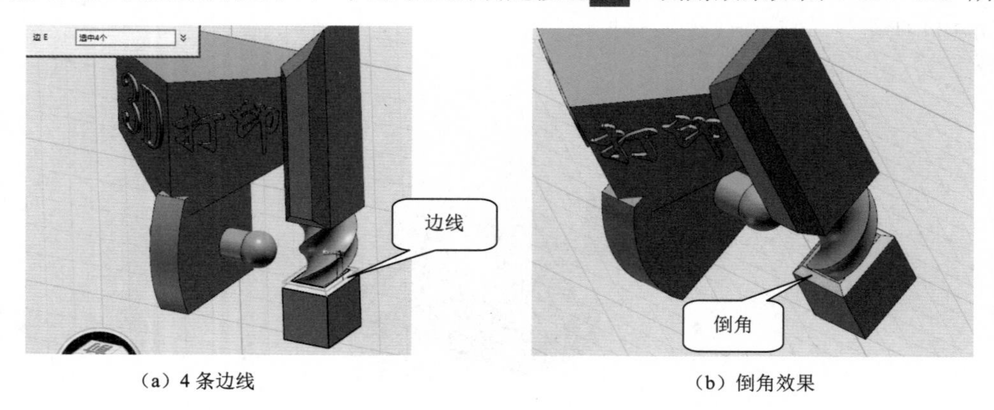

（a）4 条边线　（b）倒角效果

图 4-137　倒角

（9）单击左侧工具栏的“草图绘制”→“圆弧”，选择绘图基准平面如图 4-138 所示，圆弧点 1 和点 2 分别选择平面边线两个端点，圆弧半径设为 5，单击绿色的确定按钮完成圆弧的绘制。

图 4-138　绘制圆弧

（10）单击左侧工具栏的“草图绘制”→“圆形”，圆心选择上一步绘制的圆弧的圆心，半径设为 3.2，如图 4-139 所示，单击绿色的确定按钮完成圆形的绘制。

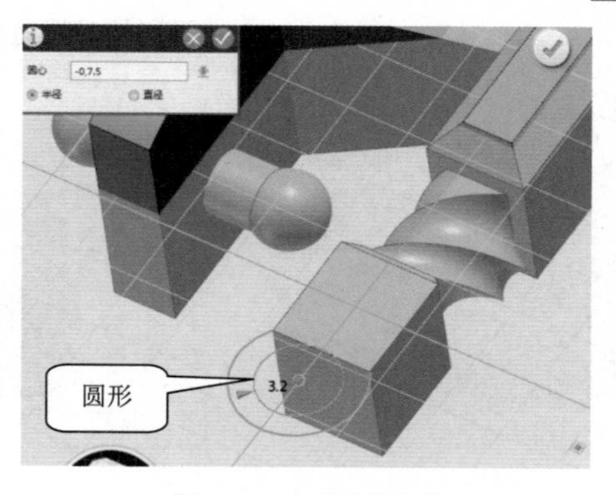

图 4-139　绘制圆形

（11）单击左侧工具栏的“草图绘制 ”→“直线 ”，将圆弧两端连接，如图 4-140（a）所示；再绘制如图 4-140（b）所示的辅助直线，第一点以圆心为起点，第二点超出圆弧边界即可，单击绿色的确定按钮 。

（a）绘制圆弧两端连接直线

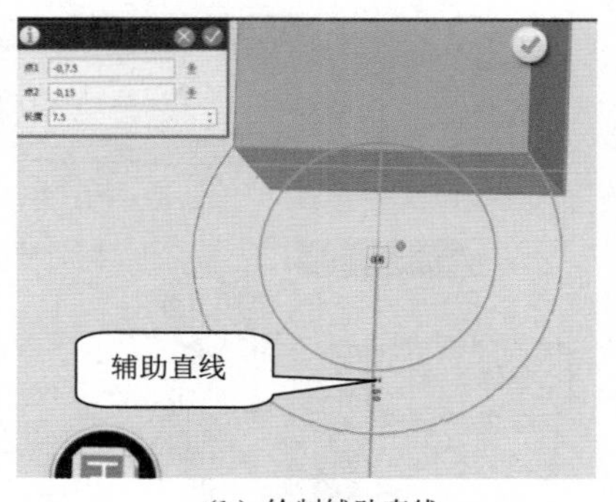

（b）绘制辅助直线

图 4-140　绘制直线

（12）单击左侧工具栏的“草图编辑 ”→“偏移曲线 ”，选择上一步绘制的辅助直线，勾选“在两个方向偏移”，偏移距离设为 1，如图 4-141 所示，单击绿色的确定按钮 。再单击左侧工具栏的“草图编辑 ”→“单击修剪命令 ”，修剪不要的线段，保留如图 4-142 所示轮廓线，单击绿色的确定按钮 。

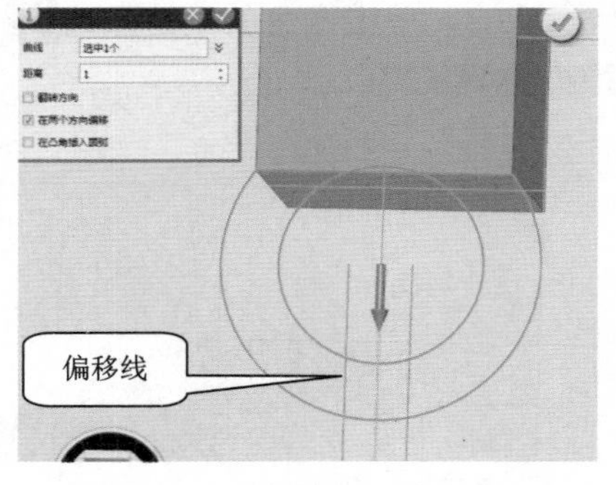

图 4-141　向外侧两边偏移

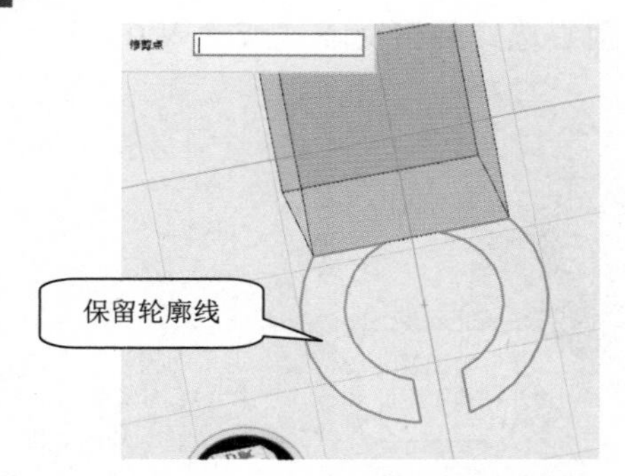

图 4-142　修剪后的效果图

（13）单击左侧工具栏的“特征造型 ”→“拉伸 ”，选择上一步绘制的轮廓线，拉伸类型选择 2 边，起始点设为-2.5，结束点设为-7.5，布尔运算设为加运算，如图 4-143 所示，单击绿色的确定按钮 完成拉伸。

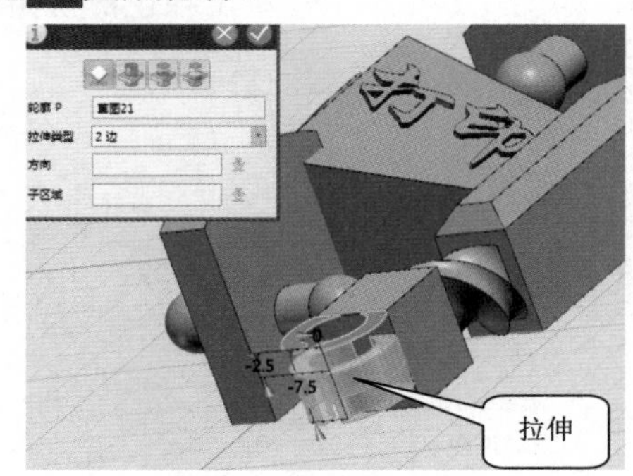

图 4-143　拉伸

（14）单击底部工具栏的“显示/隐藏”→“隐藏几何体”，再点选身体部分，单击绿色的确定按钮完成身体部分的隐藏，如图 4-144 所示。

（a）显示/隐藏工具栏

（b）隐藏身体部分

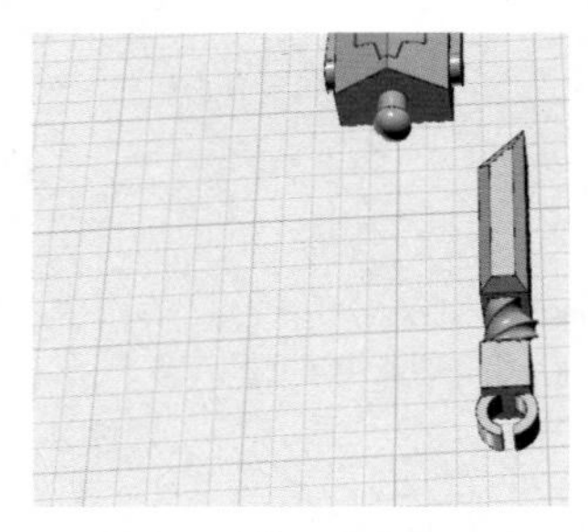

（c）隐藏后的效果

图 4-144　隐藏

（15）单击左侧工具栏的“草图绘制”→“圆形”，选择绘图基准平面如图 4-145 所示，圆心选择网格交点（或输入 0，0），半径设为 3.3，单击绿色的确定按钮。

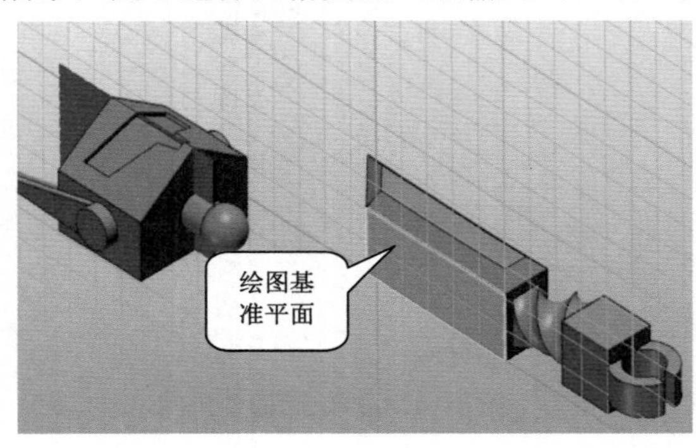

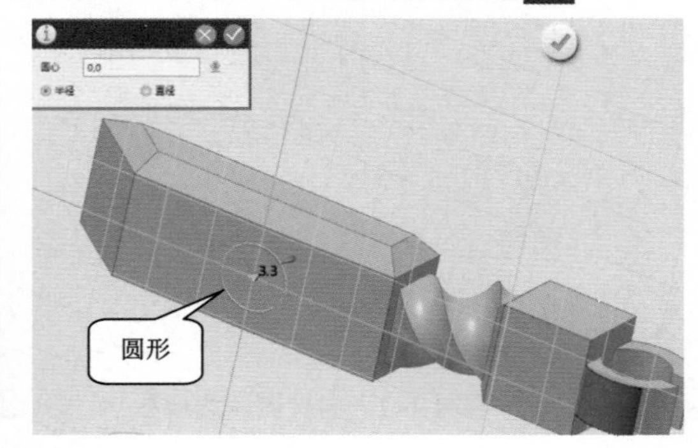

图 4-145　绘制圆形

（16）单击左侧工具栏的“特征造型”→“拉伸”，拉伸类型选择 1 边，结束点设为 7，布尔运算设为基体，如图 4-146 所示，单击绿色的确定按钮。

图 4-146　拉伸为圆柱体

（17）单击左侧工具栏的“基本实体”→“球体”，中心点选择上一步拉伸的圆柱端面的圆心，半径设为4，布尔运算设为加运算，如图4-147所示，单击绿色的确定按钮。

图4-147　绘制球体

（18）单击左侧工具栏的“组合编辑命令”，先选基体，合并体选择手臂其他部件，单击绿色的确定按钮完成手臂组合，如图4-148所示。

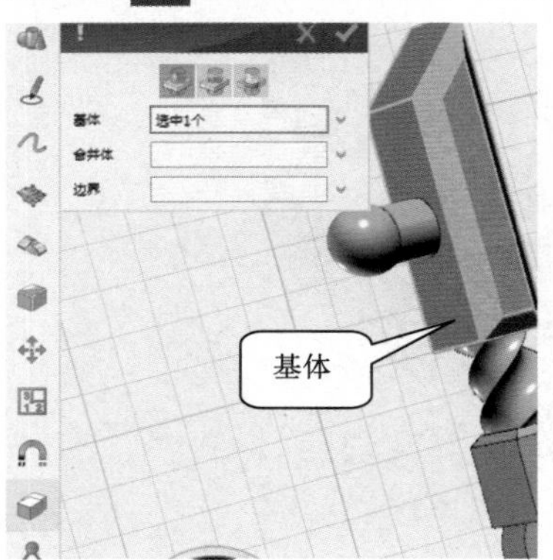

图4-148　组合手臂

（19）单击底部工具栏的“显示/隐藏”→“显示几何体”，将身体部分显示出来，如图4-149所示，单击绿色的确定按钮。

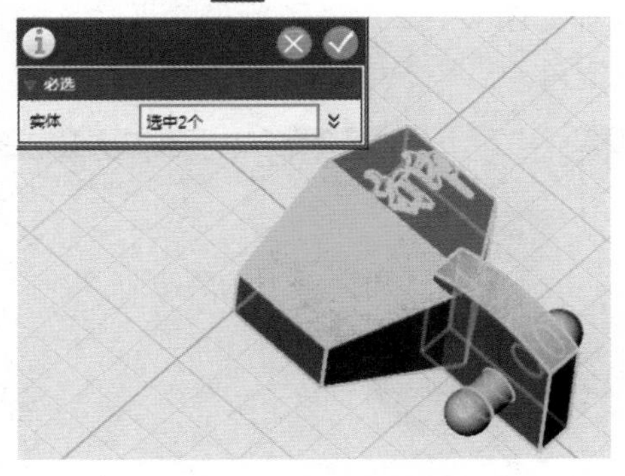

图4-149　显示身体部分

（20）单击手臂部分，如图4-150所示，在弹出的工具栏中选择“移动”，再选择“动态移动”，光标放在X轴箭头上然后按住鼠标左键，拖拽向X轴方向移动-0.1的距离，单击绿色的确定按钮完成移动。

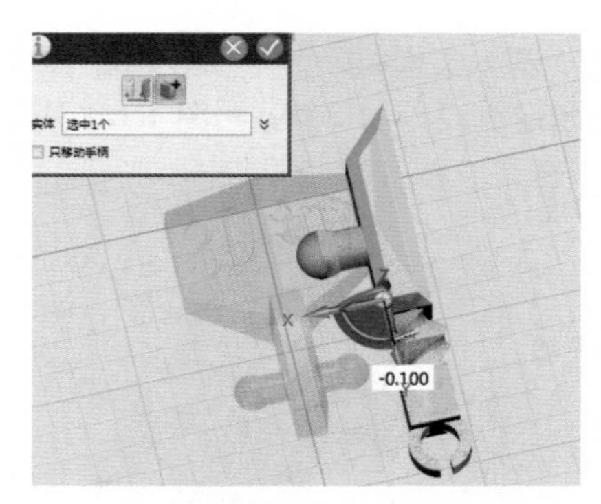

图 4-150　移动手臂

4．绘制腿部

（1）单击左侧工具栏的“基本实体”→“六面体”，在弹出对话框中设置点输入（-7.5，40，0），对齐平面选择如图 4-151 所示；绘制 30×10×15 的六面体，单击绿色的确定按钮完成六面体的绘制。

图 4-151　绘制六面体

（2）单击左侧工具栏的“特征造型”→“倒角”，选择六面体的 1 条边线，如图 4-152（a）所示，倒角距离设为 8，单击绿色的确定按钮完成倒角。单击鼠标中键，再次执行倒角命令，选择如图 4-152（b）所示的六面体 2 条边线，倒角距离设为 3，单击绿色的确定按钮完成倒角。

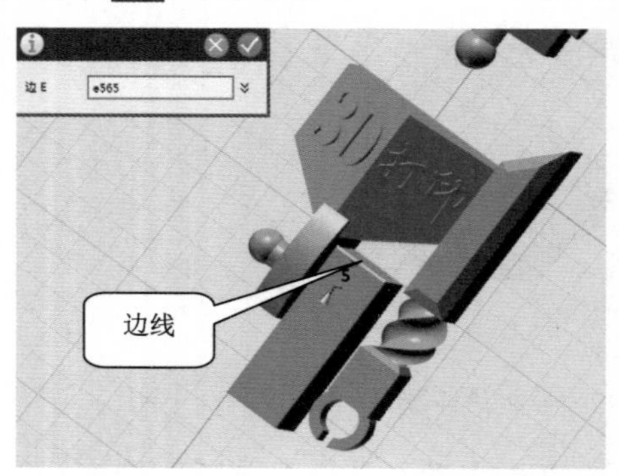

（a）倒角距离 8

图 4-152　倒角

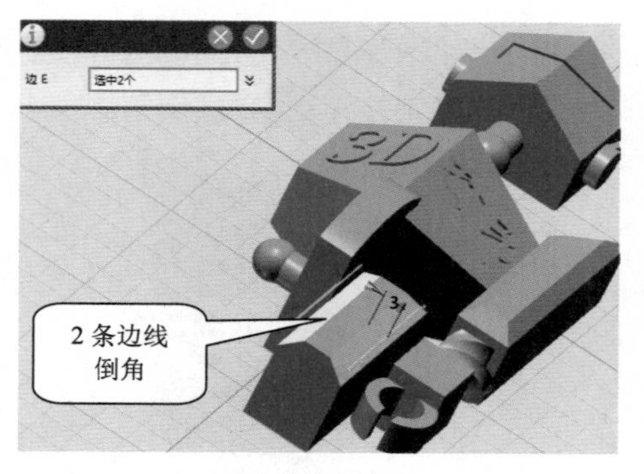

（b）倒角距离 3

图 4-152　倒角（续）

（3）单击左侧工具栏的“草图绘制”→“矩形”，选择绘图基准平面如图 4-153（a）所示；绘制 12.5×16.5 的矩形，点 1 输入（-6.25，-7.5），单击绿色的确定按钮完成矩形的绘制，如图 4-153（b）所示。

（a）选择绘图基准平面

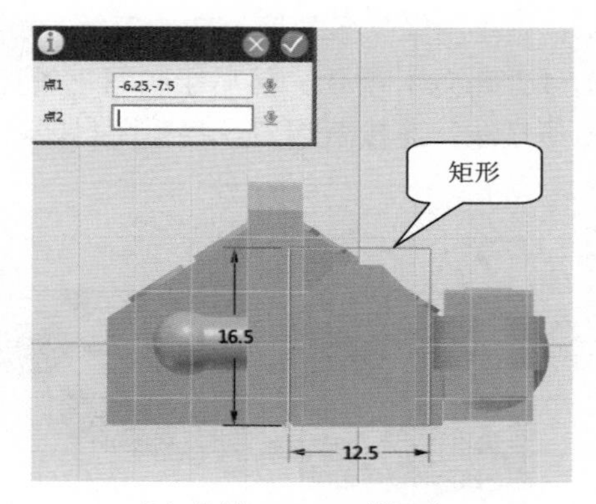

（b）绘制 12.5×16.5 的矩形

图 4-153　绘制矩形

（4）单击左侧工具栏的“特征造型”→“拉伸”，拉伸类型选择 1 边，结束点输入 15，布尔运算设为加运算，单击绿色的确定按钮完成拉伸，如图 4-154 所示。

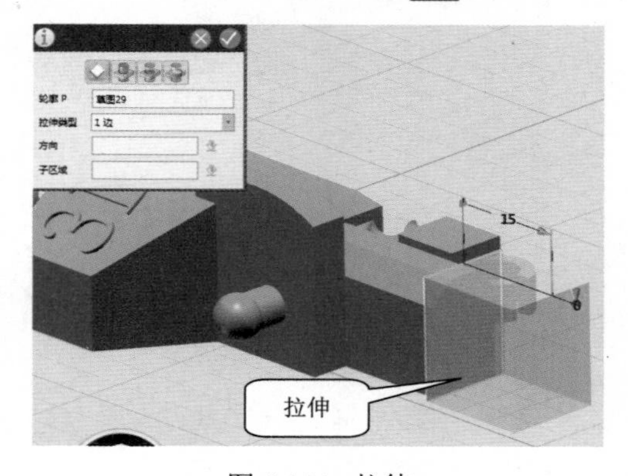

图 4-154　拉伸

（5）单击左侧工具栏的“特征造型”→“倒角”，选择如图 4-155 所示的 3 条边线，倒角距离设为 1.5，单击绿色的确定按钮完成倒角。

图 4-155　倒角

（6）单击左侧工具栏的“草图绘制”→“直线”，选择绘图基准平面如图 4-156（a）所示；先绘制第一条长度为 7 的直线，如图 4-156（b）所示；再绘制第二条长度为 8 的直线，如图 4-156（c）所示；然后绘制第三条直线，长度为 3.5，如图 4-156（d）所示；最后绘制第四条直线，连接两端口，将草图封闭，如图 4-156（e）所示，单击绿色的确定按钮。

（a）选择绘图基准平面

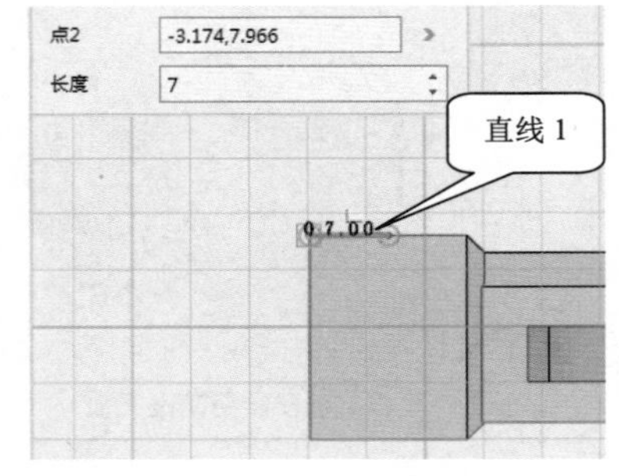

（b）绘制第一条直线

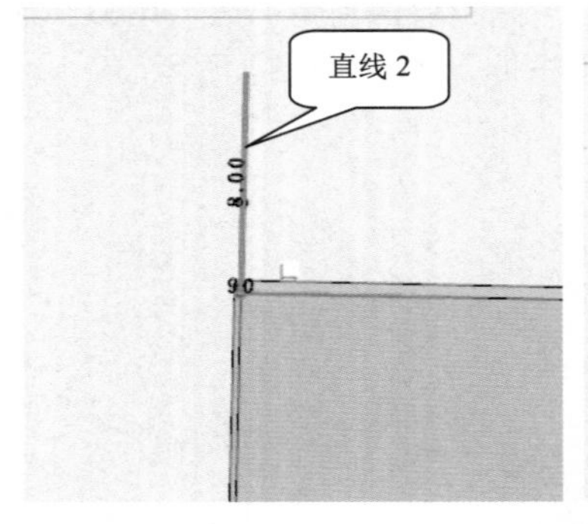

（c）绘制第二条直线

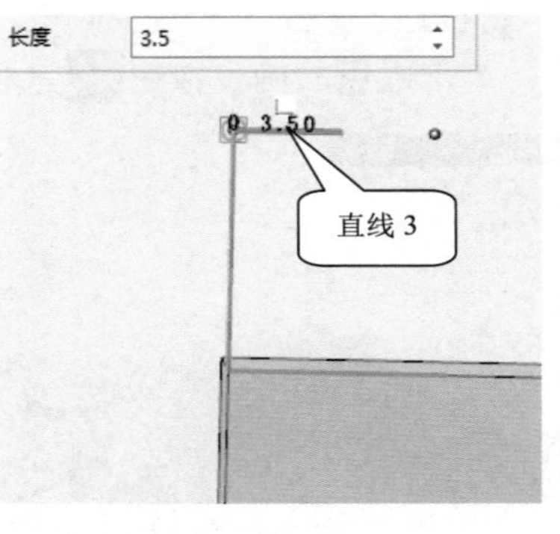

（d）绘制第三直线

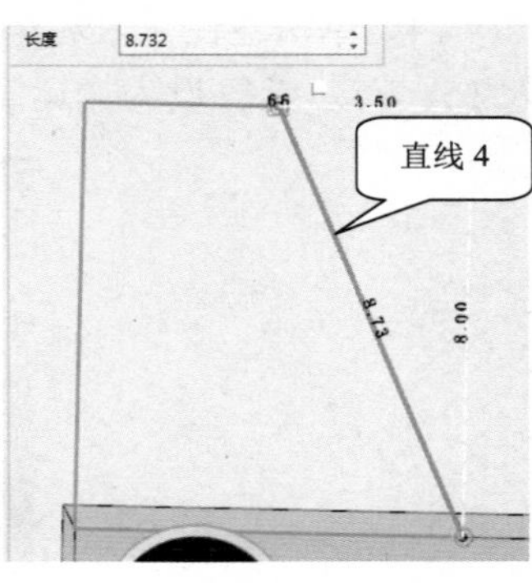

（e）绘第四条直线

图 4-156　绘制直线

（7）单击左侧工具栏的“特征造型”→“拉伸”，选择上一步绘制的草图，拉伸类型选择 2 边，起始点设为-2，结束点设为-10.5，布尔运算设为加运算，如图 4-157 所示，单击绿色的确定按钮完成拉伸。

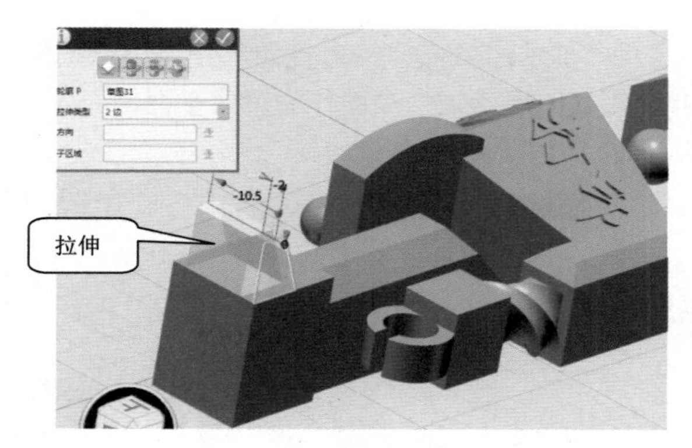

图 4-157　拉伸

（8）单击腿部，如图 4-158 所示，在弹出的工具栏中选择“移动”，再选择“动态移动”，光标放在 X 轴箭头上然后按住鼠标左键，拖拽向 X 轴方向移动-0.1 的距离，单击绿色的确定按钮完成移动。

图 4-158　移动腿部

5．整合实体

（1）单击头部，在弹出的工具栏中选择“移动”，再选择“动态移动”，光标放在 Y 轴箭头上然后按住鼠标左键，拖拽向 Y 轴正半轴方向移动 19.9 的距离，单击绿色的确定按钮完成移动，如图 4-159 所示。

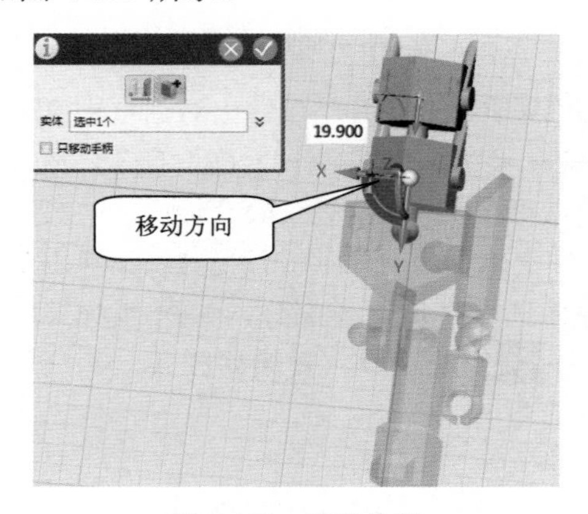

图 4-159　移动头部

（2）单击左侧工具栏的“基本编辑”→“镜像”，实体选择手部和腿部，单击“显示几何体”，显示如图 4-160 所示辅助平面作为镜像平面，布尔运算选择基体，单击绿色的确定按钮完成镜像，然后删除辅助平面。

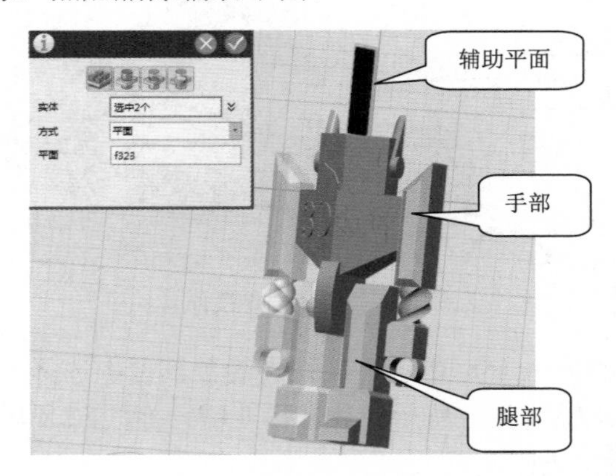

图 4-160　镜像手部和腿部

（3）做连接部分的孔。先按住<Ctrl>键单击头部、手部和身体下半部分，如图 4-161 所示，再按<Ctrl+C>组合键（复制），最后按<Ctrl+V>组合键（粘贴），在弹出的对话框中，起始点输入（0，0，0），目标点输入（0，0，0），单击绿色的确定按钮完成复制。单击“隐藏几何体”，隐藏刚刚所复制的头部、手部和身体下半部分。

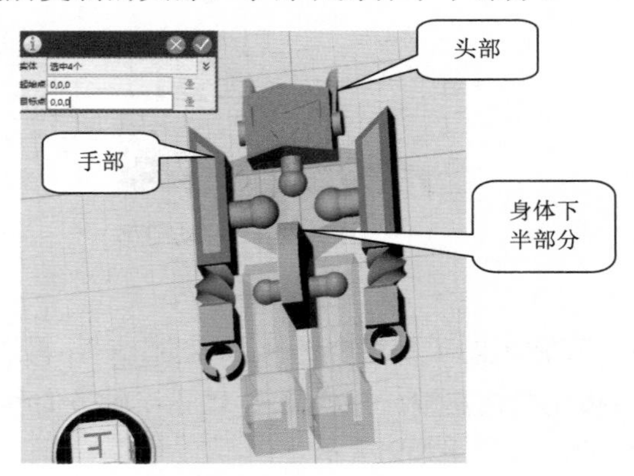

图 4-161　复制

（4）单击左侧工具栏的“组合编辑”，在弹出对话框中基体选择身体部分，如图 4-162（a）所示，合并体选择头部和手部，如图 4-162（b）所示，布尔运算选择减运算，单击绿色的确定按钮完成组合，效果如图 4-162（c）所示。

（5）单击鼠标中键，再次执行组合编辑命令，在弹出对话框中基体选择腿部，如图 4-163（a）所示，合并体选择身体下半部分，如图 4-163（b）所示，布尔运算选择减运算，单击绿色的确定按钮完成组合，效果如图 4-163（c）所示，即完成各部分孔的绘制。

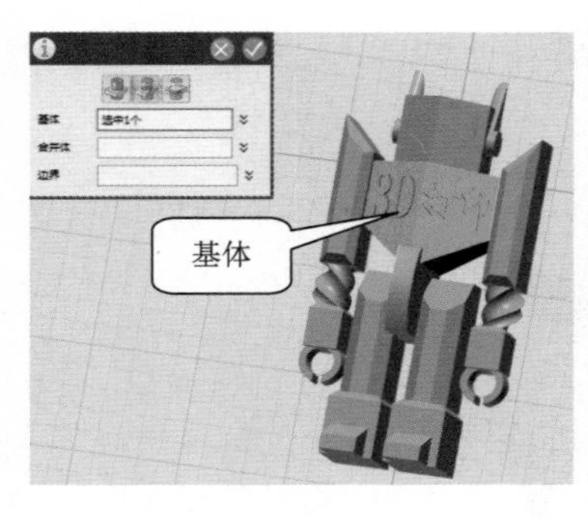

（a）选择身体　　（b）选择头部和手部　　（c）组合后的效果

图 4-162　组合

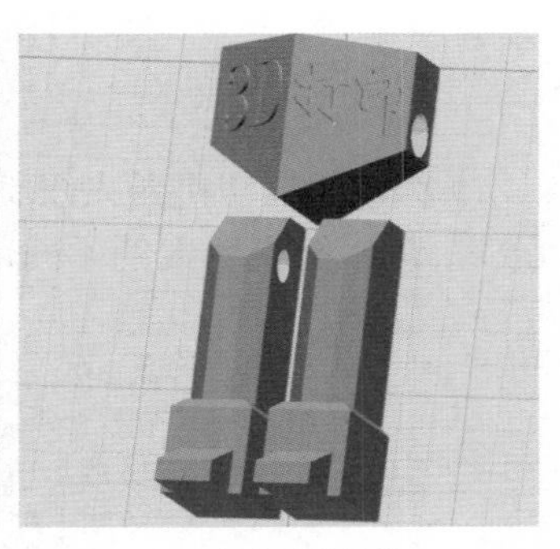

（a）选择腿部　　（b）选择身体下半部　　（c）组合后的效果

图 4-163　组合

（6）单击左侧工具栏的“基本编辑”→“DE 面偏移命令”，在弹出的对话框中，面 F 选择所有孔的内表面（共十个），偏移 T 距离设为-0.1（根据打印机精度调整），如图 4-164 所示，单击绿色的确定按钮完成内表面的偏移。

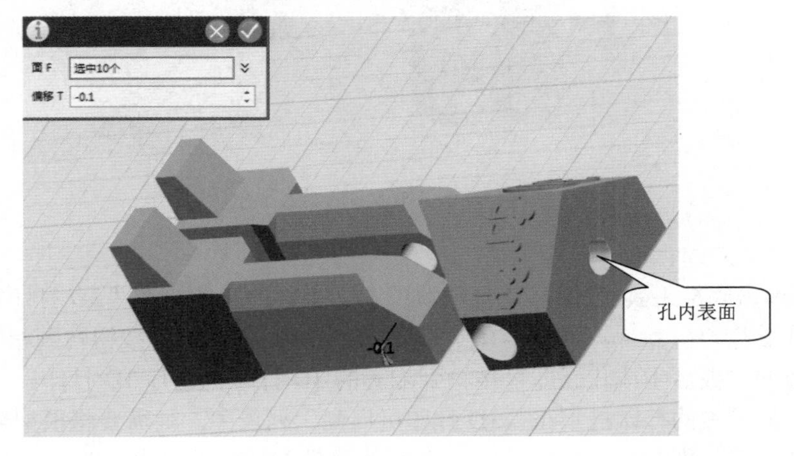

图 4-164　DE 面偏移

（7）单击底部工具栏的“显示/隐藏”→“显示全部”，将隐藏的部件显示出来，如图 4-165 所示。

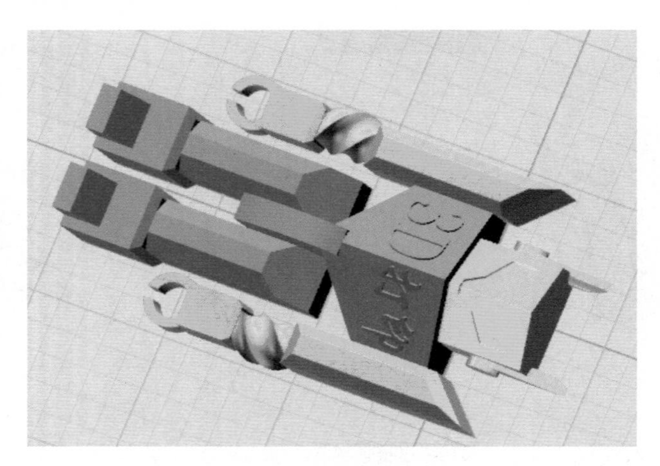

图 4-165　显示全部

（8）3D 打印机器人绘制完成，为了机器人更生动美观，单击左侧工具栏的“材质渲染 ”，可以给机器人的不同部位上不同的颜色，效果如图 4-166 所示。

图 4-166　机器人上色

6．后续处理

（1）单击底部工具栏的“3D 打印 ”，如果你的打印机在“3D 打印机厂商”列表中，可直接选取打印机品牌，如图 4-167 所示。然后单击“确定”按钮转到相应的切片软件中，设置合适的参数后生成代码即可传输到配套的 3D 打印机进行 3D 打印。

（2）如果你的打印机不在“3D 打印机厂商”列表中，则需要将模型输出为 3D 打印机切片软件能够识别的格式文件（如*.stl），然后导入打印机切片软件中，设置合适的参数后生成代码即可传输到配套的 3D 打印机进行 3D 打印。

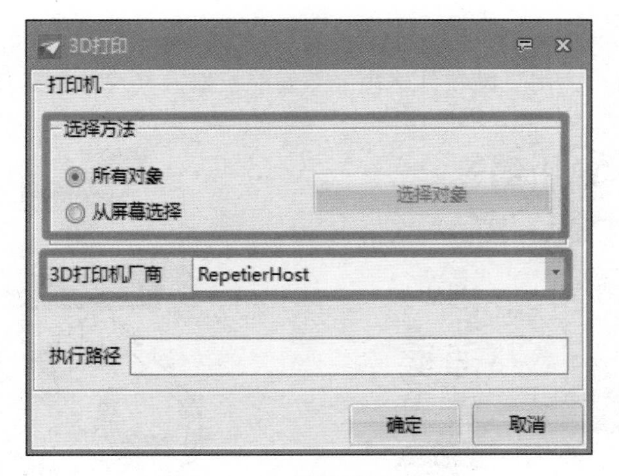

图 4-167　一键转跳切片软件

具体操作方法如下：

① 单击软件界面左上角的 3D One Plus，然后单击“另存为”，弹出如图 4-168 所示的对话框。

图 4-168　另存为*.stl 格式

② 将“保存类型”更改为 3D 打印机切片软件能识别文件格式（如*.stl），确认保存位置以及“文件名”无误后单击“保存”，将保存的文件导入相应的切片软件中即可进行后续的操作。

◆ 课外习题

参照图 4-169 所示，用三维软件建模一款智能机器人（尺寸自定义）。

前视图

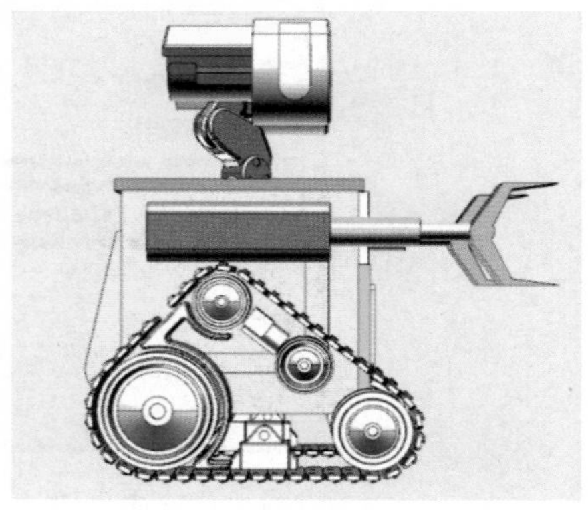

左视图

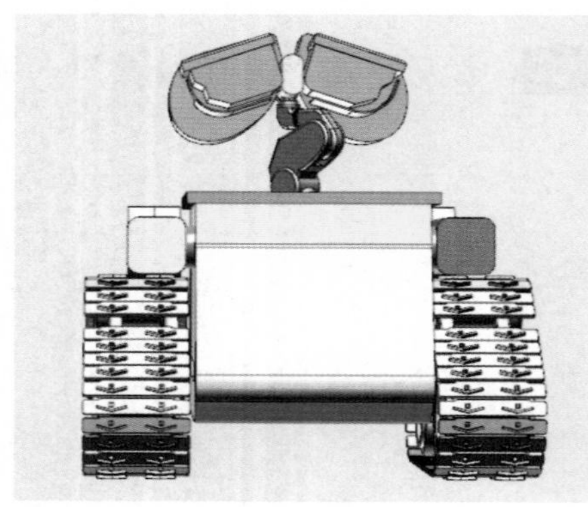

后视图

轴测图

图 4-169 智能机器人

项目五

3D 打印数据处理

3D 打印的数据来源于正向设计（三维 CAD 几何造型数据）和逆向设计（自动测量机或扫描仪获取的数据）文件。每一种三维建模软件所制作的模型，其文件格式都是不一样的，若要用于 3D 打印，还需要进行格式转换。STL 文件格式是 3D 打印中的通用格式。

任务 1 CAD 数据转换

CAD 数据处理与转换是 3D 打印的一个极其重要的技术环节。由于不同的 CAD 系统采用不同的数据格式描述几何形体，给数据交换、信息共享造成障碍，导致 3D 打印设备与不同 CAD 系统间存在兼容问题。所以在 3D 打印机的数据处理与转换过程中，往往要将前期的 CAD 数字模型、点云或图像数据转换为 3D 打印机所能接受或兼容的中间格式文件（STL/IGES/STEP）。其中，数据格式的选择是一个重要的问题，它既要满足 3D 打印的要求，又要便于在不同 CAD 系统间进行有效、快速的交换。

1．CAD/3D 打印机系统间常用的数据接口类型（图 5-1）

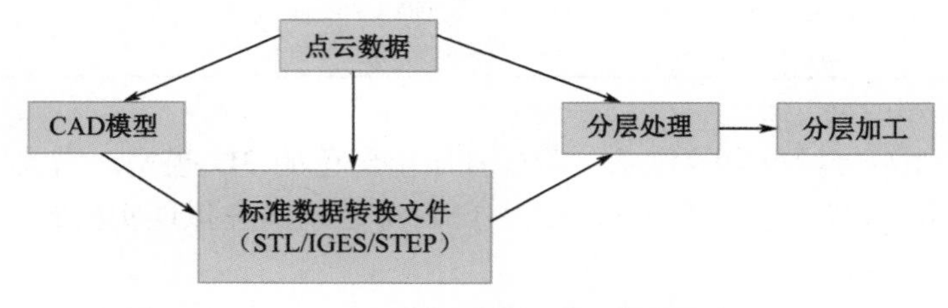

图 5-1　CAD/3D 打印机系统间常用的数据接口类型

目前应用于 3D 打印的 CAD 模型数据转换格式主要有三种：用于快速成型（Rapid Prototyping，RP）三维网格面片模型数据格式（如 STL、OBJ、PLY、CLI 等）、CAD 三维数据格式（如 IGES、STEP、SAT 等）和二维层片数据格式（如 SLC、CU、HPGL 等）。

现行的快速成型设备，尤其是商业化的桌面级 3D 打印机，普遍使用 STL 格式文件表示 CAD 模型的离散分层处理。也就是说，采用 Solidworks、UG 等系统建立 CAD 模型后，要进行表面网格化处理，将其转换为三角形面片表示的多面体模型，即 STL 文件。

STL 是一种用三角形面片近似表达 CAD 实体模型的文件格式。它是若干空间小三角形面片的集合，包含点、线、面法向的几何信息，能够完整表达实体的表面信息。目前，绝大多数主流商用 CAD 软件，如 Siemens NX、Catia、Solidworks、Pro/E、Autodesk、CAXA、中望 3D 等都支持 STL 文件的输入、输出。

相对于其他数据格式，STL 文件的主要优势在于数据格式简单且通用性良好，后续切片算法易于实现。STL 文件在快速成型领域得到了广泛应用，成为该领域实际的接口标准和最常用的数据交换文件。

2．常用 CAD 软件的 STL 文件输出

（1）现有的三维 CAD 软件都有 STL 接口，几种常见的三维 CAD 造型软件输出 STL 文件的方法见表 5-1。

表 5-1　常见的三维 CAD 造型软件输出 STL 文件的方法

软件名	输出 STL 文件的方法
Inventor	Save Copy As（另存为）→Options（选项），设定为 High（高）
CAXA	右键单击要输出的模型→Part Properties（零件属性）→Rendering（渲染）→设定 Facet Surface Smoothing（三角形面片平滑）为 150→File（文件）→ Export（输出）→选择 STL
Pro/E Wildfire	① Flie（文件）→Save a Copy（保存副本）→Model（模型）→选择文件类型为 STL（*.stl） ② 设定弦高为 0，然后该值会被系统自动设定为可接受的最小值 ③ 设定 Angle Control（角度控制）为 1
SolidEdge	① File（文件）→Save As（保存）→选择文件类型为 STL（*.stl） ② Options（选项） 设定 Conversion Tolerance（转换误差）为 0.001 或 0.025（mm） 设定 Surface Plane Angle（平面角度）为 45.00
Solidworks	① File（文件）→Save As（保存）→选择文件类型为 STL（*.stl） ② Options（选项）→Resolution（品质）→Fine（良好）→OK（确定）
Siemens NX	① File（文件）→Export（输出）→Rapid Prototyping（快速成型）→设定类型为 Binary（二进制） ② 设定 Triangle Tolerance（三角形误差）为 0.0025 设定 Adjacency Tolerance（邻接误差）为 0.12 设定 Auto Normal Gen（自动法向生成）为 On（开启） 设定 Normal Display（法向显示）为 Off（关闭） 设定 Triangle Display（三角形显示）为 On（开启）

（2）STL 文件不包括色彩等信息，若要打印出彩色的 3D 模型，则需要将模型转换为 ZPR 文件（ZBrush 模型文件）或 WRL 文件（Maya 导出的虚拟现实格式文件）。

任务 2 Cura 软件的应用

一台 3D 打印机想要成功打印出模型，需要打印软件和 3D 打印机相结合。也就是说 3D 模型格式转换成功后，还不能直接拿去打印，还需要对其进行切片处理，基本上许多建模软件都不含切片功能，因此就需要借助第三方软件来进行切片，切片完成后输出的 G 代码文件才是真正意义上 3D 打印机可识别的文件。

切片软件能将 3D 模型进行分层（打印用的层），并自动计算出支撑结构、耗时、耗材质量等。如果说一个好的设计模型是 3D 打印的灵魂，那么，一个好的切片软件所生成的切片数据就是 3D 打印的核心所在。而切片软件的种类很多，不少于建模软件，以下主要介绍 Cura 切片软件。

Cura 是 Ultimaker 公司设计的 3D 打印切片软件，以高度整合性及容易使用为设计目标，相对其他切片软件来说界面较为专业，需要设置的参数也比较多。尽管如此，Cura 仍是国内 3D 打印行业最主要的切片软件，目前有汉化版，但其中部分参数还是英文的。如果用户使用的是国产机或者 DIY 机器，建议使用 Cura，Cura 软件的操作界面如图 5-2 所示。

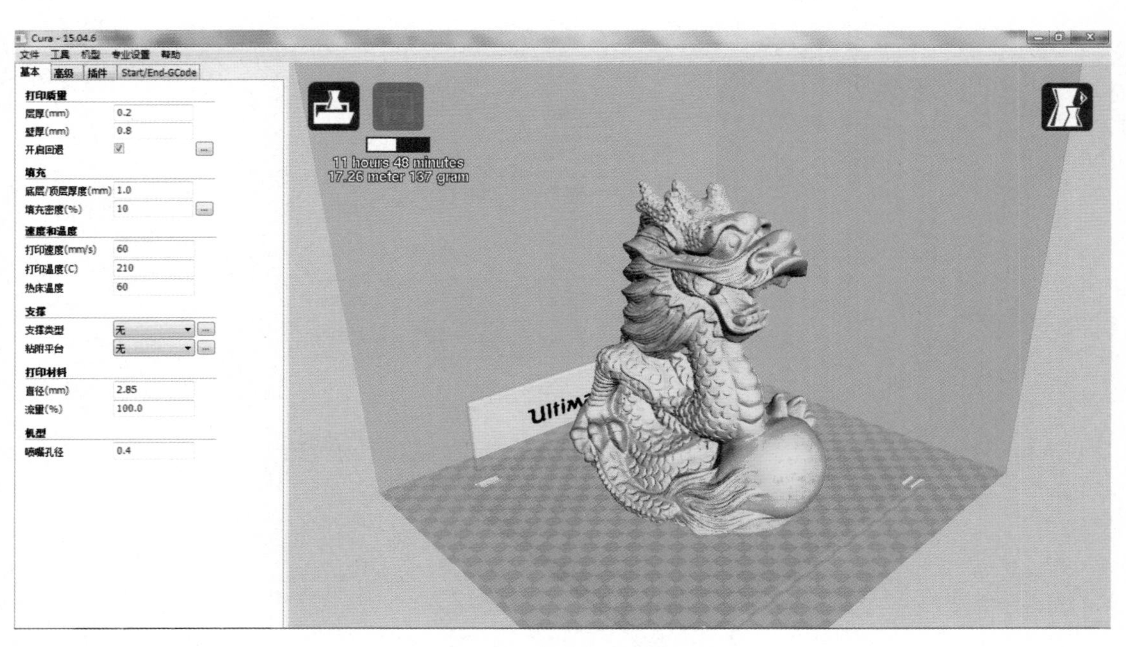

图 5-2 Cura 软件的操作界面

1. 3D 打印机软件的安装

（1）打开 3D 打印机的操作软件安装包。双击 Cura_15.04.6.exe 文件进行安装，选择好安装位置（一般选择默认路径），单击“Next”按钮继续，如图 5-3 所示。

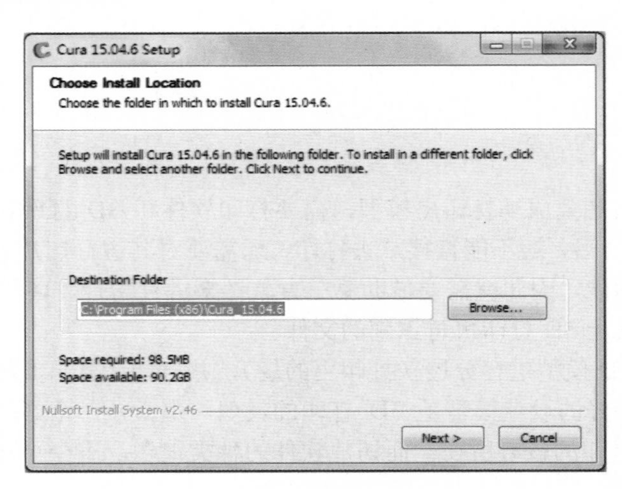

图 5-3　安装 Cura 软件

（2）勾选“Install Arduino Drivers”和“Open STL files with Cura”两个选项，单击“Install”按钮后开始安装，如图 5-4 所示。这时会弹出向导界面显示正在安装中，如图 5-5 所示。

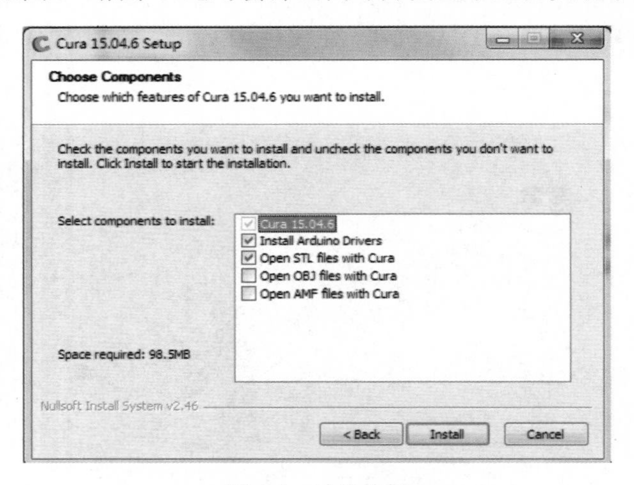

图 5-4　功能选择

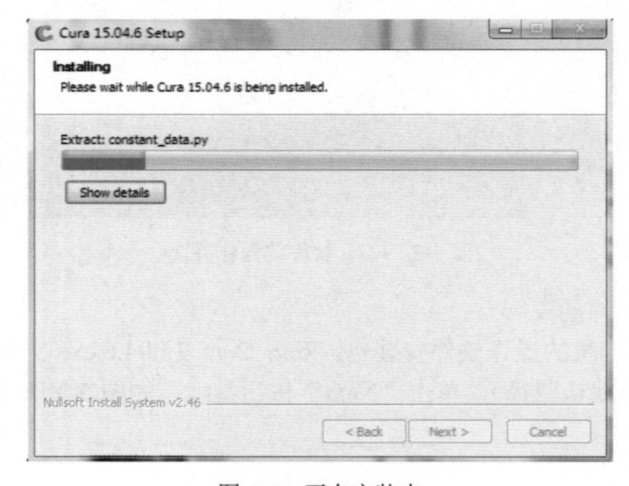

图 5-5　正在安装中

（3）同时还会弹出一个向导界面，询问是否安装相应的驱动软件，如图 5-6 所示，单击“下一步”按钮继续安装。接着在弹出的如图 5-7 所示的对话框中，单击“完成”按钮，即完成驱动软件的安装。

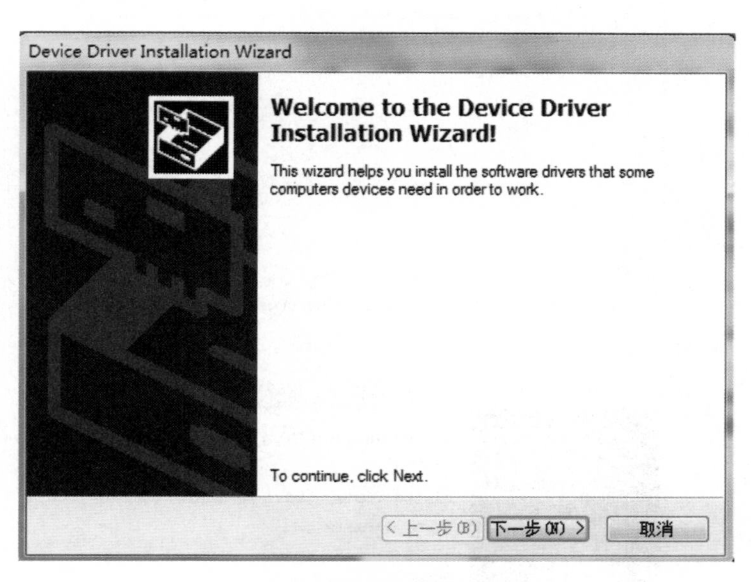

图 5-6　安装驱动软件

图 5-7　驱动软件安装完成

（4）在弹出的如图 5-8 所示的对话框中，单击“Next”按钮，完成安装，如图 5-9 所示，最后单击“Finish”结束 Cura 3D 打印机软件的安装。

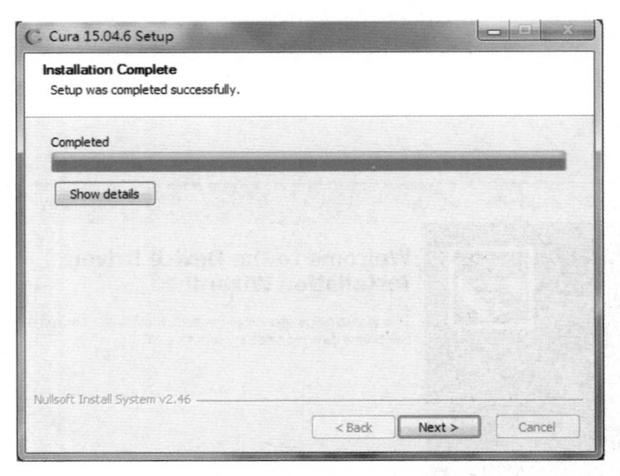

图 5-8　单击“Next”按钮

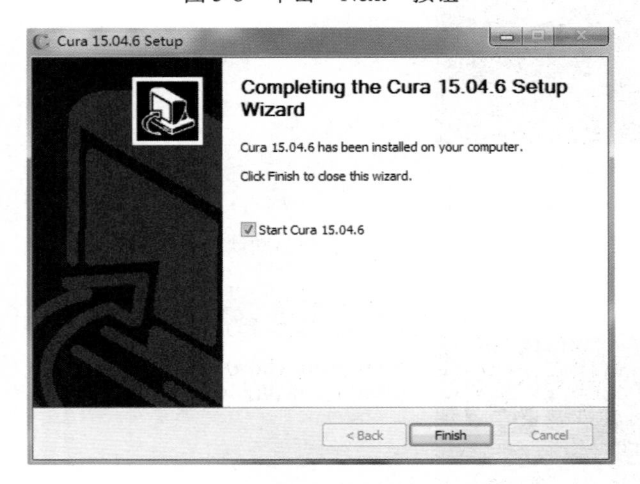

图 5-9　安装完成的向导

（5）安装完成 Cura 软件后，计算机自动会弹出如图 5-10 所示的软件英文版本界面。

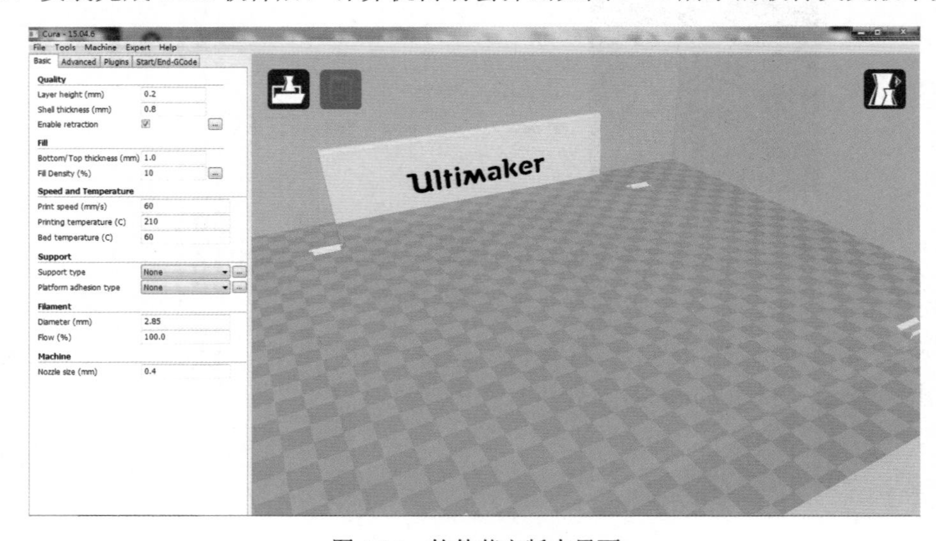

图 5-10　软件英文版本界面

2．语言版本设置

根据 3D 打印机用户的操作喜好，可以将 Cura 软件操作界面的英文版转换成中文版，方便识别相应参数。具体方法如下。

（1）打开软件安装位置 C:\Programfiles\Cura_15.04.6\Cura\util，找到 resources.py 文件，如图 5-11 所示。

机 ▸ 本地磁盘 (C:) ▸ Program Files (x86) ▸ Cura_15.04.6 ▸ Cura ▸ util ▸

看(V) 工具(T) 帮助(H)

中 ▾ 刻录 新建文件夹

名称	修改日期	类型	大小
machineCom	2015/1/26 18:02	PY 文件	22 KB
machineCom.pyc	2017/12/9 20:14	PYC 文件	22 KB
meshLoader	2014/12/16 19:21	PY 文件	2 KB
meshLoader.pyc	2017/12/9 20:14	PYC 文件	3 KB
objectScene	2015/2/13 19:33	PY 文件	12 KB
objectScene.pyc	2017/12/9 20:14	PYC 文件	13 KB
pluginInfo	2014/12/16 19:21	PY 文件	5 KB
pluginInfo.pyc	2017/12/9 20:14	PYC 文件	7 KB
polygon	2014/12/16 19:21	PY 文件	6 KB
polygon.pyc	2017/12/9 20:14	PYC 文件	7 KB
printableObject	2014/12/16 19:21	PY 文件	15 KB
printableObject.pyc	2017/12/9 20:14	PYC 文件	17 KB
profile	2016/4/20 16:22	PY 文件	82 KB
profile.pyc	2017/12/9 20:14	PYC 文件	76 KB
removableStorage	2014/12/16 19:21	PY 文件	6 KB
removableStorage.pyc	2017/12/9 20:14	PYC 文件	6 KB
resources	2017/12/9 20:16	PY 文件	4 KB
resources.pyc		PYC 文件	5 KB
sliceEngine		PY 文件	27 KB

类型: PY 文件
大小: 3.45 KB

图 5-11　找到 resources.py 文件

（2）单击鼠标右键，选用记事本打开该文件，将“# ['zh', 'Chinese']”中的“#”删除，然后保存并关闭修改后的文件，如图 5-12 所示。

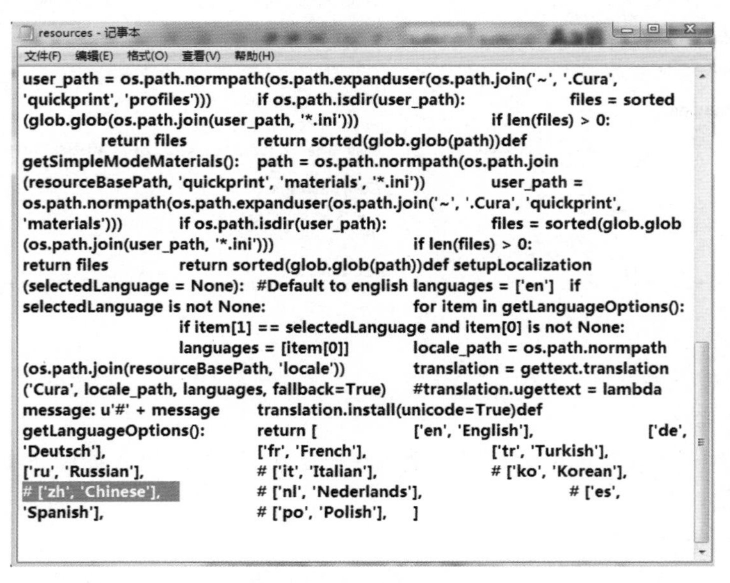
resources - 记事本

文件(F) 编辑(E) 格式(O) 查看(V) 帮助(H)

```
user_path = os.path.normpath(os.path.expanduser(os.path.join('~', '.Cura',
'quickprint', 'profiles')))        if os.path.isdir(user_path):           files = sorted
(glob.glob(os.path.join(user_path, '*.ini')))                   if len(files) > 0:
            return files           return sorted(glob.glob(path))def
getSimpleModeMaterials():   path = os.path.normpath(os.path.join
(resourceBasePath, 'quickprint', 'materials', '*.ini'))         user_path =
os.path.normpath(os.path.expanduser(os.path.join('~', '.Cura', 'quickprint',
'materials')))          if os.path.isdir(user_path):           files = sorted(glob.glob
(os.path.join(user_path, '*.ini')))             if len(files) > 0:
return files            return sorted(glob.glob(path))def setupLocalization
(selectedLanguage = None):  #Default to english languages = ['en']  if
selectedLanguage is not None:                 for item in getLanguageOptions():
                        if item[1] == selectedLanguage and item[0] is not None:
                        languages = [item[0]]           locale_path = os.path.normpath
(os.path.join(resourceBasePath, 'locale'))          translation = gettext.translation
('Cura', locale_path, languages, fallback=True)      #translation.ugettext = lambda
message: u'#' + message      translation.install(unicode=True)def
getLanguageOptions():         return [              ['en', 'English'],          ['de',
'Deutsch'],                   ['fr', 'French'],             ['tr', 'Turkish'],
['ru', 'Russian'],            # ['it', 'Italian'],          # ['ko', 'Korean'],
# ['zh', 'Chinese'],          # ['nl', 'Nederlands'],                  # ['es',
'Spanish'],                   # ['po', 'Polish'],    ]
```

图 5-12　修改文件

（3）重新打开 Cura 软件，单击菜单“File（文件）→Preferences（偏好设置）→Language（语言）”可自行切换语言，选取 Chinese（中文），单击“OK”按钮，如图 5-13、图 5-14 所示。关闭软件，重新打开，就可以使用了。

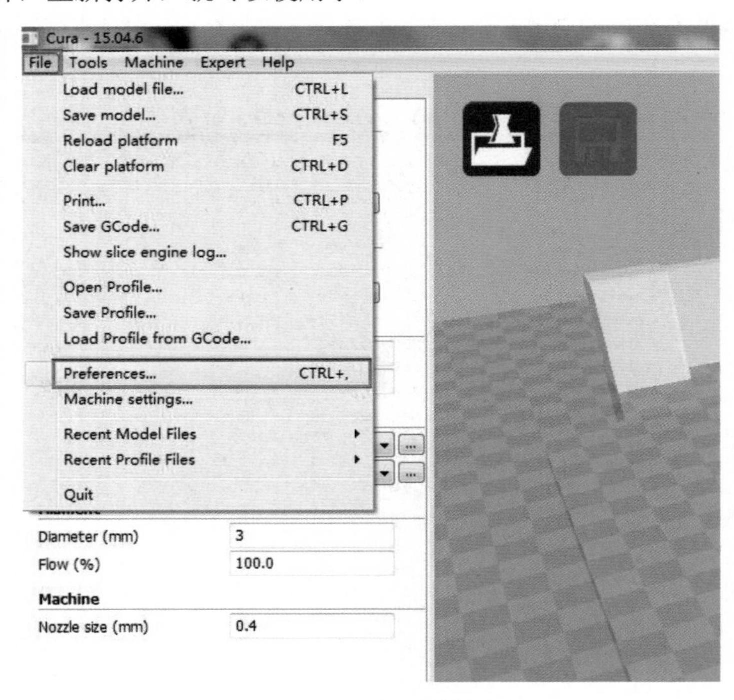

图 5-13　Preferences（偏好设置）

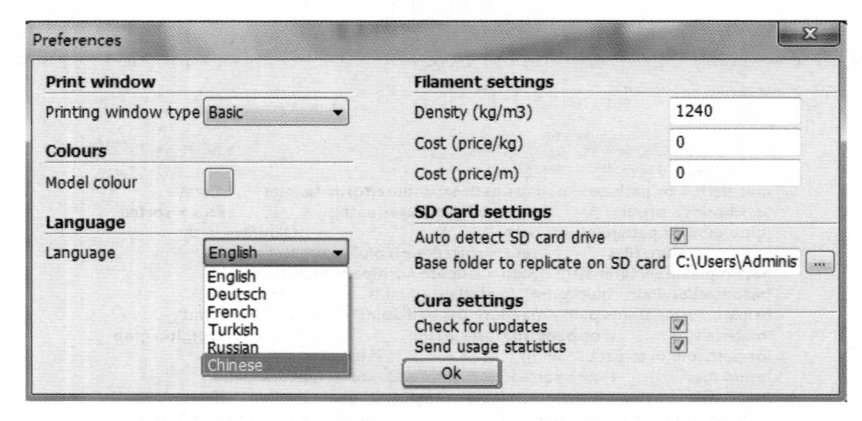

图 5-14　语言选择

3．机型参数设置

（1）完整配置模式。

在菜单栏单击“专业设置”→“切换到完整配置模式”，进入如图 5-15 所示的操作界面进行参数设置。

（2）添加新机型。

单击菜单“机型”→“添加机型”，进入“添加新机型向导”界面，如图 5-16 所示。单击“Next”按钮，进入向导设置。

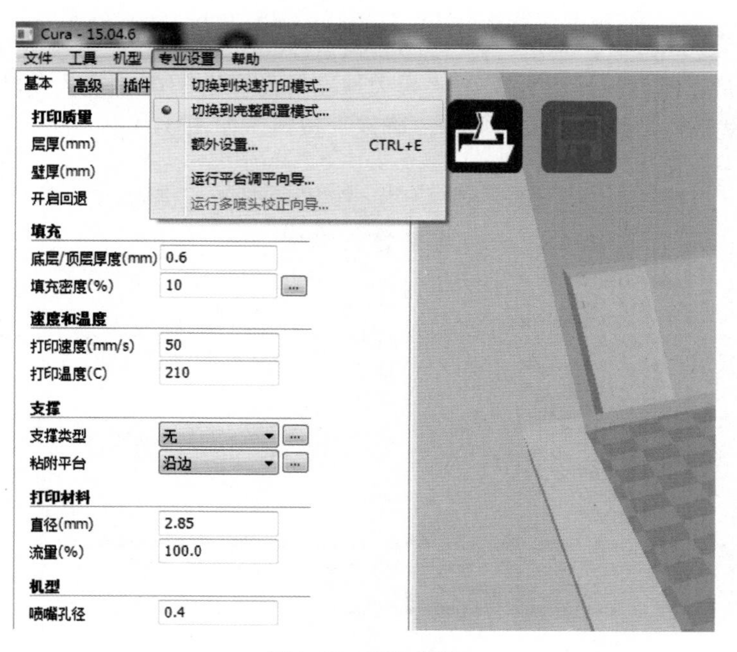

图 5-15 专业设置

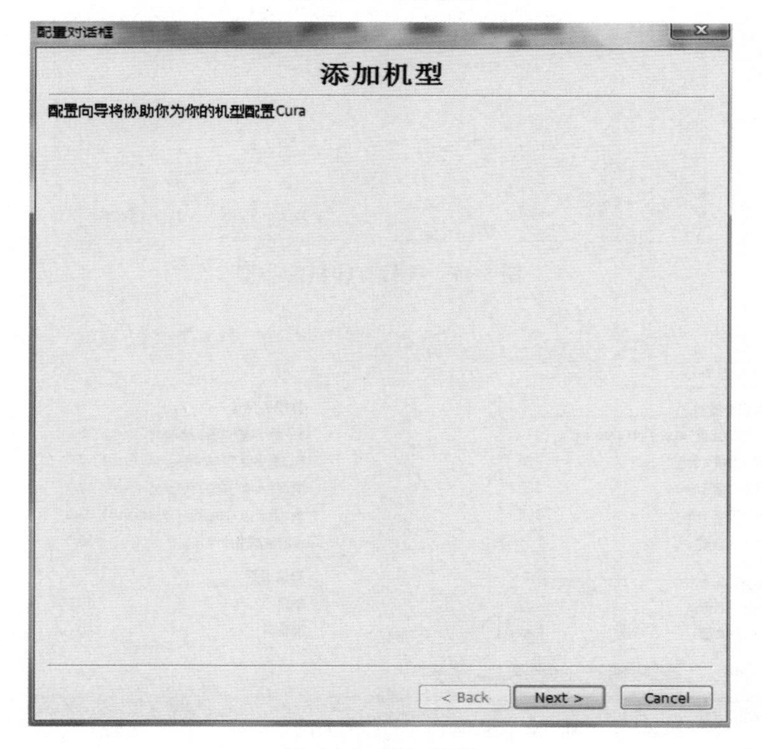

图 5-16 添加机型

选择打印机的类型，如图 5-17 所示。这里选择“Ultimaker Original”3D 打印机，单击“Next”按钮继续配置。

（3）机型设置。

单击菜单“机型”→“机型设置”，弹出如图 5-18 所示的机型设置界面，这时 “更改机型名称”为“LZ-P350”；勾选“热床”选项；“1mm 挤出量 E 电机步数（Step per E）”设置为 300；“最大宽度”设置为 350；“最大深度”设置为 310；“最大高度”设置为 400；其他参数选择默认值，修改完成后单击“确定”按钮，如图 5-19 所示。

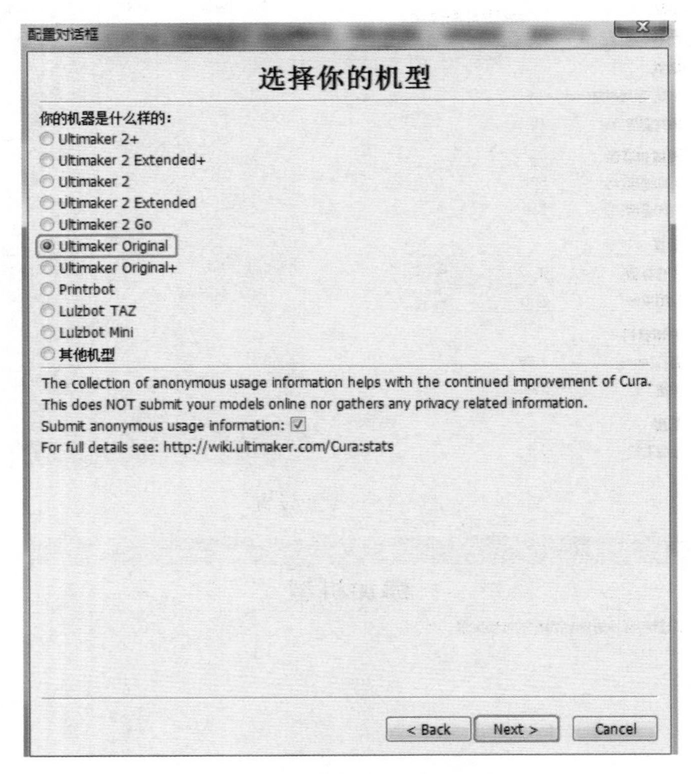

图 5-17　选择打印机的类型

图 5-18　机型设置前

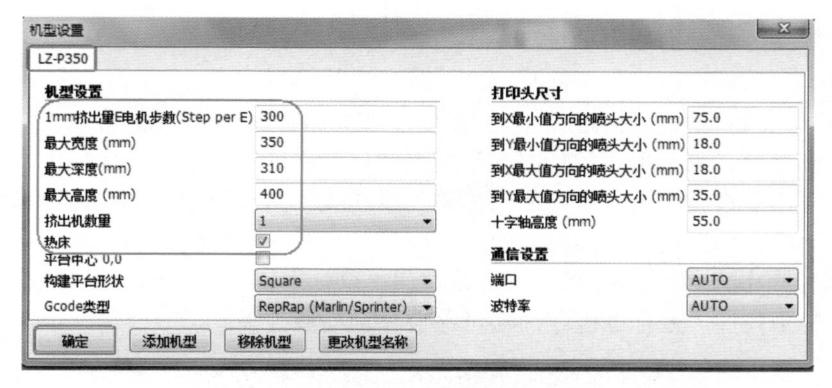

图 5-19　机型设置后

在此界面上有 5 个参数需要修改，同时勾选“热床”（不勾选的话，无法启动加热）。1mm 挤出量 E 电机步数是送丝的速度，最大宽度、最大深度、最大高度分别是打印机 *X*、*Y*、*Z* 三轴的工作范围。不同型号的打印机参数值略有不同，具体设置值参考表 5-2。

表 5-2　立铸品牌不同型号 3D 打印机机型设置参考值

参数 / 机型	LZ-P350（中型）	LZ-P500（大型）
1mm 挤出量 E 电机步数	300	135
最大宽度（mm）	350	500
最大深度（mm）	310	500
最大高度（mm）	400	600

4．操作界面介绍

打开 Cura 软件，左侧是参数配置面板，右侧是模型显示区域。包含了导入模型、打印时间、耗材质量、调节模型方向（调节模型摆放形态）、显示和改动模型尺寸（模型尺寸大小控制）、分层（预览模型切片）、保存方式等信息，如图 5-20 所示。

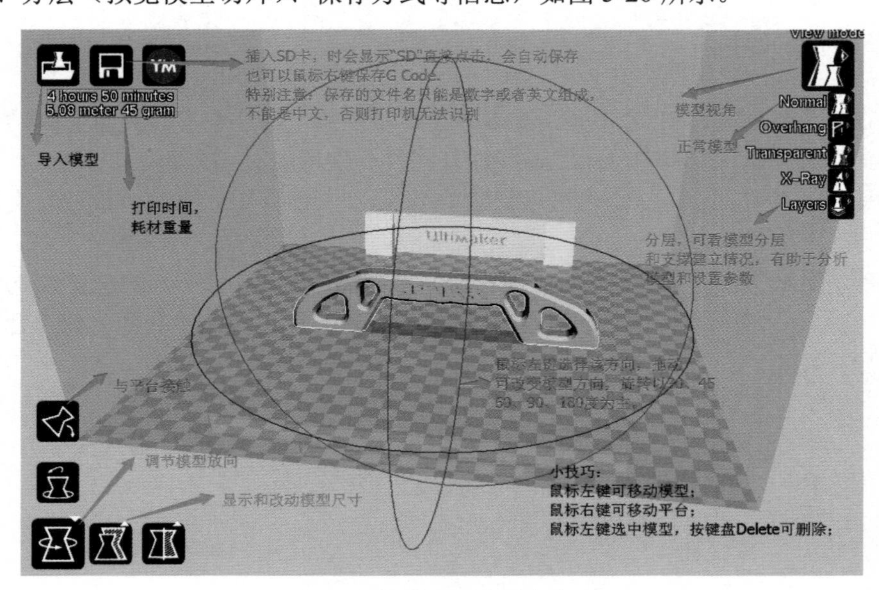

图 5-20　操作界面各功能介绍

操作该软件时鼠标的使用小技巧：

（1）“鼠标左键”，按住“鼠标左键”可任意移动模型。

（2）“鼠标右键”有两种作用，一种是按住“鼠标右键”，可任意移动平台，另一种是把光标放在模型处，再单击“鼠标右键”就可对模型进行“移动到平台中间、删除模型、复制模型、对模型进行分拆、删除所有模型、重新载入所有模型、复位所有模型的位置、复位所有模型的变动”操作，如图 5-21 所示。

（3）“鼠标中键”有两种作用，一种是按住“鼠标中键”选中模型，再按<Delete>键可删除，另一种是按住“鼠标中键”滚动可缩放显示模型大小。

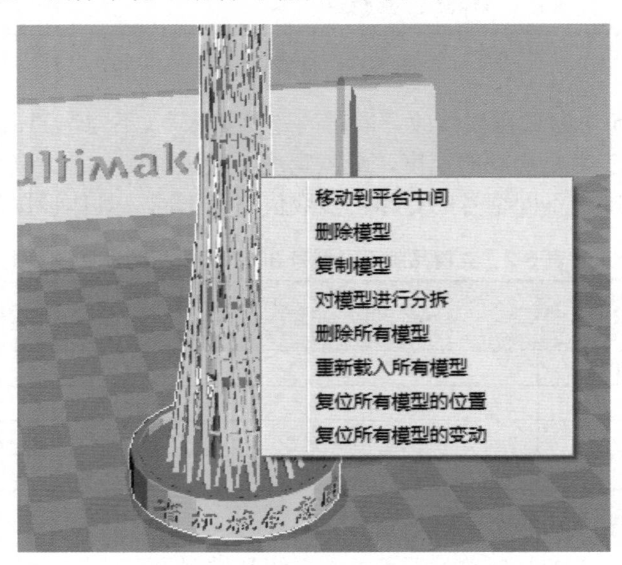

图 5-21　用“鼠标右键”修改模型

任务 3　3D 打印工艺设置

模型在打印前，需要在软件里设置相关的打印参数，软件中参数设置的准确与否，直接影响着最终打印效果的好坏。相应的 3D 打印机软件可以对 3D 模型文件进行参数调整，并将模型切片，转换成 3D 打印机可以识别的 G code（G 代码）文件，最后将文件发送至 3D 打印机打印。

桌面级 FDM 3D 打印机的基本原理相似，不同品牌的 3D 打印机对应不同的软件，软件界面有所差别，但一些基本参数的设置大同小异。3D 打印机软件基本上都包含打印物体的尺寸、层厚精度、打印时间、打印温度和打印速度等参数。

1．导入打印文件

进入 Cura 软件主界面，单击按钮导入广州塔三维模型（STL 格式文件），右侧会出现一个模型实体，如图 5-22 所示。

2．Cura 软件的基本参数配置（图 5-22）

（1）层厚。

层厚即每一层的打印高度，这个参数比较重要，直接影响打印的质量。层厚一般设置为 0.2mm，如果想要更高的打印精度，可以设置较小的层厚（如 0.1mm 或 0.15mm），层厚越大，精度越低，打印速度越快。但是不建议使用低于 0.1mm 的层厚。

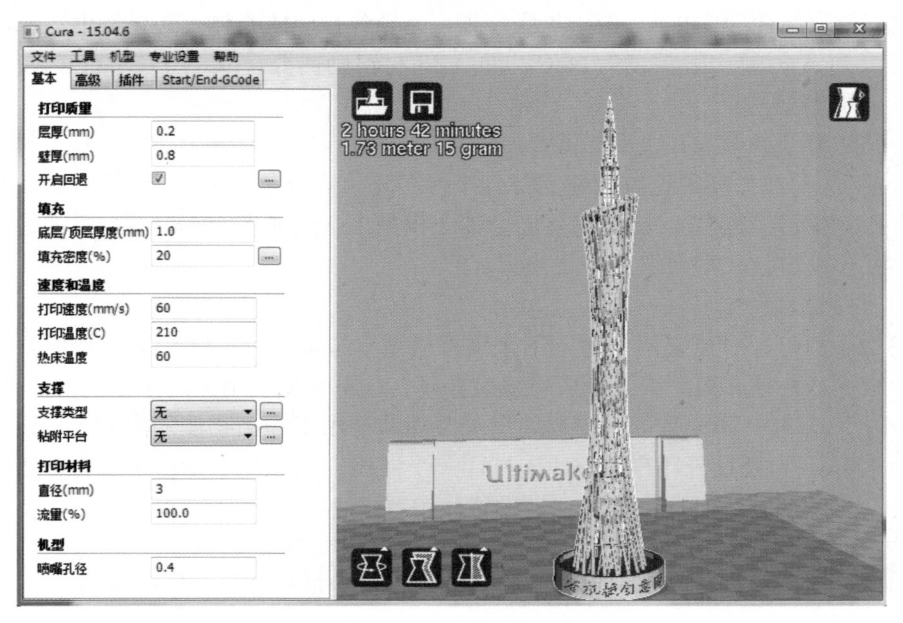

图 5-22　基本参数配置

（2）壁厚。

壁厚用于确保打印物体的结实性。一般设置为喷头直径大小的倍数。0.4mm 的壁厚太薄，1.2mm 的壁厚打印时间较长，一般而言 0.8mm 的壁厚刚刚好。壁厚越厚，强度越高。

（3）开启回抽。

当打印喷头从一个部位跳到另一个不相连的部位时，为了防止耗材丝线的产生并掉落，可以设置回抽一部分材料即可避免拉丝。

（4）底层/顶层厚度。

通过底层和顶层的厚度和层厚计算需打印的底层/顶层的层数。这个值应是层厚的整数倍。让这个参数接近壁厚，可以让模型强度更均匀。一般设为 0.6mm、0.8mm、1mm、1.2mm。底层和顶层的厚度数值越大，模型封顶质量越好。

（5）填充密度。

填充密度常用值为 20%；模型需要高强度的话，可提高填充比例，但是打印时间会增长。实心模型设置为 100%，空心模型设置为 0%。

（6）打印速度。

打印速度越快，越容易产生质量问题。一般而言打印速度设置为 60mm/s 是一个比较好的速度。

（7）打印温度。

打印时的温度与耗材材质有关，PLA 在 190℃时开始熔融，但是黏度比较大，很难挤出，建议把温度设成 210℃以上，特别是打印速度快、层厚比较大时，可把温度设置得高一点。对于 ABS 材料打印温度需要更高些，一般建议设置为 230℃以上。

（8）热床温度。

热床温度是打印机平板的温度，用于防止打印时物体翘边。现在 3D 打印机大多数使用的原材料都是 ABS 和 PLA，由于热胀冷缩，会导致打印的物体翘边，使用热床可以防止翘边。对于 PLA 材料一般常设为 60℃，而 ABS 材料则需要设成 110℃左右。

（9）支撑类型。

对于结构复杂的模型，通常都需要加支撑。选择“无”不会建立支撑；也可以选择“延伸到平台的”，只在需要的地方创建支撑到平台；还可以选择“所有悬空”，在任何情况下都打印支撑。“所有悬空”的支撑有可能会落在模型上，造成表面不好看，通常的做法是旋转模型到某一个方位，尽量避免产生支撑。

（10）黏附平台。

在模型下面打印一层黏附平台，用来确保模型牢牢地黏附在平台上。一般而言，如果平台调得很平，并且底板的美纹纸胶带没被撕坏，是不需要使用黏附平台的（选择“无”）；选择“沿边”，即在打印模型的底层周边增加数圈薄层用于提高物体的附着力，或者防止翘边；选择“底座”，则在打印模型前，先打印一个网格的底座用于减小附着力，通常打印物体较大时，为了便于取出打印物体，常设置此参数。

（11）直径。

打印所使用的耗材直径，根据实际数值填入，常用的有 3mm 或 1.75mm。

（12）流量。

如果耗材是 PLA，则流量设置为 100%；如果耗材是 ABS，则流量设置为 85%。

（13）喷嘴孔径。

喷嘴孔径即喷头孔径，是相当重要的尺寸，它会被用于计算走线宽度、外壁走线次数和厚度。根据实际情况填入其值，常见的有 0.4mm 或 0.8mm。

3. Cura 软件的高级设置

Cura 软件除了基本的打印设置外，还有一些高级设置，一般 3D 打印新手是很少用到的。合理设置高级设置中的参数，可以提高打印速度和精度。

在 Cura 软件主界面中，左侧参数配置有四个选项卡，选择第二个选项卡“高级”，打开高级设置，如图 5-23 所示。

Cura 软件的高级参数配置包括以下内容。

（1）回退速度。

回退丝时的速度，设定较高的速度能达到较好的效果。但是过高的速度可能会导致丝材的磨损，太高还有可能会出现卡料，回退速度应比打印速度慢，建议一般设为 40mm/s。

（2）回退长度。

丝回退的长度，设置为 0mm 时不会回退，回退太少会有拉丝现象，太多可能会出现卡料现象，因为如果退到了非加热段的材料处，它可能会凝结在那里无法再进去。LZ-P350 机型是远程挤出送料（远端送料），回退长度设置为 4.5mm；LZ-P500 机型（近端送料）设置为 2mm。

（3）初始层厚。

初始层厚即底层的厚度。较厚的底部能使材料和打印平台黏附得更好。设置为 0mm 则使用层厚作为初始层厚度。建议设为 0.3mm 以便让模型更容易剥离。

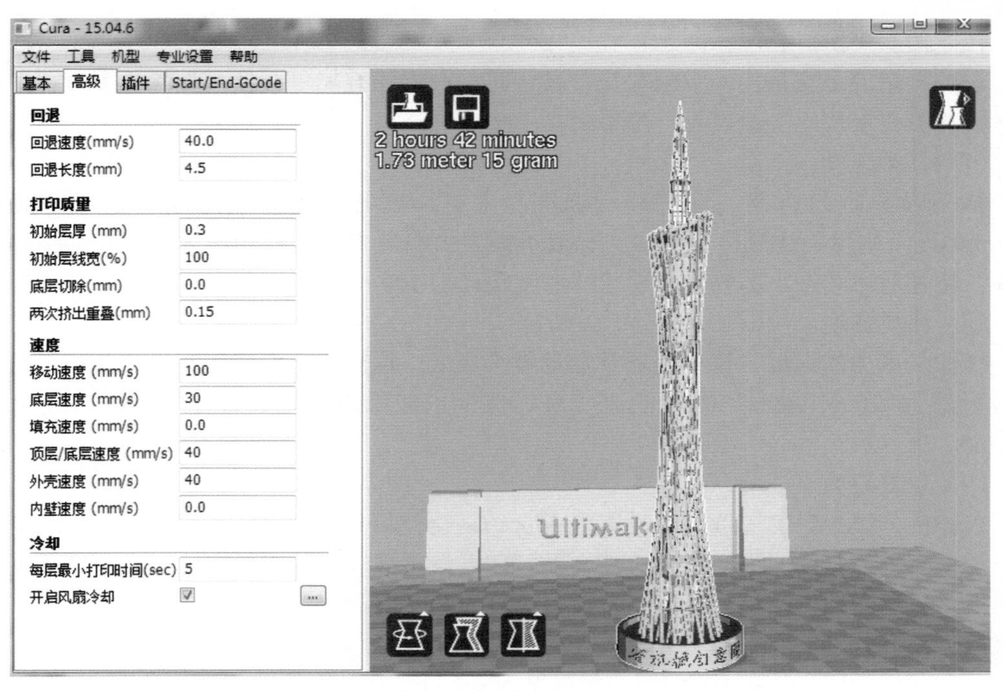

图 5-23 高级设置

（4）初始层线宽。

用于第一层的挤出宽度设定。在一些打印机上，第一层设定较宽的数值可以增加与平台的黏度。一般常设为 100%。

（5）底层切除。

对模型底部进行裁剪。当模型底部不平整或太大时，可以使用这个参数，切除一部分模型再打印，如图 5-24 所示。

（a）Cut off：0mm

（b）Cut off：50mm

（c）Cut off：100mm

图 5-24 底层切除示意图

（6）两次挤出重叠。

添加一定的重叠挤出。双喷头交替打印时，一定的叠加量会使两种颜色融合得更好。该参数一般在双挤出头中设置，可不用。

（7）移动速度。

移动喷头时的速度。这些移动速度指非打印状态下的移动速度，建议不要超过150mm/s，否则可能造成电机丢步。一般不需要太快，太快的移动速度有可能会撞坏打印物体，特别是比较细小的物体，理想的速度是设为100mm/s，

（8）底层速度。

打印最底层的速度，这个值通常会设置得很低，这样才能使底层和平台黏附得更好。一般设置为 20～40mm/s 的较低速度来确保模型能稳固地粘在打印平台上，建议设为30mm/s。

（9）填充速度。

打印内部填充时的速度。当设置为 0mm/s，会使用打印速度作为填充速度。高速打印填充能节省很多打印时间，但是可能会对打印质量造成一定的消极影响。如果需要减少打印时间可以适当地提高填充速度。一般建议设为 0mm/s。

（10）顶层/底层速度。

打印顶层或底层填充时的速度。当设置为 0mm/s，会使用打印速度作为顶层/底层速度，常设为 40mm/s。

（11）外壳速度。

打印外壳时的速度。当设置为 0mm/s，会使用打印速度作为外壳速度，使用较低的打印速度可以提高模型打印质量，但是如果外壳和内部的打印速度相差较大，可能会对打印质量有一些消极影响。为了保证模型有一定的表面光滑度，一般设为 40mm/s。

（12）内壁速度。

打印内壁时的速度。当设置为 0mm/s，会使用打印速度作为内壁速度。使用较高的打印速度可以减少模型的打印时间，需要设置好外壳速度、打印速度、填充速度之间的关系。如果打印速度为 60mm/s，为了保证打印质量，内壁速度最好小于 60mm/s。

（13）每层最小打印时间。

打印每一层最短要耗费的时间，在打印下一层前留一定时间让当前层冷却。如果当前层会被很快打印完，那么打印机会适当降低速度，以保证每层都有设定的时间冷却。建议设置为 5s。

（14）开启风扇冷却。

在打印期间开启风扇冷却，尤其在快速打印时开启风扇冷却是很有必要的。启动冷却风扇能打印出更好的表面质量，常设为开启。

4．其他设置

（1）Start/End-GCode 界面。

打印模型前喷头挤出量设置。将程序中 G1 F200 E3 中的 E3 改为 E15，如图 5-25 所示。

（2）专业设置。

单击菜单栏“专业设置”→“额外设置”，初次打开界面如图 5-26 所示。只修改部分常用参数，其余采用默认值。

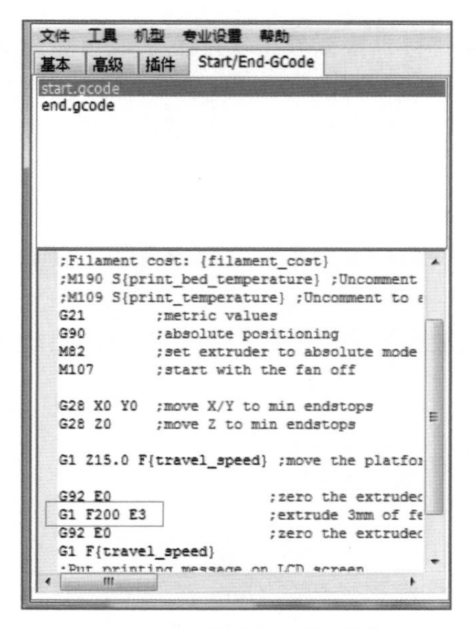

图 5-25 修改喷头挤出量

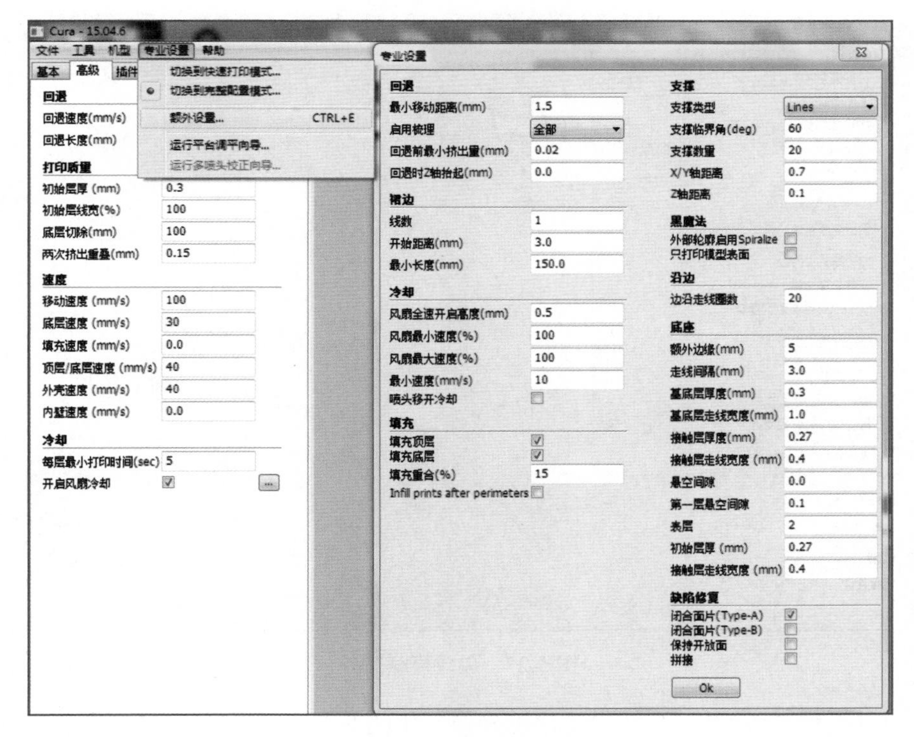

图 5-26 额外设置

① 支撑类型。

支撑结构类型。Grid 是一个比较结实的结构，能够一次性剥离，但是有时候太过结实了。使用线型 Lines 支撑，更容易去除支撑。

② 支撑临界角。

在模型上判断需要生成支撑的最小角度，0° 是水平的，90° 是垂直的。默认 60°，即悬空超过 60° 就会建立支撑材料。根据模型实际需求，可设为 20° ～70° 。

③ 支撑数量。

支撑材料的填充密度。较少的材料可以让支撑比较容易剥离，一般设置为 20%。

④ *Z* 轴距离。

支撑在 *Z* 轴方向与打印物体的底部和顶部距离，一个小的间距可以让支撑容易被取掉，但是过小也会导致打印效果变差。常设置为 0.1mm，更方便去除支撑。

⑤ 边沿走线圈数和额外边缘。

为了加大接触面积，增加模型与平台的黏附力，边沿走线圈数一般设为 20，额外边缘常设为 5。

5．模型的简单调整

准备好 STL 格式的 3D 模型，将模型载入 Cura 软件中，并根据需要调整模型，为打印出质量好的模型做好准备。

（1）打开并调整模型。打开 Cura 软件，在菜单栏选择“文件”→“读取模型文件”，选择 STL 格式的模型文件，将模型加载到 Cura 软件中，或者单击图 5-27 所示的按钮打开 STL 文件。模型相对网格的位置和大小即为实际打印后物体相对平台的位置和大小。

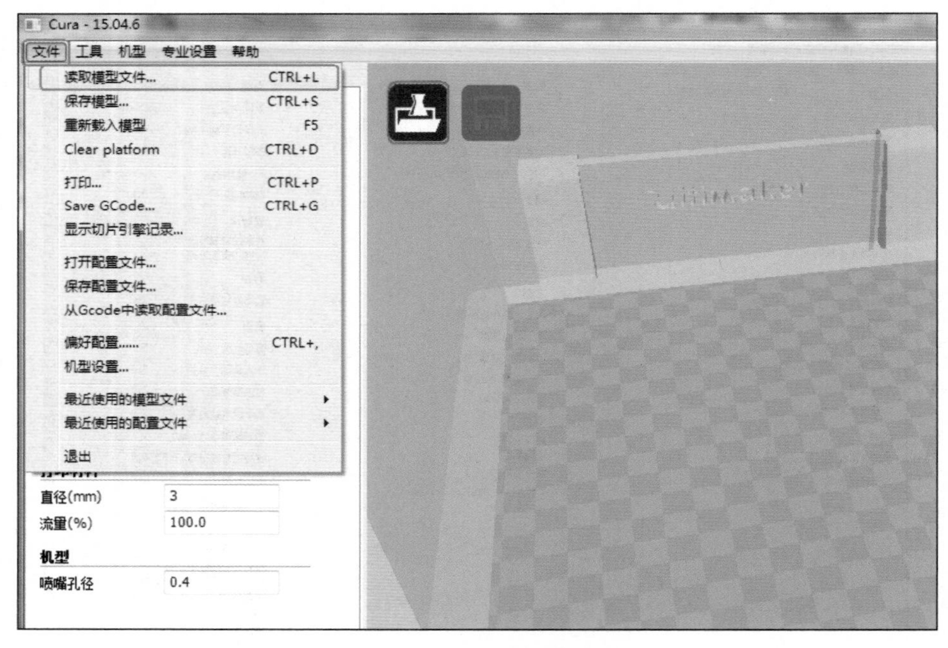

图 5-27　加载模型文件

（2）对模型进行旋转、缩放、镜像等操作，如图 5-28 所示。在对模型调整之前，最好先将原文件备份。

（3）单击旋转（Rotate）按钮，在模型周边出现的三条圆弧线代表三个不同方向，红色代表 *X* 轴，绿色为 *Y* 轴，黄色为 *Z* 轴。这时可以根据实际需要单击拖动圆弧线，旋转到想要的位置；如果遇到模型旋转位置不对时，可单击复位（Reset）按钮；如果遇到模型倾斜，想摆正或者平放在平台上，可单击躺平（Lay flat）按钮，如图 5-29 所示。

图 5-28 模型调整工具

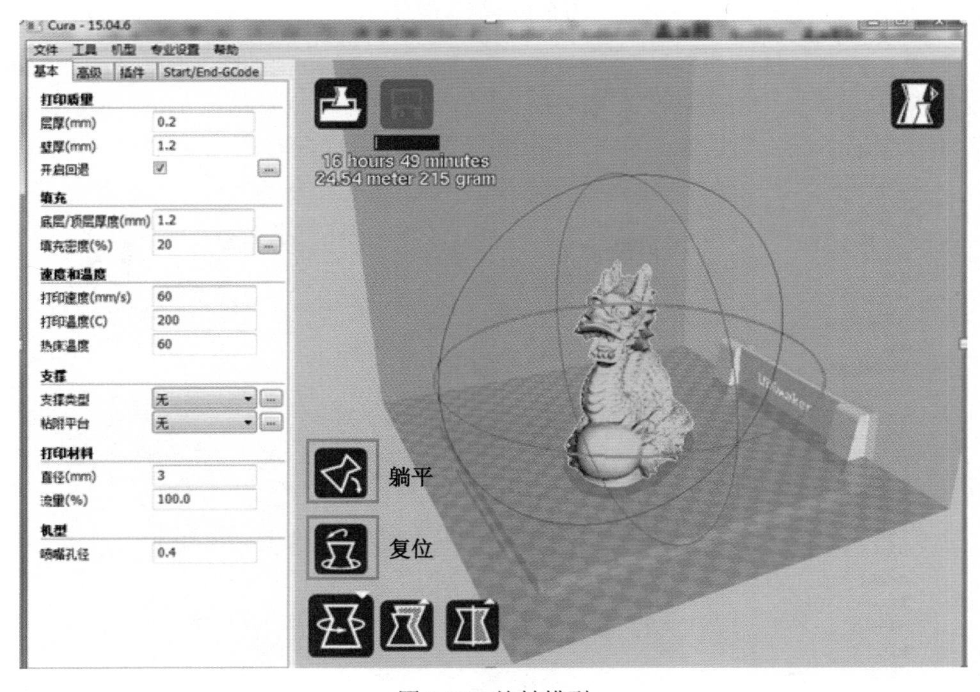

图 5-29 旋转模型

（4）单击缩放（Scale）按钮，调整模型的大小。一种方法是可以通过拖拽模型上坐标 3 个顶点调整大小，另一种方法是可以通过输入精确的数值调整模型大小。如图 5-30 所示，在文本框中输入 0.8，将模型缩小为原模型的五分之四。单击最大化（To Max ）按钮，模型会放大到打印范围的最大尺寸，但不会超出极限范围。单击复位（Reset）按钮，将模型重置为原来的大小。单击保持比例（Uniform scale）按钮解锁，可单独缩放或修改某一轴的比例或尺寸。

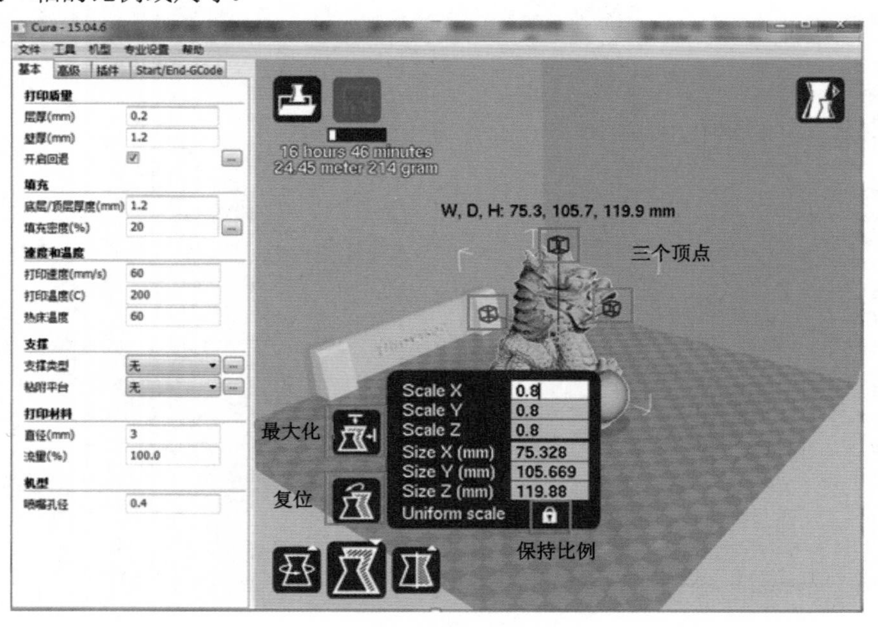

图 5-30　缩放模型

（5）单击模型，然后单击镜像按钮，如图 5-31 所示，出现从上到下的镜像方向依次为 $Z \rightarrow Y \rightarrow X$。单击“Mirror X”按钮，将模型沿 X 轴方向镜像；单击“Mirror Y”按钮，将模型沿 Y 轴方向镜像；单击“Mirror Z”按钮，将模型沿 Z 轴方向镜像。

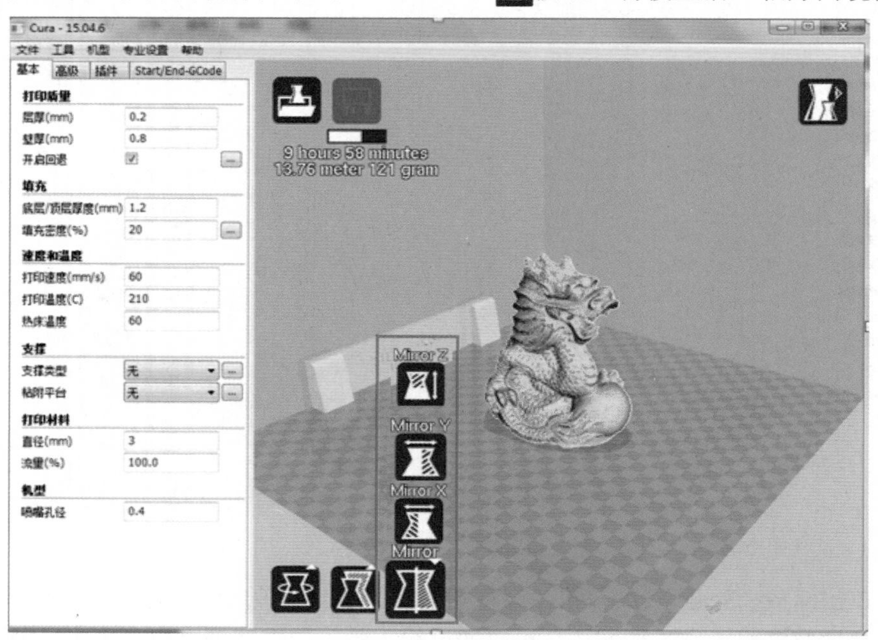

图 5-31　镜像模型工具

（6）视图模式。

如图 5-32 所示，通过调整视图，方便查看模型和编辑模型。在界面的右上角单击按钮，可以更改模型视图模式，具体如图 5-33 所示。

图 5-32　视图模式工具

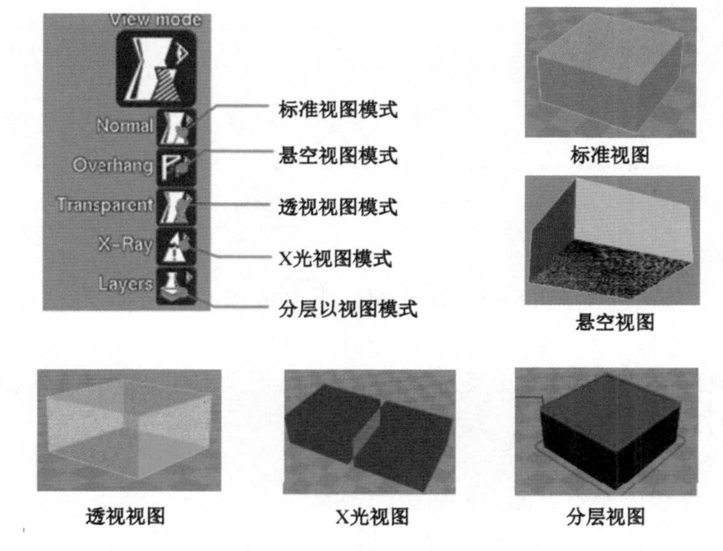

图 5-33　视图模式示意图

6．生成 G code 文件

（1）调整好模型后，在 Cura 软件的参数配置面板进行参数设置；参数设置完成后，在参数配置区域上方单击“Save toolpath”按钮，同时，Cura 软件会估算打印模型需要的时间和耗材长度、质量，如图 5-34 所示。

将模型切片并保存为 G code 文件，G code 文件默认保存在原 STL 文件目录下。填写文件名称，不能为中文名称，保存格式为“*.gcode”，如图 5-35 所示。

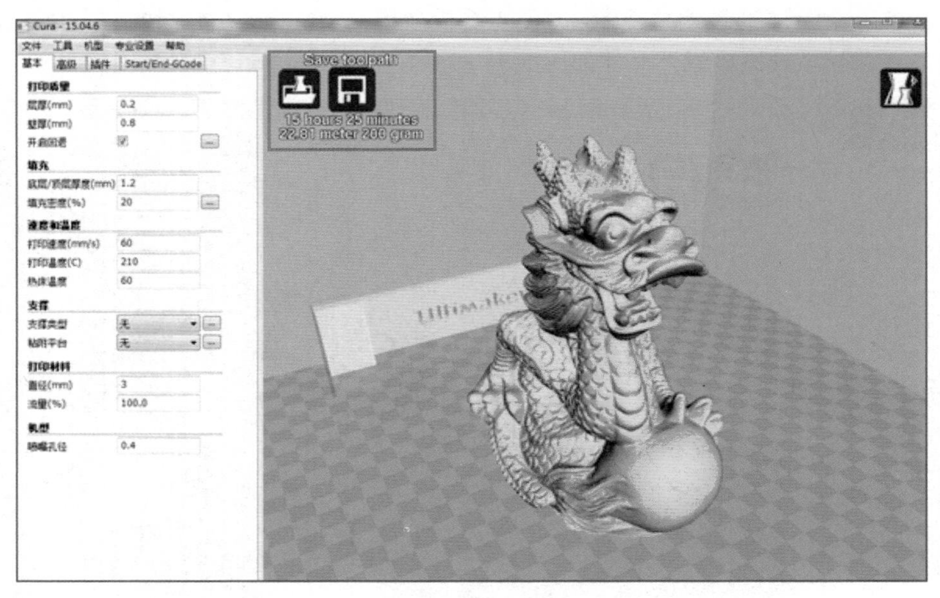

图 5-34 模型切片

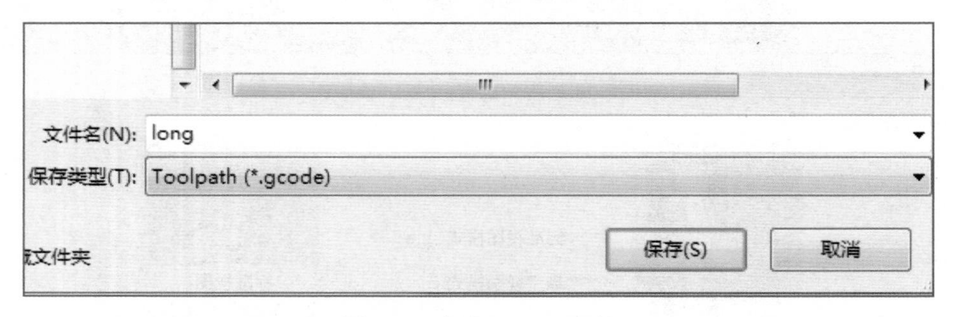

图 5-35 保存 G code 文件

（2）打印路径预览。

完成切片后，单击右上角的“View mode”按钮，再选择“Layers”按钮，单击拖动下拉菜单，可自由上下拉动，即可看到打印的一层一层路径，如图 5-36 所示。

经过上述步骤，STL 文件被转换为 3D 打印机可识别的切片文件（G code），下一个项目将介绍实际的打印。

7．3D 打印技巧

（1）3D 模型摆放位置对打印表面质量的影响。

3D 打印是以一定的层厚逐层堆积成三维模型的，在模型表面不可避免会出现分层的痕迹。分层痕迹主要由分层厚度决定，分层厚度越小，分层痕迹越不明显。分层痕迹还与模型形状及摆放位置有关。在设置打印模型位置时，表面质量要求高的面不宜放在与打印平台平行的位置，而应尽量放在与打印平台垂直的位置。如图 5-37 所示，3D 打印摆放模型位置时，要求较严格的尺寸应避免放置在 *Z* 方向。

图 5-36　完成切片

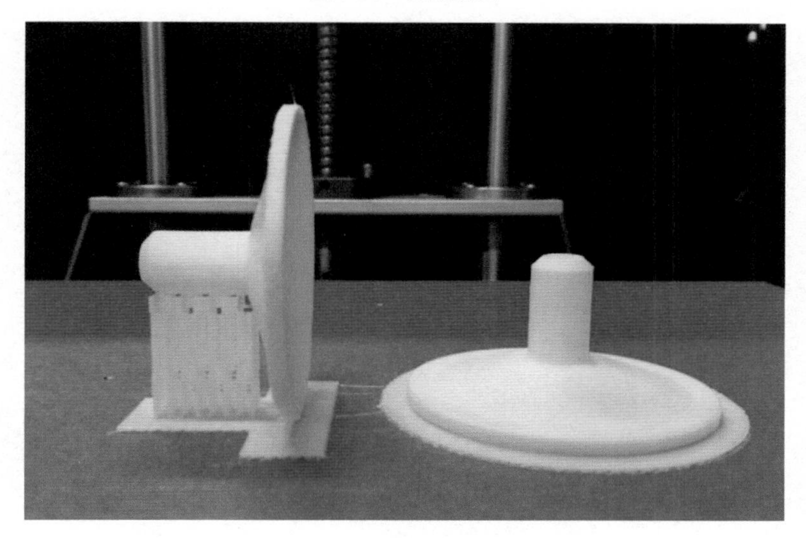

图 5-37　模型摆放不同位置

（2）3D 打印空心壳体模型对最小壁厚的要求。

3D 打印空心壳体模型对最小壁厚有一定的要求。如图 5-38 所示，最小壁厚为 0.5mm 的模型在最小壁厚处出现了破孔，而在最小壁厚为 1.0mm 和 1.5mm 的模型上无此现象。

（a）三维模型

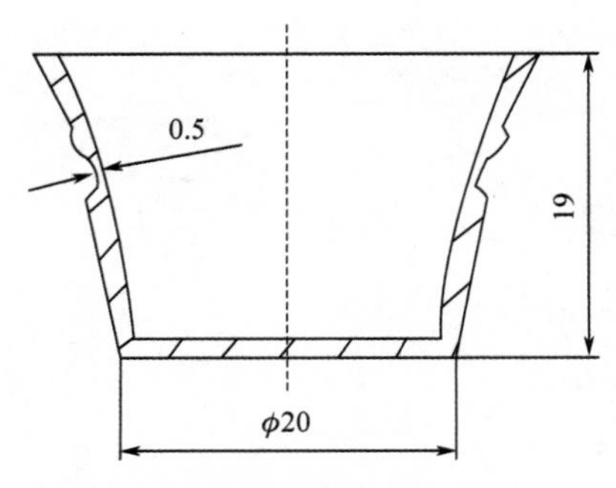

（b）尺寸简图（最小壁厚0.5mm）

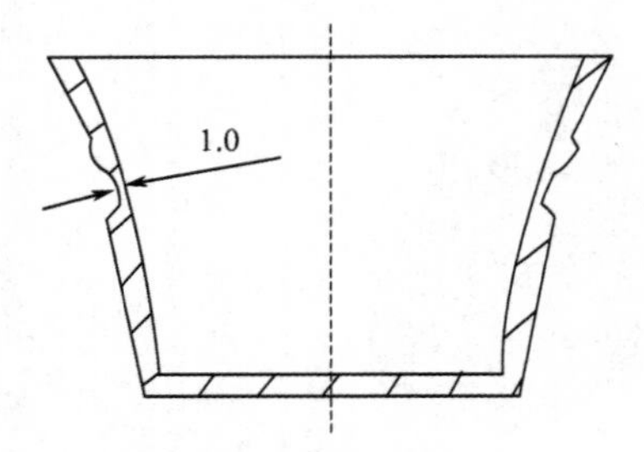

（c）尺寸简图（最小壁厚1.0mm）

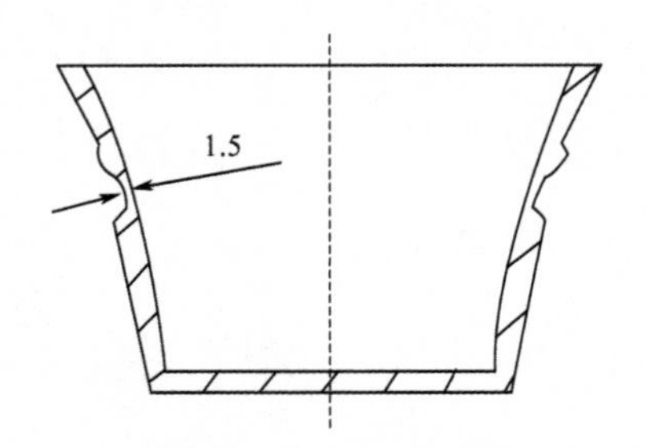

（d）尺寸简图（最小壁厚1.5mm）

图 5-38　最小壁厚

3D 打印机操作

3D 打印机虽然各式各样，但是操作方法基本大同小异。3D 打印机、耗材、打印软件及要打印的模型文件都准备好后，就可以动手打印自己的 3D 模型了。本项目以立铸 LZ-P350 3D 打印机为例，使用 Cura 软件切片。

任务 1 打印准备工作

1．检查设备

（1）启动 3D 打印机。

把设备电源线接好，按下设备红色开关→通电→开机→机器 LED 灯亮（显示屏亮）时就可以确认设备能正常通电，如图 6-1 所示。

（a）电源开关

（b）显示屏

图 6-1 启动 3D 打印机

（2）机器归零。

检验各轴是否运动正常，方法有两种。一种是机器自动操作：按下旋钮向右旋转选择“Prepare”，接着选择“Auto home”，如图 6-2 所示，按下旋钮确认，这时各轴就会运动起来，观察有无故障及听有无异常声音。另一种是人为手动操作：按下旋钮向右旋转选择“Prepare”→“Move axis”→“Move 1mm”→分别选择“Move X”“Move Y”“Move Z”，如图 6-3 所示，移动各轴通过看状况与听声音来判断有无故障。

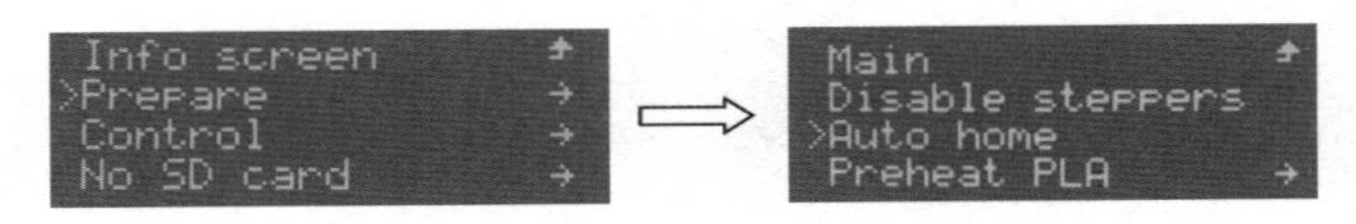

图 6-2　自动归零

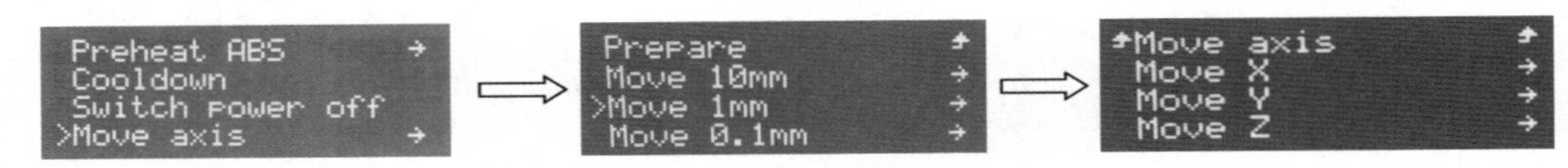

图 6-3　手动移动机器

2．调整平台

3D 打印机第一次使用、长期未使用或设备被搬动后都需要调整打印平台。调整平台可以使平台保持水平并控制平台与打印喷头的间距，确保打印件的第一层能完美地粘贴在打印平台上。用一张名片或 A4 纸来测试四个角落的打印平台和打印喷头之间的距离，以稍微有些阻碍又能够抽出为适合。可以试打印一个薄片，看打印的第一层是否均匀，四个边的厚度是否一致。通过打印效果，调节图 6-4 所示的平台底下的四个螺钉即可。

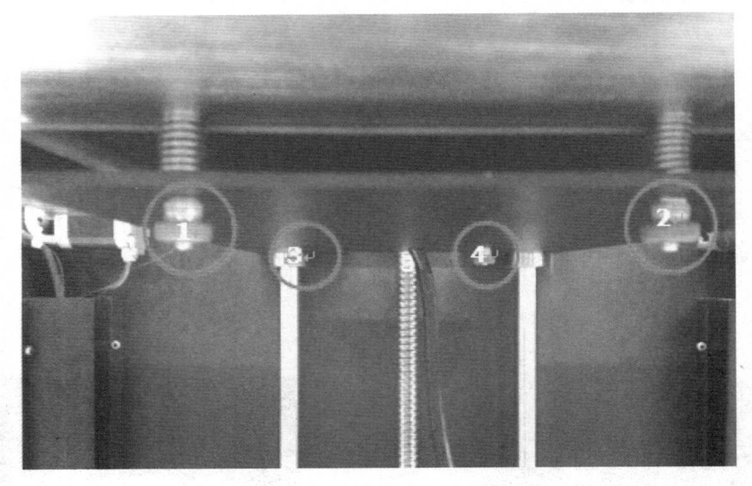

图 6-4　调节平台螺钉

用户一般都会在平台上贴上一层蓝色胶带（美纹纸），不仅可以隔热，而且能帮助模型更好地与平台黏结。两条胶带之间可以有细小的缝隙，但是不要重叠。也有的用户使用发胶或手喷胶、手工白乳胶等胶水来提高打印件的黏着力。需要注意的是，选择发胶时一定要选择黏度大的。若是选择手喷胶，在使用时最好用报纸或纸张把丝杆、光轴遮住，以防止喷到丝杆、光轴上。用除胶剂可以方便取下模型。

3．送料（进丝）和退料（退丝）

平台调整好后，接下来就要将材料（丝材）放入 3D 打印机中。打印材料有各种不同的直径，以 3mm 和 1.75mm 居多。需要确定所用材料直径是否和机器对应，送料前需要将材料的前端削尖，这样方便进材料。

在安装或更换材料时，需要遵循以下规范。在更换材料时，首先要对设备进行升温，要把温度升到程序所设定的温度方可进行操作；更换喷头也需要先升温，再将材料撤出，然后等喷头温度降低到室温后再断电进行操作。具体方法及步骤如下。

（1）打印机预热。

打印喷头达到打印材料的温度后，才可以送料，否则会造成堵头和送料齿轮的损坏。因此将打印头预热到 190～210℃，打印平台预热到 45～60℃。

进入液晶显示屏主菜单，首先按下旋钮，右旋选择“Control”控制菜单→“Temperature”→“Nozzle”，调节喷头温度至 210℃，如图 6-5 所示，按确定即可。

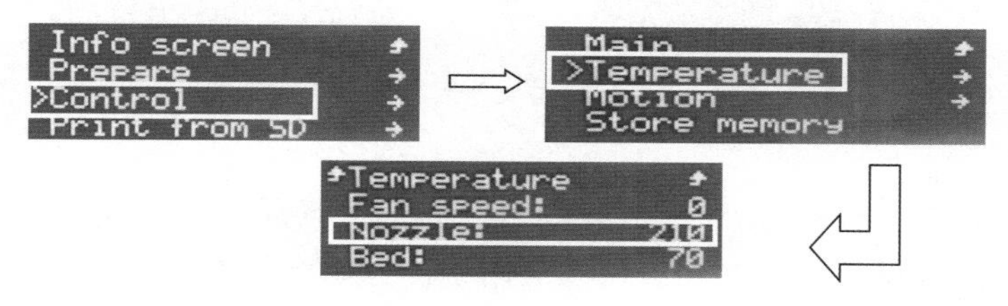

图 6-5　预热喷头

（2）送料操作。

① 将挂在 3D 打印机后面的挤出机部件的螺丝用手拧开，松开挤出机上的弹簧夹，将耗材从打印机后方穿入导丝管加热喷头，如图 6-6（a）所示。在挂料架固定耗材时，为了防止线盘卡料，要注意线盘的方向，应该是顺时针旋转，如图 6-6（b）所示。

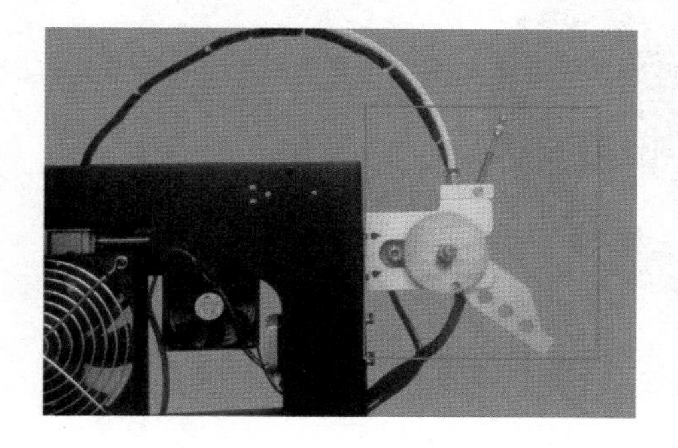

（a）松开挤出机

（b）穿料方向

图 6-6　穿料示意图

② 将材料用力往里推直至喷头吐出部分丝后再合上挤出机，拧紧后面的螺丝，如图 6-7 所示。

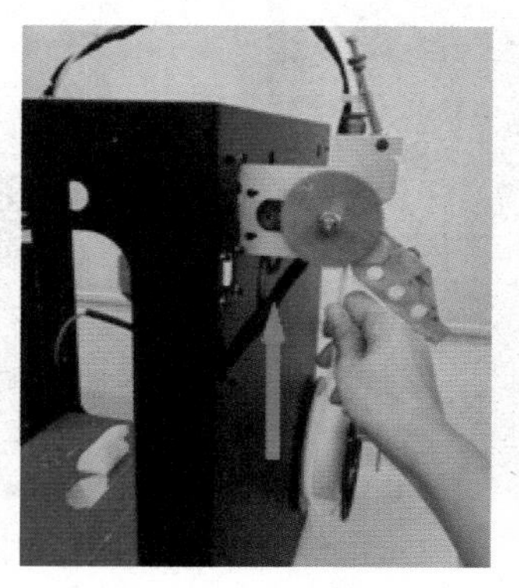

（a）用手向前送料

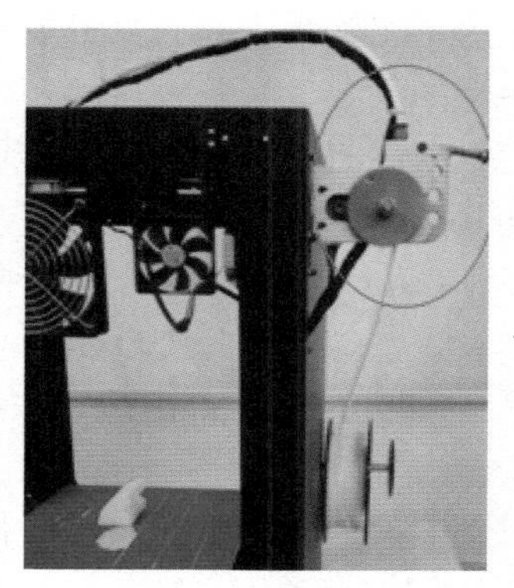

（b）拧紧挤出机

图 6-7　固定挤出机

③ 选择“Prepare”→“Move 1mm”→“Extruder”（挤出），旋转显示屏旁边的调节按钮，把数值调到 100 左右，慢慢进丝直到使喷头出现熔融细丝，如图 6-8 所示。这时观察喷头吐丝流畅、粗细均匀即可。

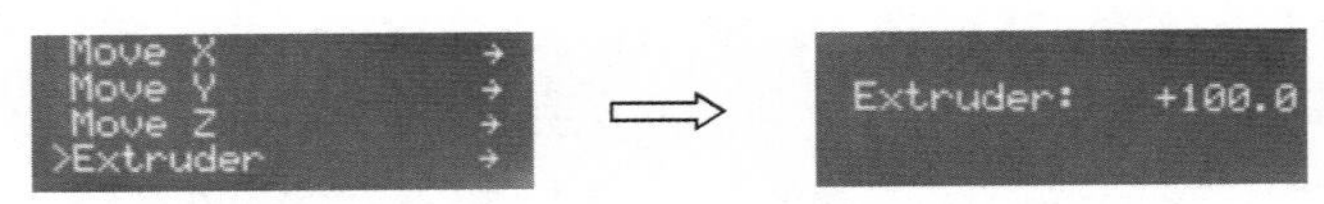

图 6-8 进丝

（3）退料操作。

当料架上剩余的材料不够下一次打印，或者需要更换颜色时，必须手动进行退料操作。同样要保证喷头的温度在 210℃左右，然后用手拧开螺丝，松开挤出机上的弹簧夹，将材料推进一点儿让喷头吐出部分丝来，再迅速把材料拉出来，最后将丝材一头穿入线圈孔内固定住，以防丝材打结影响后续使用，即算完成拆卸料，如图 6-9 所示。

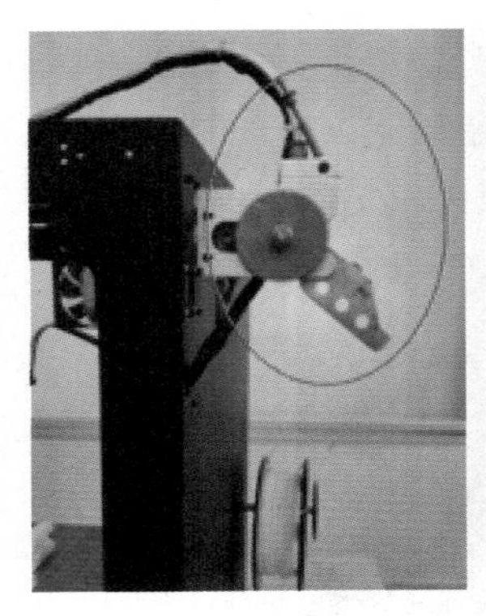

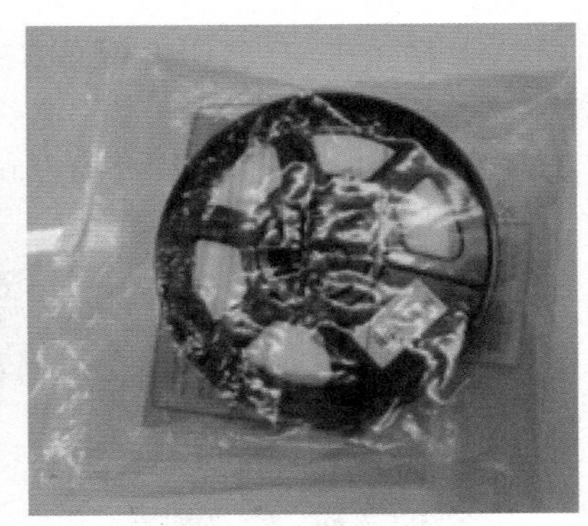

图 6-9 退料操作

任务 2 打印模型

1. 联机打印

3D 打印机已完成打印前的校正、美纹纸的粘贴和进退料工作，现在正式开始打印。具体操作步骤如下。

（1）用数据线将计算机与 3D 打印机联网，如图 6-10 所示。

图 6-10 计算机与 3D 打印机联网

（2）打开 Cura 软件主界面，进行机型设置中的通信设置，端口选择 COM4、波特率选取最大值 250000，然后单击确定按钮，如图 6-11 所示。

（3）打印机连接成功后会在右侧模型显示区域左上方显示“”图标，如图 6-12 所示。

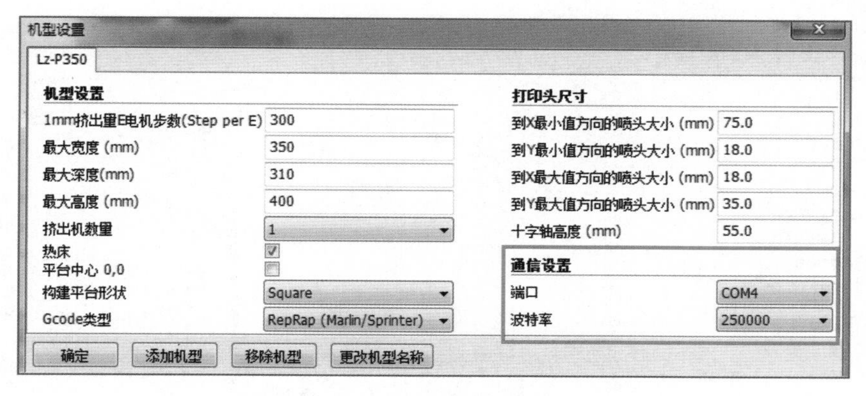

图 6-11 通信设置

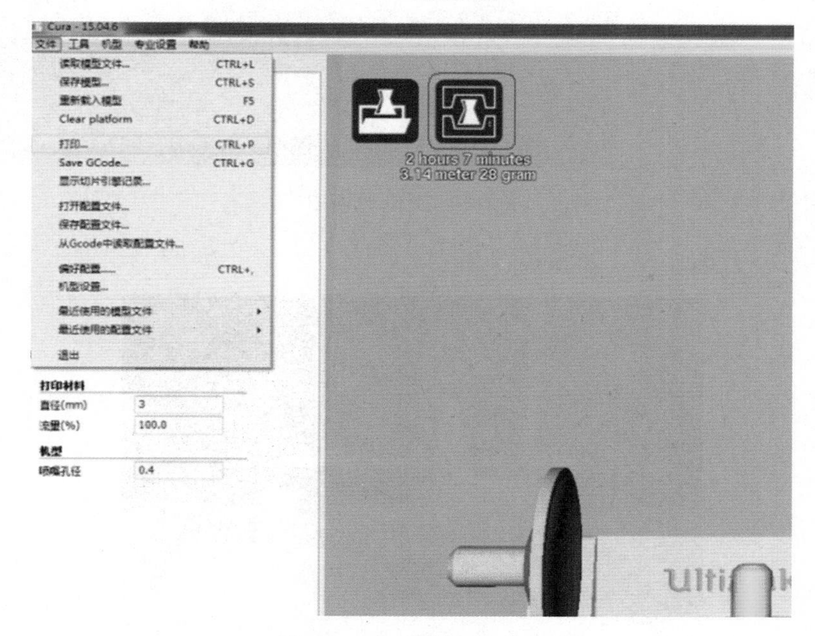

图 6-12 打印机连接成功

（4）单击“ ”按钮（或“文件”菜单→“打印”）开始打印。打印机喷头开始加热，液晶显示屏会显示当前温度。当温度上升到设定温度时，打印正式开始，如图 6-13 所示。

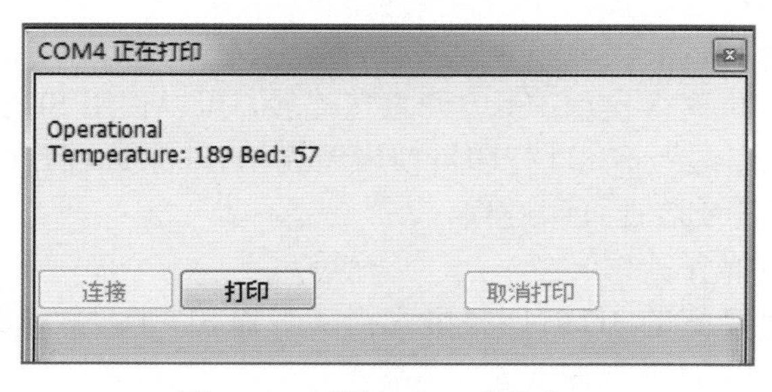

图 6-13 开始打印（升温中）

（5）模型正在打印中，如图 6-14 所示。此时切片软件不能操作其他模型及关闭软件，计算机不能关机，否则打印会中断。

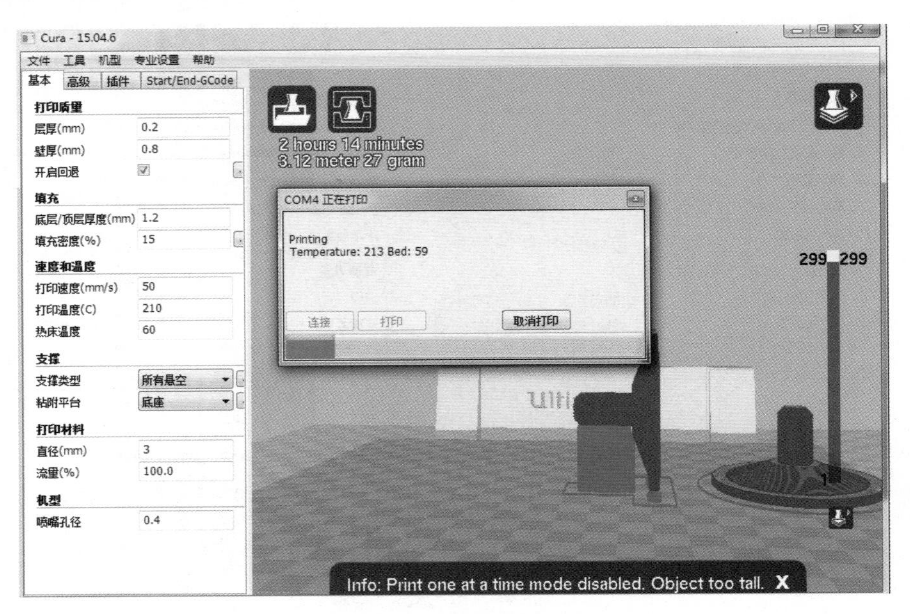

图 6-14　正在打印中

（6）模型 3D 打印完成，如图 6-15 所示。

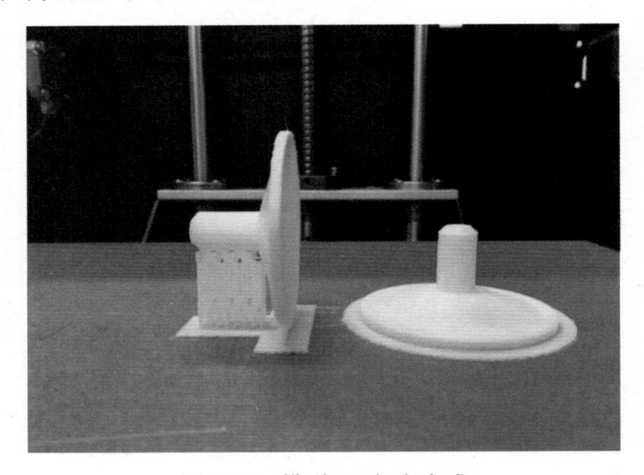

图 6-15　模型 3D 打印完成

2. SD 卡打印

如果计算机和打印机离得较远，不方便直接连接，可以使用 SD 卡来打印 3D 模型，避免打印机连接线的干扰。最近有 3D 打印机使用无线 WIFI 来远程打印，通过手机或平板电脑连接 WIFI 就可以操控或监视打印过程。

（1）打印机液晶屏操作。

先将用切片软件处理好的 3D 打印模型文档复制到 SD 卡，将 SD 卡插入 3D 打印机的卡槽中，按下显示屏旁边的调节旋钮进入主菜单。

① 按下右转按钮，选择“Print from SD”选项，如图 6-16 所示。

② 进入 SD 卡文件目录，调节旋钮右转选择要打印的 G code 文件，以“福娃”模型为例，选择“fuwa.gcode”文件，如图 6-17 所示。

图 6-16　选择 SD 卡打印

图 6-17　选择模型文件

（2）正式打印。

① 平台、喷头升温。

按下旋钮确定后，加热平台的温度开始自动上升到 60℃，喷头的温度上升到 210℃，如图 6-18 所示。平台（Z 轴）上升到零位，打印机就会开始工作。

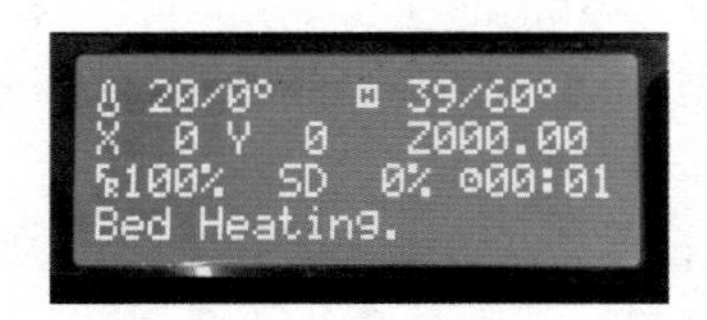

（a）平台升温中

（b）喷头升温中

图 6-18　等待平台、喷头升温到预定温度

② 打印中。

分层叠加成型过程是 3D 打印的核心，是模型断面形状的制作与叠加合成的过程。在打印中注意线圈材料是否打结，导致无法正常送料；留意喷头是否堵塞影响吐丝不均或没吐丝。打印中禁止触碰打印喷头，防止高温烫伤。模型在打印中操作设备人员不能离岗，以便发现问题及时处理。按照 Cura 切片软件预定的时间，打印 100min 后，福娃模型将打印完成，如图 6-19 所示。

图 6-19　福娃打印成品

3．模型取下

当模型完成打印时，打印机会发出蜂鸣声，喷头和打印平台会停止加热。模型取下和防止模型翘边是两个相矛盾的过程。在打印之前，我们会担心模型在打印平台上黏结不牢，会想尽各种方法增加模型与打印平台的黏结度。成功打印之后，我们又担心如何取下长时间打印的模型，防止模型损坏。下面介绍几种实用的方法来完好地取下模型。

（1）让模型表面冷却三分钟以上，不要立即接触打印模型的最上端，因为模型不能迅速冷却，会破坏模型的形状。而且如果打印平台设置温度较高，会烫伤人。

（2）如果使用胶棒来黏结模型，打印平台为玻璃板，可以使用吹风机，从玻璃板背面进行加热。利用玻璃与 ABS/PLA 材料热膨胀系数不同的特性，让黏合面松动，这样就可以用铲子或美工刀轻松铲下模型。对于可以取下来的平台，可以买一个环氧树脂板，涂抹保利龙胶，打印后板子折一下，打印件就可以分离。

（3）如果使用某品牌 3D 打印机不用加热床加热，且选用 PLA 材料打印，使用美纹纸胶带，可以将胶带一起撬下来，注意不要伤到模型。

（4）带有加热床的 3D 打印机，如果使用胶水一类的黏结材料，可以将加热平台加热到 45～60℃，让胶水稍有些融化，用铲子轻轻撬动就可以将模型取下。

（5）如果想连续打印模型，可在打印完成之后，在模型底部喷一点儿酒精，模型就可以快速冷却，不用等平台完全降温就可以轻松取下模型，这样也就避免了再次预热平台花费太多的时间。

【注意】在取下模型前将平台下降到最低位，再铲下模型，切记在铲模型时要保证不损坏模型及机器。拆下模型后，进入后期处理，包括去支撑、表面处理、上色等。

项目七

3D 打印模型后处理

3D 打印模型后处理是对成型后的零件的处理，这是关系成型件质量的重要工序之一。本项目主要介绍一些后处理的方法。

任务 1 3D 打印件常见技术要求

1．3D 打印件的台阶效应

基于离散堆积成型的 3D 打印件，其表面会显现每一分层之间产生的如台阶一般的阶梯，在曲面表面上表现更加明显，称为台阶效应。产生台阶效应是由于在打印具有曲面形状的过程中，相邻层的形状轮廓存在变化，而每一分层还有一定厚度，呈现出来即为表面的台阶，如图 7-1 所示。

图 7-1 台阶效应

台阶效应的明显程度与成型方法和成型参数有关，对 FDM 而言，具体与喷头直径、分层厚度及成型角度有关。

成型同一件带斜面或曲面的制品，若打印速度加快，则每一分层的厚度会变大，台阶效应越加明显，打印件精度就越低；若要成型高精度的打印件，则需要使成型的分层厚度变小，需打印的层数增加，打印时间增长。为了兼顾效率和精度，一般只在带斜面或曲面的部分减小分层厚度，其余形状则使用比较大的分层。

2．3D打印的辅助支撑结构

在使用某些3D打印方法（如FDM、SLA和SLM）成型时，对于一些悬臂结构需要在其下增加辅助支撑结构，以保证悬臂结构的3D打印过程能够顺利进行。需要辅助支撑结构的原因有以下两个。

（1）在3D打印件的打印过程中，会出现由于下方打印层的面积过小，上层轮廓变化过大，使后一打印层出现部分或完全悬空，导致该打印层悬空部分变形、塌陷、精度下降，甚至完全没有办法形成完整的打印层，从而需要辅助支撑结构，防止打印层塌陷。

（2）在打印过程中，会由于打印件部分结构内应力较大，而打印材料的强度不足，导致打印件在打印过程中变形，使打印件的形状精度下降，从而需要辅助支撑结构进行支撑，使打印件减少变形或不变形，以便完成整个打印过程。

3D打印需要支撑结构的技术工艺主要有以下两种。

（1）FDM工艺由于熔丝只能沉积在已存在物体的上表面，当上一层打印面积有较大的变化时，下层轮廓将无法给后续层提供充分的定位和支撑，因此需要构造支撑结构以支撑悬空部分，给后续层提供定位和支撑，以保证成型过程的顺利实现。支撑结构的材料通常为蜡、塑料和水溶性材料。

（2）SLA工艺由于光敏树脂材料的强度限制，需要在切片处理中设计出辅助支撑结构，打印过程中将同时成型出打印件和支撑结构，以保证打印过程中打印件不会产生变形。故SLA工艺支撑结构的材料也是光敏树脂。

3．3D打印的要求

（1）表面粗糙度要求。

任何制造方法，如3D打印与传统的机械加工方法，成型的零件表面都不可能是绝对理想光滑的表面。在打印过程中，3D打印工艺本身无法消除的台阶效应，会使打印件表面留下凹凸不平的痕迹。但对3D打印件表面的粗糙度，不同零件和结构，甚至不同部位，都有相应的要求，3D打印件本身不能满足，只有通过打磨、抛光等后处理来达到要求。

（2）强度要求。

到目前为止，大多数3D打印件的强度不够高，需要在成型后通过后处理提高3D打印件的强度，如后固化、热固化、延寿处理和热等静压等。

（3）尺寸精度要求。

因为3D打印件存在台阶效应，打印件精度通常不是很高；如果精度要求很高，必然要减小成型层厚度，从而导致成型时间延长，效率下降。一般需要在精度和效率间取得平衡。

（4）外观要求。

对仅做形状和尺寸验证的零件而言，对其外观没有特殊要求，但在某些验证设计场合，则要求打印件表面的颜色能直接反应最后加工件的颜色。3D打印现在大多只能打印单色或双色。虽然现在有多彩打印机，但售价高，且色彩有限。为了满足对外观色彩的要求，还需要着色处理，使打印件呈现定制物品的目标颜色。

任务 2 3D 打印件的支撑处理

3D 打印技术中关于支撑技术的难点和技术核心是如何让支撑结构能够支撑住产品，同时又能把支撑结构很容易地从产品上剥离出去。目前，3D 打印件去支撑方法的有三种，分别为手工去除、化学去除和加热去除。

1. 手工去除

模型由两部分组成，一部分是模型本身；另一部分是支撑材料，如图 7-2 所示。支撑材料和模型材料的物理性能是一样的，只是支撑材料的堆砌密度小于模型材料，所以很容易从模型材料上去除。

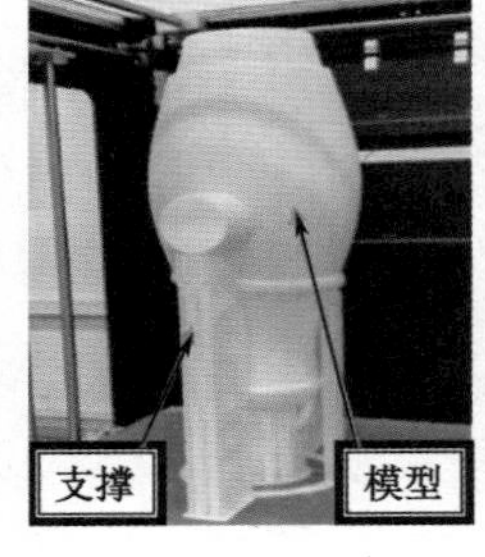

图 7-2 支撑结构

手工去除是指操作人员用剪钳、镊子、铲刀、锯子等简单的工具，使支撑结构与打印件分离。这是最常见的一种方法，FDM 和 SLA 工艺都可以使用此方法进行去支撑处理。此方法去除效率较低，打印件易留残渣粉末或凹凸不平的支撑根部，多用于 SLA 工艺成型的零件。

如图 7-3 所示左图和中间的图展示了移除支撑材料时的情景，右图是移除支撑材料后的状态。支撑材料可以使用多种工具来拆除。一部分可以用手拆除，接近模型表面的支撑，使用剪钳或者尖嘴钳会更容易移除。对于模型细小部位支撑材料的移除要避免损坏模型结构。

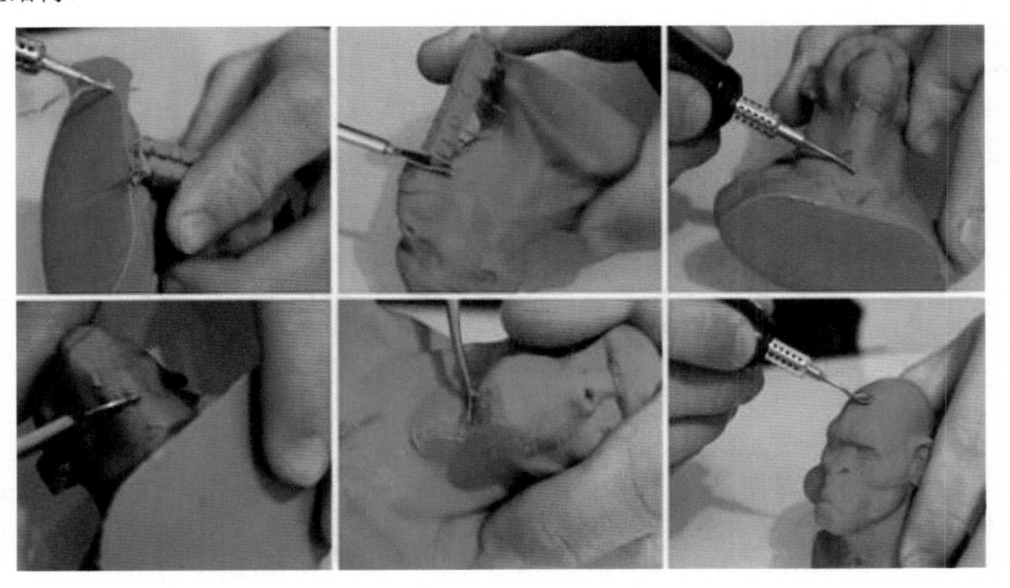

图 7-3 手工去除

【注意】

（1）在使用尖嘴钳剪除支撑材料时易引起塑料碎片飞溅，所以一定要佩戴防护眼罩，尤其是在移除 PLA 材料时。

（2）支撑材料和工具都很锋利，在从打印机上移除模型时请佩戴手套和防护眼罩。

2．化学去除

化学去除指使用某种溶液让支撑结构溶化而不影响打印件的支撑去除方法。如 FDM 工艺，支撑材料为水溶性材料，只需使用水枪进行冲洗即可迅速将支撑结构溶化去除。这种方法去除效率高，打印件表面干净。该方法主要用于 FDM 工艺，拥有支持多材料打印设备的 SLA 工艺也可以使用。

3．加热去除

当支撑结构的材料是蜡，而打印件材料的熔点比蜡的熔点高时，可以用热水或适当温度的热蒸汽，使支撑结构熔化而与打印件分离。使用这种方法，打印件表面干净，但去除效率比化学去除法低些。此方法主要用于 FDM 工艺。

任务 3　3D 打印件表面处理

1．3D 打印件的表面打磨处理

（1）表面打磨的目的。

表面打磨是借助粗糙度较高的物体通过摩擦改变材料表面粗糙度的一种加工方法。如图 7-4 所示是后处理常用的工具。3D 打印件完毕后，通常有可见的纹理，不符合表面粗糙度要求，并且外观感觉不好，影响客户使用体验，故需要对 3D 打印件进行打磨处理，使其表面光滑。

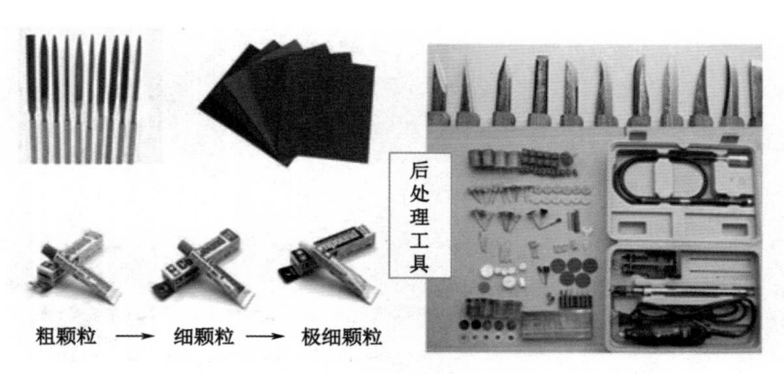

图 7-4　后处理常用工具

（2）表面打磨的基本过程。

对打印件进行打磨处理时主要使用砂纸打磨。砂纸有不同的规格型号，型号越小，砂纸表面粗糙度越低。打磨时，根据打磨需要先选取合适规格的砂纸。一般先用规格较低的砂纸将打印件表面大致打磨平整，然后使用毛刷或空气喷枪清理打印件表面的灰尘，并用风扇进行干燥。打印件干燥后，再用规格较高的砂纸进行打磨，重复清理、干燥两个步骤。观察打印件表面是否还有明显的纹理或凹凸痕迹，若有则使用更高规格的砂纸进行打磨，直到符合要求为止。

（3）砂纸打磨的方法。

砂纸打磨分手工打磨和机械打磨两种方法。手工打磨效率低下，但可以打磨一些结构较为复杂的零件；机械打磨效率较高，但只能打磨零件的外部表面。根据零件结构特点和要求，可以灵活选择打磨方法，或者将两种方法结合起来进行打磨处理。

砂纸打磨是一种最常用、廉价且行之有效的方法，也是 3D 打印件后期抛光最常用、使用范围最广的技术。砂纸打磨在处理比较微小的零部件时会有问题，因为它依靠人手或机械的往复运动，人手够不到或机械不接触的地方就打磨不了。

用 FDM 技术打印出来的成型件往往有一圈圈的纹路，书本大小的对象用砂纸打磨需要 15min 左右，但如果表面结构复杂，时间往往会翻倍。如果零件有精度和耐用性的较低要求的话，一定不要过度打磨，而要提前计算好需要打磨掉多少材料，否则过度打磨会使零部件变形，甚至报废。

2．3D 打印件抛光处理

抛光处理指利用柔性抛光工具和磨料颗粒或其他抛光介质对工件表面进行加工修饰，使工件获得光滑、镜面光泽等表面的加工方法。

常见的抛光方法有以下两种。

（1）机械抛光。

机械抛光现有两种方法，一种是抛光机抛光，另一种是珠光处理。

① 抛光机抛光是通过抛光机的高速转动，加入抛光膏的抛光轮与打印件发生较强烈的摩擦，使打印件表面发生塑性变形，从而逐渐将打印件细微突出处磨掉，直至表面平整光滑。抛光机是由棉布或皮革等较软的材料制成的，抛光膏则由金属氧化物的粉末和石蜡等混合而成。

抛光机抛光主要用于金属打印件，该方法存在能量和材料损耗较高，操作较为复杂的问题。

② 珠光处理是使用抛光机进行抛光的方法。操作人员手持抛光机喷头朝着打印件高速喷射介质小珠，对打印件表面进行摩擦，从而达到抛光的效果。珠光处理中喷射的介质通常是很小的塑料颗粒，一般是经过精细研磨的热塑性颗粒，比较耐用。小苏打颗粒是另外一种材料，因为硬度较低，也是很好的喷射材料，但是与塑料珠相比不易清理干净。

珠光处理可用于蜡、高分子材料、金属等制成的 3D 打印件，处理速度快；抛光机一次只能对一个打印件抛光，并且暂时无法对体积较大的打印件进行抛光。

（2）抛光液抛光。

对于不同的材料，可以用不同的抛光液进行抛光。如以铁为主要打印材料的制品，可以将其浸泡在氧化铬微粉和乳化液混合的抛光液中进行抛光。

抛光时先将抛光液注入操作器具内，并准备好回收装置，然后再将打印件放入操作器具内，浸泡时间则根据抛光液的种类、环境温度和环境影响进行确定。浸泡一定时间后即用回收装置进行回收，注意避免浸泡时间过长而导致制品精度下降。

3．3D 打印件的蒸发后处理

（1）蒸汽平滑。

Stratasys 公司下属的 RedEye 是世界上最大的 3D 打印服务供应商之一，它拥有多种技术手段对基于熔融沉积成型（FDM）打印的零部件进行后处理服务，其中蒸汽平滑就是该公司提供的后处理技术。

将 3D 打印件放入一个可密封蒸汽室内（蒸汽室内部含有加热可挥发的溶剂作为填蒸汽），加热处理一段时间后，再将 3D 打印件从蒸汽室内取出进行烘干处理，即完成了蒸汽平滑处理。

该技术的主体部分是让蒸汽在 ABS 材料的零件表面凝结并溶化其表面（2μm），消除台阶效应，使零件表面更平坦。

现在的蒸汽平滑技术已完善到可以更简单地使用，常用于 3D 打印制造的 ABS 零件，能对零件的台阶效应表面进行有效的改善。在一般情况下，蒸汽平滑不影响制品的尺寸，但该部分的审美价值会由于表面粗糙度的改善而得到提高。

（2）丙酮蒸汽熏蒸。

① 丙酮蒸汽熏蒸的过程。

丙酮蒸汽熏蒸是利用丙酮对 ABS 材料的溶解性，通过加热使丙酮蒸发，蒸发的丙酮蒸汽凝结到零件表面，对表面材料进行溶解，流淌后使表面变得平滑。对 ABS 制品熏蒸一定时间可使 ABS 制品表面粗糙度得到改善。常用于要求表面光滑度较高的模型。

② 丙酮蒸汽熏蒸的使用要求。

如图 7-5 所示是市场能购买到的丙酮溶剂。丙酮的沸点大约为 56℃，只要简单加热即可沸腾产生蒸汽，但不可以过度加热，过高的温度会使丙酮浓度过高，当它在空气中的浓度超过 11%时，就有爆炸的危险。同时，过度吸入丙酮对人体有害，故在熏蒸过程中，要求环境通风情况良好，避免爆炸和对人体产生危害。若有防毒措施，操作人员可做防毒准备。

③ 丙酮蒸汽熏蒸在 3D 打印中的应用。

由于丙酮的特性，丙酮蒸汽只对 ABS 材料的 3D 打印件有效，且熏蒸时对制件精度控制较差，但此方法成本低廉，处理简单，因此在 3D 打印 ABS 材料制品的后处理中，通常会使用丙酮蒸汽熏蒸。

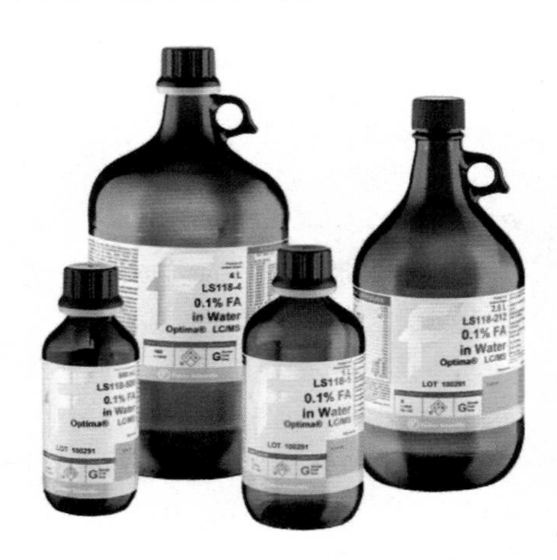

图 7-5　丙酮溶剂

任务 4　3D 打印件的着色后处理

1．着色后处理的作用

随着人民生活水平的不断提高，人们对物质的要求不仅考虑数量的问题，而且看重质量、外观及包装。产品的色泽及装饰是给予用户的第一印象，对提高产品竞争力能起到重要的作用。而着色处理可提高制品的外观质量及内在性能，经着色后的制品可成为绚丽多彩、鲜艳夺目的商品，如图 7-6 所示为模型着色前后的对比，因此着色后处理工艺应用的范围相当广泛。

（a）着色前

（b）着色后

图 7-6　模型着色前后的对比

2. 着色后处理的种类

3D 打印件多以高分子材料、金属和陶瓷为材料，目前，已经开发出塑料材料的多彩打印技术，但其色彩种类只有有限的几种，对打印件着色，主要还是通过着色后处理来进行。着色后处理的种类见表 7-1。

表 7-1　着色后处理的种类

着色后处理的种类	通过涂料着色		通过有色物质着色		通过表面金属膜的干扰着色	
着色后处理的方法	手刷	喷涂	着色剂	电镀法	化学显色法	氧化着色法

着色后处理的方法中，化学特性较稳定的塑料通常使用着色剂着色，而金属着色可用化学显色法和氧化着色法。

3. 着色方法介绍

（1）涂料着色。

涂料着色有两种方法，一种是手刷着色，另一种是喷涂着色。

手刷着色是在成型件经过打磨抛光后，用刷子手工上色，如图 7-7 所示。这种方法能体现细节，在模型细节颜色都基本处理到位之后。等待颜料经风干基本干透之后，再用光油进行最后的处理。喷上光油的零件更加透亮美观，也更好保存。

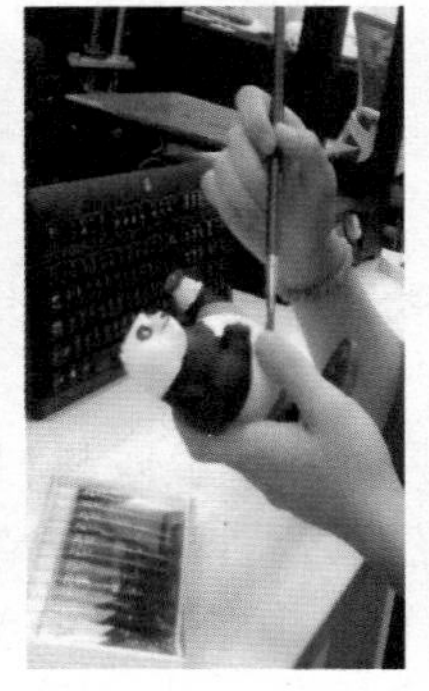

图 7-7　手刷着色

喷涂着色常用的工具有喷笔与喷灌，其原理一样，如图 7-8 所示，都是将涂料喷成气雾状，沉积在零件表面，并使表面涂层光洁无上色痕迹。而手刷着色要做到无痕迹则是很难的。喷笔涂装与喷灌涂装两者在喷涂面积、涂料浓度、油漆的选用上有着一定的区别，要根据设备的使用要求进行选择和操作。

（2）着色剂着色.

能改变物体的颜色，或者能将本来无色的物体染上颜色的物质，统称为着色剂。着色剂可分为染料和颜料两大类，如图 7-9 和图 7-10 所示。其中，颜料又分为无机颜料和有机颜料。

图 7-8　喷涂着色

图 7-9　染料着色

图 7-10　颜料着色

可用于塑料打印件的着色剂品种很多，对于每一种不同树脂而言，适于其着色的着色剂品种各有不同。对于一个特定的塑料制品，选择合适的着色剂主要从以下几个方面考虑。

① 耐热性。在耐热性方面，无机颜料强于有机颜料。

② 耐光性。对于户外使用的制品，着色剂的耐光性要求一般要达到 8 级。

③ 合理选用着色剂拼色。注意防止不同着色剂相互作用，不同品种着色剂的数量应尽量少。

④ 塑料本身的影响。注意塑料本身的颜色对着色的影响，防止着色剂与塑料反应。

（3）电镀着色。

电镀着色通常用于对以银、不锈钢、铜等金属材料制成的 3D 打印件进行着色，如图 7-11 所示。下面简单介绍部分金属电镀后获得的化合物及该化合物的颜色。

银电镀形成的化合物中，碳酸银、氧化银是白色；溴化银是淡黄色：碘化银、磷酸银是黄色：铁氰化银是橙色；重铬酸银是红褐色：砷酸银是红色：氧化银是棕色;氧化铜是黑色、氢氧化铜是蓝色，氧化铜是棕色等。

（4）化学显色法。

化学显色法是利用溶液与金属表面产生的化学反应产生氧化物、硫化物来改变表面颜色。如铜使用氢氧化钠变黑，使用硫化钾变古铜色，铝使用硫酸变成金绿色或浅黄色等。

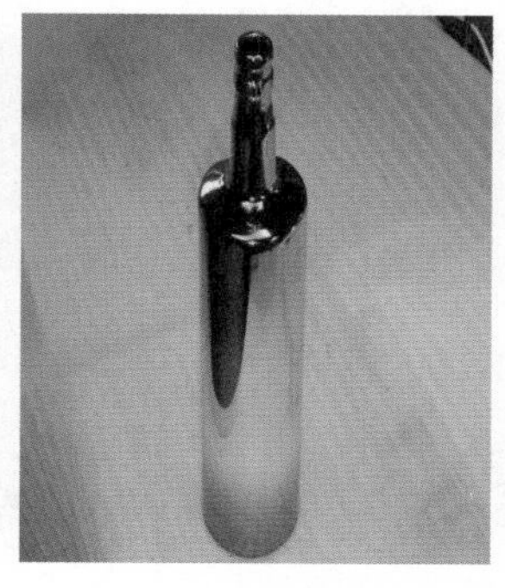
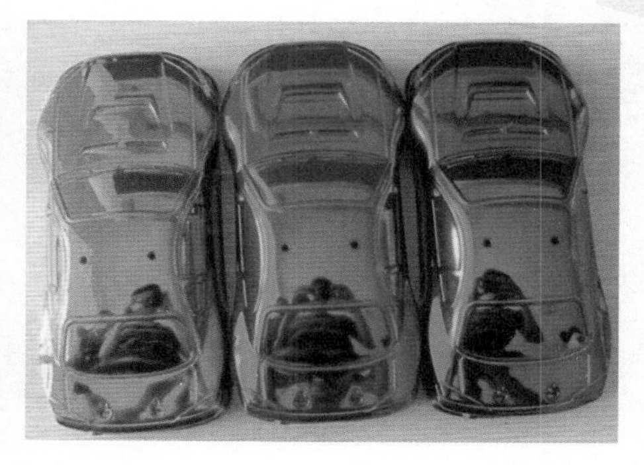

图 7-11　电镀着色件

（5）氧化着色法。

使用一定的方法，让金属的表面形成具有适当结构和色彩的氧化膜后，对氧化膜进行染色处理，形成多彩的膜层，称为氧化着色法，一般通过热处理或电解处理形成氧化膜。

4．上色作品欣赏

某校学生在课堂上把 3D 打印出来的模型进行上色处理，颜色丰富多彩，如图 7-12 所示。

图 7-12　学生上色作品

3D 打印常见故障的排除及设备保养

不管用 3D 打印来做什么，3D 打印机在使用过程中肯定会出现各种各样的问题，本项目将针对 3D 打印中经常遇到的疑难杂症进行集中解答。但是需要注意的是，由于 3D 打印机的种类很多，无法确定操作者所使用的具体是哪一款，因此仅列举一些 3D 打印机的共性问题。在具体的操作过程中，还是以相应厂家的说明文档或维修方案为准。

3D 打印机主要由三个部分构成，即机械部件、控制部件及打印软件。因此 3D 打印机如果在使用上出现问题，必定是这其中的某个部分出现了问题。

任务 1 3D 打印机机械部件问题的解决

1. 喷头无法吐丝，有堵头现象

在使用过程中，喷头可以正常移动，但是却不吐丝，这就是“堵头”现象。一般原因就是喷头内部被堵塞住了，但造成堵塞的原因有很多种，具体如下。

（1）材料混杂。ABS 打印完之后需要打印 PLA 或其他尼龙材质就要彻底清理或更换新的喷头。具体清理喷头的方法是：先把加热器加热至 210℃，然后用工具把喷头拿掉，用镊子快速地把喷头里面的残留耗材拿出来。

（2）耗材中有杂质。出现这种情况一般要用大一点的喷头，推荐使用 0.4mm（或 0.45mm、0.5mm）的喷头。因此建议在选购耗材时不要只看价格，纯净、无污染的耗材对打印也有很大的好处。

（3）送料管道和喷头之间没有连接好。如果此处没有连接好，会造成耗材卡在送料管道内部无法正常出料。因此每次清理完喷头装上后要重新将送料管道向下插紧。

（4）加热电阻和喷头之间配合不佳。如果两者出现装歪的现象也会造成堵头，FDM 技术本来就很难控制，如果在装配挤出机的同时将喷头和加热电阻稍微装歪一点儿，那么，熔融耗材就容易在喷头内打结，或者出现翻浆现象。

2. 打印出来的成品有倾斜，有位移现象

我们都知道 3D 打印机打印 3D 模型是逐层进行打印的，只有层与层之间很好地覆盖住才能打印出合格的模型，但是有时会出现位移的现象，导致打印出次品。位移的问题比较好解决，一般的位移我们只需要将切片参数或在配置文件中将空运行的速度值改小即可。

3. 打印过程中吐丝不均匀，有失步现象

失步（也称“丢步”），这是诸多 3D 打印机都会面临的一个问题，尤其是那些 DIY 的

或者经过改装的3D打印机。这是3D打印机一般遇到的最大问题之一，具体表现为：当喷头在移动时，步进电机时不时地错过了某一步，一旦出现这种情况，模型打印层之间会出现稍稍偏移，严重的情况如图8-1所示。

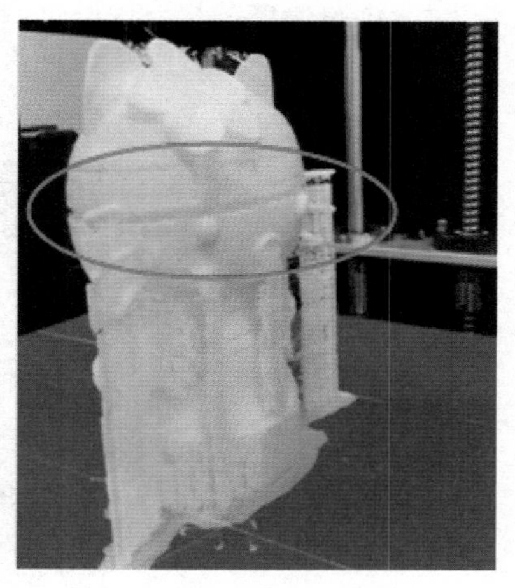

图 8-1　失步现象

（1）出现失步现象有4种可能。

① 电机电流小。

② 电机同步带轮的螺栓松动。

③ 机械运行阻力大。

④ 机械架构不垂直（对角线误差）。

（2）对应的解决方法。

① 电机电流小，可以通过配置文件进行修改，或者更换电机。

② 电机同步带轮螺栓松动很好解决，可以先动手拉动打印头前后左右移动，如果任意一个轴松动都会出现反向间隙，然后把此轴的电机拆掉进行紧固螺栓即可。

③ 机械阻力过大造成的失步解决起来比较麻烦，可以在断电的情况下先动手将喷头组件前后左右地移动，如果移动到某个地方感觉有明显的阻力就用记号笔标注一下位置，然后检查滑道是否出现磨损或扭曲现象。请尽量联系厂家更换或让机器返回厂家维修。

④ 对于机械架构不垂直（对角线误差），我们可以打印一个方形、一个圆形来进行测试，打印出来的方形用卡尺测量，如果出现太大误差建议联系厂家协商换货。

4．电机有共鸣声

电机有共鸣声即打印机在工作中出现噪声，造成的主要原因有两种：共振和机械性阻力大。无论是哪一种原因造成的，都是机械零部件的配合不到位。如果是自己DIY的机器，则需要手动找出有明显阻力、运行不顺畅的地方，然后将其重新装配；如果是买的厂家机器，则属于产品质量问题，建议立即返厂进行维修。

5．打印平台不平

打印平台（粘贴有高温胶带或蓝色美纹纸的那块平板）是否水平放置，对于3D打印的质量有着非常严重的影响。一般自己DIY的机器需要进行很长时间的使用，也还是有必要进行调平操作的。

一般来说每一打印机平台下方都会有调节平台的微调螺栓，首先将Z轴平台上升至顶端。然后用一张A4纸放在平台和喷头之间（A4纸的厚度为0.16～0.25mm，我们打印时设置的初始层一般是0.2mm），接着将喷头移动至调节螺栓的附近，再来回抽动A4纸，直到能感觉到A4纸与喷头之间有强烈的摩擦感，且喷头能在A4纸上留下明显而不是特别重的刮痕，然后调节微调螺栓来调整平台即可。对于三角洲打印机则调节每根导轨上方的调节螺钉，其余方法与上述一致。

6．挤出机打滑

挤出机俗称“送料器”，即组装中的“Extruder”，出现打滑原因和解决方法如下。

① 堵头。如果是堵头造成的挤出机打滑，则按照堵头的解决办法解决即可。

② 参数设置。如果“1mm挤出量E电机步数”参数设置得比较高，挤出速度会很快，

而喷头出料慢就会出现咔咔的打滑声；如果该参数设置得小，打印出来的模型会出现黏结不好、一碰就断的现象，如图 8-2 所示。在立铸 LZ-350 机型中，如果打印 3mm 耗材，常设置该参数为 300 个脉冲，当然还是要根据机型的不同自行换算修改。

图 8-2　挤出机打滑造成的模型效果

7．喷头吐丝无法黏附在平台上

（1）不粘平台主要原因。

① 平台不平。

② 温度设置有误。

③ 耗材材质不好。

④ 初始层间距不对。

（2）解决方法。

① 平台不平，即按上述调节平台的方法解决即可。

② 一般厂家的打印机都有热床的功能，而温度设置对于有热床的打印机来说很重要。一般 ABS 的热床温度推荐设置为 80～110℃，而 PLA 的热床温度设置为 45～70℃均可。

③ 耗材的材质很重要，耗材厂家不同，所用的温度也不同。有些材质杂质多一些，此时就要将温度调高些。

④ 打印的第一层很重要，如果在参数设置时设置的喷头尺寸和初始层厚度不成正比，将不好粘在平台上，具体请参考本书相应的内容介绍。

8．耗材在打印过程中断裂

（1）耗材断裂的主要原因。

① 挤出机太紧、参数设置错误。

② 耗材质量太差。

③ 温度因素。

（2）解决方法。

① 挤出机太紧会将耗材顶出痕迹，一旦产生打滑现象就容易弄断耗材，参数设置过大挤出机送材料时也会将耗材挤断。

② 部分厂家的耗材质量不合格很容易断掉，建议在选购耗材时仔细甄别，不要贪图一时便宜。

③ PLA 和 ABS 两种耗材会因为环境温度的变化使打印性能有不同程度的变化。冬天气温较低建议使用全封闭的打印机，有空调的尽量开启暖风。

任务 2 软件常见问题的解决

3D 打印机能打印出绝大多数的 3D 模型，但是有部分模型却无法被打印，甚至被切片，这类问题都可以归于软件类问题。此类问题与打印机没有任何关系，主要是 3D 原始模型本身的问题。

1．模型为非流型

3D 模型必须为“流型”。通俗来讲，如果一个模型中存在多个（3 个以上）面共用一条边的情况，那么它就是非流型的。因为这个局部区域由于自相交而无法摊开展平为一个平面，即为 4 个面共享一条边的典型非流型例子。在 3D 打印中，这样的模型看似简单，其实是无法被识别出来的。在 Blendeer 等建模软件中有专门的命令用于检测模型中的非流型区域。

2．模型必须为封闭的

通俗来讲，模型必须是“不漏水”的。即把 3D 模型中间灌满水，也不会漏出来，这就要求模型上不能有孔洞。其实在 3D 软件创建的模型中都可能存在着一些难以察觉的小孔，这些是肉眼无法观测的，可以通过 ccuTrans 等软件自动查找，一般像 UG、SolidWorks 这样的工程软件不会出现这种问题。

另外，3D 建模软件中的曲面虽然看起来有实体的效果，但其实是厚度为零的实体，这当然不可能出现在现实生活中，3D 打印机也无法做出这样的模型，所以 3D 模型中大曲面造型必须加厚处理。

对于使用 3ds Max 和 Rhino、Sketchup 制作的模型请注意：全部曲面要合并，形成单壳体；内部不得有交叉、穿插的多余曲面，相同位置不得有双重曲面；分散的多个零件分别独立输出文件。

3．模型法向不正确

模型中所有面的法向需要指向一个正确的方向，如果模型中包含了颠倒的法向，打印机就不能够判断出打印的是模型内部还是外部。

4．打印参数设置不正确

要得到一个好的打印模型，良好的打印机和正确的打印参数设置都是必不可少的。因此在打印模型时，务必参考本书相应的内容来设置打印参数，如果操作者购置的是某品牌的 3D 打印机，那么请以厂家说明文件为准。

5．切片软件中虚拟模型出现了断层

模型在切片软件中切好片后可以进行虚拟查看，如果看到有明显的断层现象就证明在作图的时候需要配合的地方没有配合紧密。此时就需要对切片参数设置进行调整，或者更改模型的细节部分，具体解决方法需要视具体情况而定。

6．模型支撑与平台附着

切片的时候根据模型的要求选择支撑类型，一般有悬空的地方都需要做支撑来辅助，不让悬空的地方塌下。没有加支撑的打印错误示例如图 8-3 所示；而支撑类型选用不当造成的错误示例如图 8-4 所示。平台附着一般根据模型的大小和打印平台来判断，如果模型与平台接触面比较小，选择开启平台附着即可。

图 8-3　没有加支撑的打印错误示例

图 8-4　支撑类型选用不当造成的错误示例

7．打印速度过快

Cura 切片软件根据内部算法产生 G Code 代码执行运动，而 G Code 代码是非同步模式运动方式，并且速度自动提升有可能会造成速度过快而影响打印性能，出现这种情况应联系厂家更新固件版本。另外打印速度的具体情况已经在本书相关内容中介绍过，用户在使用过程中要引起注意。

任务 3　3D 打印机控制部件问题的解决

控制部件问题主要就是电机、加热电阻、热床和显示器之类的电器问题。

1．显示温度不正确

启动打印机，温度刚开始会显示 0℃，若加热升温后依然显示 0℃，此时须尽快关闭电源并联系厂家，很可能是检测温度的传感器坏了，须厂家维修。如果不及时关闭电源加热器就会一直加热，从而将连接喷头的挤出机烧熔，使整个打印头彻底损坏。

如果是联机打印，经常会出现温度显示的问题，可以考虑更换联机的数据线。配置文件丢失也会造成温度不正常或加不上温等现象，此时就需要联系厂家发送配置文件。

2．加热器及热床不升温

造成加热器及热床不升温的大部分原因是配置文件和参数设置的问题，因此应尽量在计算机上保存一份配置文件及参数设置表以备不时之需。另外如果是自己 DIY 的机器，则可能是在接线的时候将 A+/A−、B+/B−线接反了。

3．热床升温慢

热床升温慢会导致打印机的前期准备时间过长和热床加热不均。一般出现这种情况都是热床功率不足或是电源本身功率不够导致的。

另外建议用户选购全封闭的打印机，这样基本不会出现热床的问题。加热不均会导致模型在打印时起翘，一般常见于初始层。

4．XYZ 电机方向不对

步进电机的接线方式有相序要求，如果发现电机转动方向与实际要求不一致可能是电机相序连接不正常，调换 A+/A-、B+/B-接线即可。

5．联机打印容易掉线

联机打印即通过 USB 线缆将计算机和打印机连接起来，直接在计算机上将数据传输给打印机。相应的脱机打印即将数据复制至 U 盘或者 SD 卡中，然后将 U 盘或 SD 卡插入打印机中，并读取数据即可。因为一般情况下打印机的工作时间都很长，所以建议尽量采用脱机打印方式，只要打印机自带 LCD 显示屏，脱机打印就非常方便。

如果联机打印出现掉线或连接不上的情况，一般应优先考虑是不是 USB 线缆的问题。目前市场上的 USB 线缆质量千差万别，很多 USB 线缆都不符合标准，使用这些线缆时很容易造成通信失败。因此建议使用较短的两端带有磁环和线径比较粗的优质 USB 线缆。另外如果是台式机，尽量不要插在计算机前端面板的 USB 插口中，一定要插在机箱后主板的 USB 插口中，因为主板上的 USB 插口要稳定得多。

任务 4　3D 打印机维护保养

作为一台机械设备，3D 打印机需要定期维护保养以保证稳定运行。打印机的日常维护保养主要包括：打印机防尘，更换打印平台的美纹纸，光轴和丝杆的维护，打印平台定期检查调平。

1．打印机防尘

（1）在打印机不使用的时候，耗材中的部分碎屑、灰尘颗粒很容易在打印机周围积聚。随着时间的推移，这些积聚物会导致打印精度变差或喷头堵塞，所以每天下班前要打扫机台，当打印机不需要使用的时候，可以把耗材拆卸下来，套上防尘布。

（2）维护保养方法：每天清洁机台，用柔软的抹布清洁周围的灰尘杂质，打扫环境卫生。

2．更换打印平台的美纹纸

（1）查看打印平台上的美纹纸（蓝色耐高温胶带）表面是否磨损、不平，若美纹纸有所磨损，必须更换，以确保模型能牢固地粘贴在打印平台上。目前 3D 打印机使用的耐高温胶带，主要是由美国 3M 公司生产的蓝色美纹纸耐热胶带，如图 8-5 所示。耐热温度达 120℃。该胶带表面具有较粗糙的纹理，有利于 3D 打印材料的吸附。

（2）维护保养方法。

将打印平台上的破损美纹纸从底部撕开，慢慢剥去，不要有任何的残留。使用耐热胶带时，应首先裁剪与加热平台长度基本一致的胶带段，然后依次平整地粘贴在打印平台上即可，注意贴纸之间不要留过大间隙，不要贴重叠。

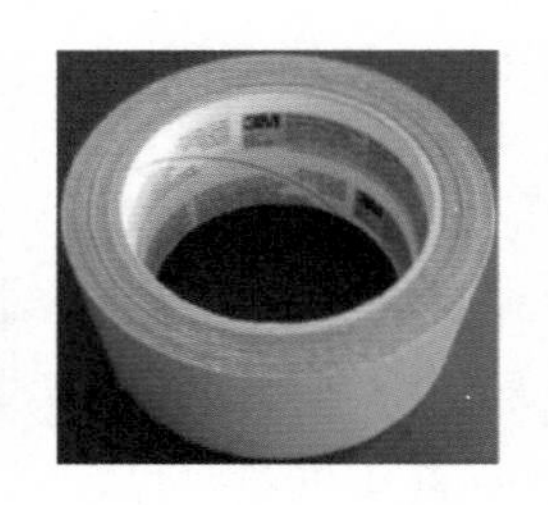

→

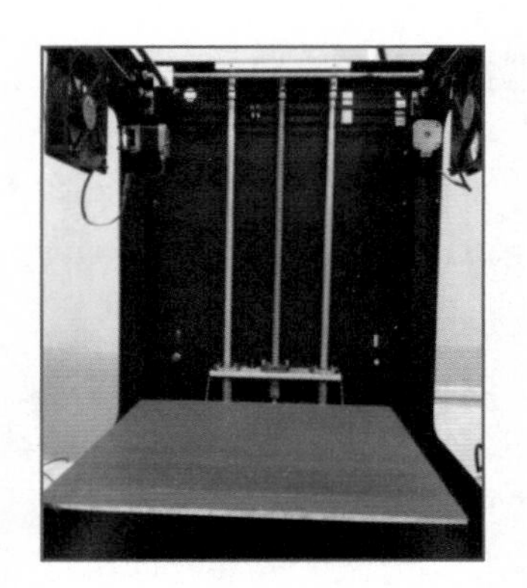

图 8-5　蓝色耐高温胶带

3．光轴和丝杆的维护保养

（1）在一周左右或者当打印机开始吱吱作响的时候，就要及时清洁和润滑打印机的光轴和丝杆。由于打印机在使用过程中，*X*、*Y* 两个方向都是依靠精密导轨和 *Z* 轴丝杆来确保平衡、精准的直线活动的。加润滑油后，可减少摩擦力，降低机械运动部件的磨损，因此必须定期保养。

（2）维护保养方法。

用干净的纸巾或柔软抹布蘸一些酒精来擦拭轴承表面和丝杆，将润滑油均匀地涂抹在丝杆或光轴上，然后开动设备，各轴来回移动数次，使润滑油均匀地分布在各轴表面，如图 8-6 所示。从机油瓶中挤出少许机油涂到螺纹杆上，然后让 *Z* 轴上下运动。如果技术熟练的话，可以在打印机运动的时候加机油，不过要小心机油瓶或抹布夹在某处。

图 8-6　在光轴上加润滑油

任务 5　故障排除案例

1．打印中没耗材

（1）故障原因。

在打印过程中，发现耗材不足或者需要更换其他颜色的耗材，但是模型并没有打印完成。

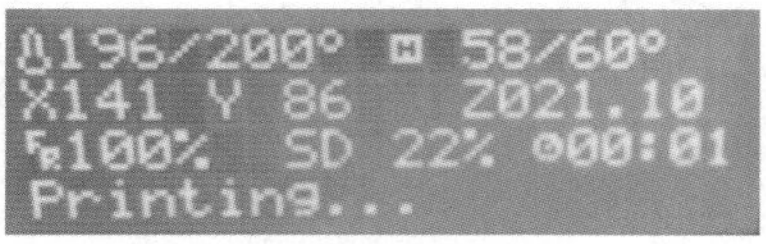

196/200° 58/60°
X141 Y 86 Z021.10
100% SD 22% 00:01
Printing...

图 8-7　打印中的显示屏

（2）排除方法。

以黄色料为正在打印的材料，绿色料为更换材料。

① 打印过程中，显示屏界面参数如图 8-7 所示。

② 按一下旋钮，向右旋，选择“Tune”，如图 8-8 所示，按一下旋钮确定。

③ 再选择“Change filament”，如图 8-9 所示，这时机器会归零，进料电机会进行反转。

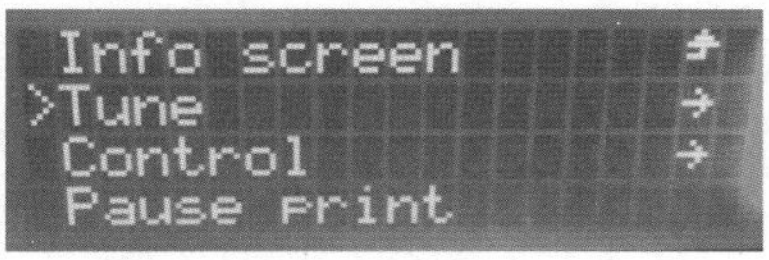

Info screen
>Tune
Control
Pause print

图 8-8　“Tune”选项

Fan speed: 255
Flow: 100
Flow 0: 100
>Change filament

图 8-9　“Change filament”选项

④ 在机器归零、电机反转时，松开挤出机锁紧装置（弹簧螺丝），及时抽出黄色材料（旧料），装上绿色材料（新料），如图 8-10 所示。

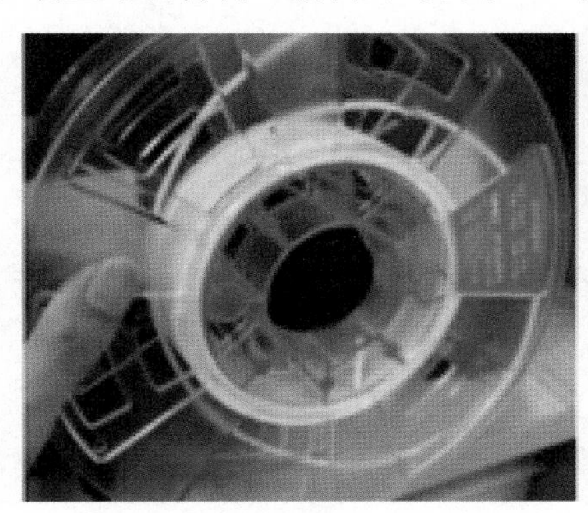

（a）抽出黄色材料　　（b）装上绿色材料

图 8-10　换上绿色丝材

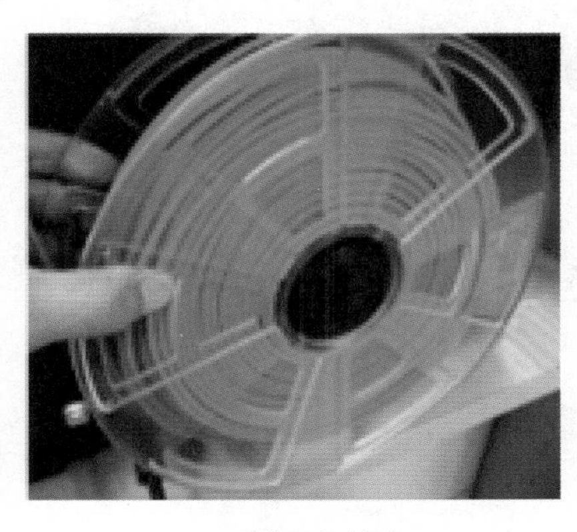

图 8-11　打印作品效果示意图

⑤ 换上新料，用手推挤材料让喷头吐出一部分丝，再按一下旋钮，机器就会继续打印，最后打印作品效果如图 8-11 所示。

【温馨提示】 抽料的速度要快，借助电机反转的力，可以轻易抽出材料。如果抽料速度太慢，可能会导致丝材在喷头内大量熔化，堵住喷头。

2．喷头停止挤出丝材

3D 打印机在模型打印工作时，喷头有时候会停止挤出丝材，导致无法继续对模型进行打印，严重影响产品质量。

（1）故障原因。

喷头工作时依靠挤出机的齿轮转动带动丝材进给。丝材表面的灰尘、丝材与电机齿轮摩擦产生的粉末等容易积聚在齿轮表面，如图 8-12 所示。当积聚物较多时，齿轮将出现打滑现象，无法有效地带动丝材进给，导致喷头无法正常挤出丝材。

在打印过程中，丝材容易吸附空气中的灰尘和其他杂质，积聚在喷头内部。积聚物较多时，将导致喷头堵塞，使喷头无法挤出丝材。

（2）排除方法。

① 清理挤出机。定期用毛刷（图 8-13）或牙刷清理挤出机齿轮上的积聚物，以保证丝材正常进给。

图 8-12　齿轮打滑

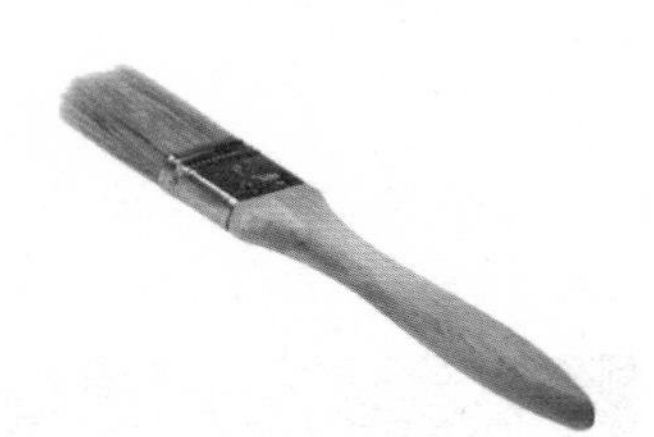

图 8-13　毛刷

② 喷头清堵。

如图 8-14 所示，准备一个内六角扳手、外六角扳手和一个镊子，按以下方法进行处理。

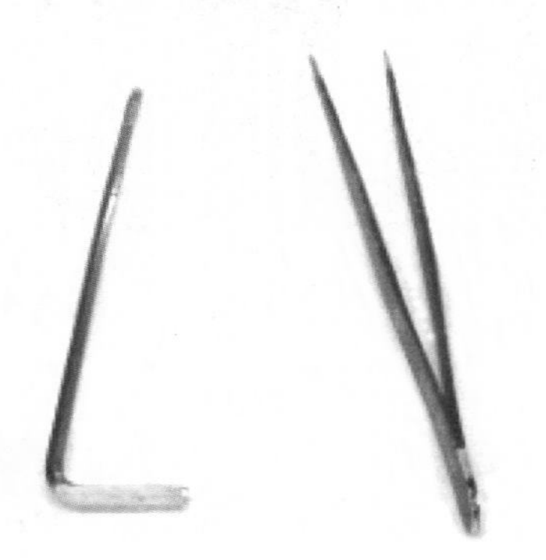

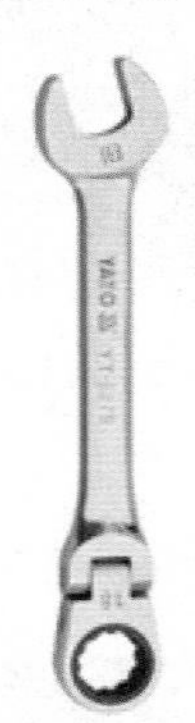

图 8-14　扳手、镊子

（a）先给喷头加温，如图 8-15 所示，在显示屏主菜单中选择“Prepare”→“Preheat PLA”加热喷头至 210℃。

Disable steppers
Auto home
>Preheat PLA
Preheat ABS

图 8-15　喷头加温

（b）用扳手松开铜制接头，如图 8-16 所示。

（c）旋出铜制接头并拔出材料，如图 8-17 所示。

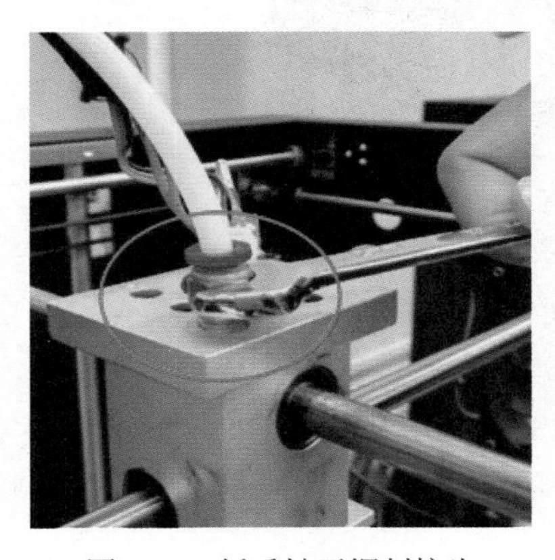

图 8-16　扳手松开铜制接头

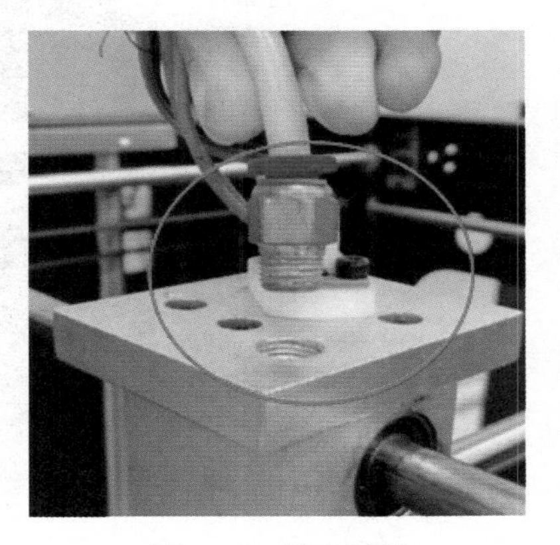

图 8-17　拔出材料

（d）用内六角扳手（或一小段耗材）插进喷头里，轻轻向下按，将喷头中的余料挤出来，如图 8-18 所示。

（e）旋转内六角扳手，让余料黏附在内六角扳手上，如图 8-19 所示。

图 8-18　扳手插入

图 8-19　旋转扳手

（f）快速向上抽起内六角扳手，如图 8-20 所示。

（g）用镊子将内六角扳手上的余料刮走，如图 8-21 所示。

图 8-20　快抽扳手

图 8-21　刮走扳手余料

（h）重复图 8-18～图 8-21 所示的步骤，直到内六角扳手能轻松地插到铜喷头中，且扳手表面不再粘有余料即可解决问题，如图 8-22 所示。

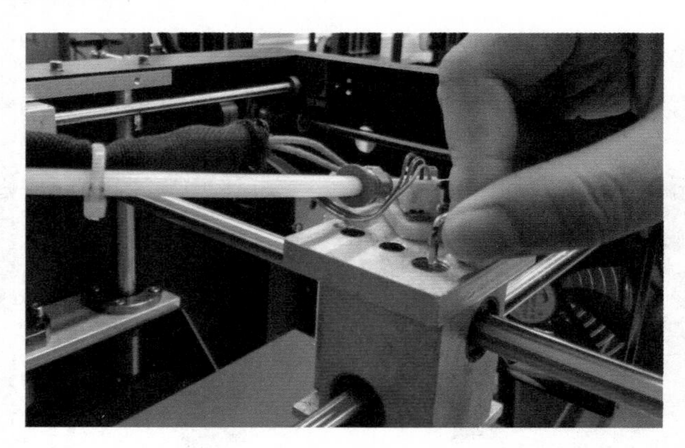

图 8-22　扳手能插到底

3．3D 打印机平台不水平

（1）故障原因。

机器在出厂时已经调好平台，但在运输过程中很有可能导致平台不平衡，需要重新调整。如果平台距离喷头太远，则材料无法粘紧平台。同样，如果平台距离喷头太近，则平台挡住喷头出丝导致打印失败。定期检查调平打印平台很重要，打印平台是否水平，将严重影响模型的成型。

（2）排除方法。

① 在主菜单下按一下旋钮，进入“Prepare”界面，选择“Auto home”，如图 8-23 所示。按下旋钮，机器 X、Y、Z 三轴回到零点（喷头回零位），待机器完全停止。

Main
Disable steppers
Auto home（喷头回零）
Preheat PLA

图 8-23　喷头回零

② 粗调平台。通过肉眼观察平台与喷头距离进行粗略调整。平台与喷头距离 0.3mm 为佳（用名片测量平台与喷头间的距离）。进入“Prepare”界面，转动旋钮到最后一项“Move axis”→“Move 10mm”先运行“Move X”，慢慢地移动，观察喷头和平台的距离有一张名片或一张纸的厚度就行，然后运行“MoveY”，让喷头移动到平台的不同位置，调节底下的螺母，重复几遍，使喷头在四角与平台保持一张名片距离即可。如图 8-24 所示。

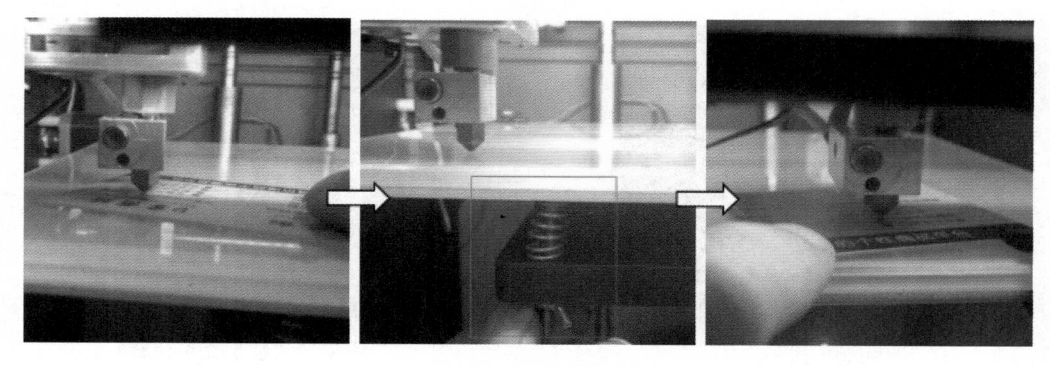

图 8-24　粗调平台方法

③ 微调平台。在打印产品中，打印第一层时喷头会在打印物体的周边运行一圈，这时通过观察首层材料黏附平台的情况进行微调，如图 8-25 所示。如果丝呈锯齿状，说明距离过大，丝是从喷头上甩下来的，就要拧松平台调节螺母；如果出丝过细，喷头顶住了平台，

说明距离过小，此时可以拧紧平台调节螺母。喷头与平台距离过大或过小都停止打印，调整平台调节螺母，反复调试，直至首层材料黏附平台均匀平整为止。这时就可以正常进行产品模型的打印了。在打印第一圈的时候，最好看着机器打印，以免喷头撞到平台。

4．打印件基座边缘翘曲

（1）故障原因。

基底边缘翘曲变形是3D打印常见的缺陷之一，直接影响模型的尺寸精度和形状结构。造成的原因主要有以下两方面：① 喷头高度过高，使得第一层打印时喷头与打印平台间的间隙太太，导致模型基底与打印平台附着力较弱。打印过程中当模型自身的收缩力超过基底与打印平台的附着力时，将产生基底翘边；② 若3D打印机为开放式结构，打印过程中模型温度的变化直接受周围空气温度的影响。若周围空气温度明显低于模型温度，将会加快模型温度的下降，明显增加模型的收缩力，进而导致基底翘边，如图8-26所示。

图8-25　观察打印中的第一层来微调平台

图8-26　基座边缘翘曲

（2）排除方法。

① 确保打印平台的水平状态。移除打印平台和弹簧夹，调整喷头高度，移动喷头到平台的四个角落，以确保在四个角落喷头和平台之间的间距完全一致。使第一层打印时打印平台与喷头的高度距离为一张纸的厚度，加大模型基底与平台附着力强度，以减少基底翘边现象。

② 控制室内温度、气流和湿度。可采用室温控制器，使室内温度保持在 20～30℃，避免模型冷却速度过快，从而减小模型的收缩力，达到减少基底翘边的目的。打印机应远离冷却风机（如空调机），否则会加快模型的冷却，引起翘曲。

③ 保持打印平台处于均匀加热状态。

④ 尽量减少打印件与平台的接触面积，多增加支撑结构；尽量设计成中空件打印——打印件的质量越小，中心热量越少，翘曲的可能就越少。另外，PLA丝材冷却凝固时，产生的收缩力明显力小于ABS丝材。在模型材料可替换时，选用PLA丝材替换ABS丝材，可减少基底翘边的产生。

5．故障后续打

（1）第一种情况：断电后程序续打。

① 当机器意外断电，重新接通电源后，显示屏如图8-27所示。

② 按一下旋钮，右旋到最后，选择“Resume print”，如图8-28所示，按下旋钮确定，

机器打印喷头和平台加热到一定温度后，即可继续打印了。

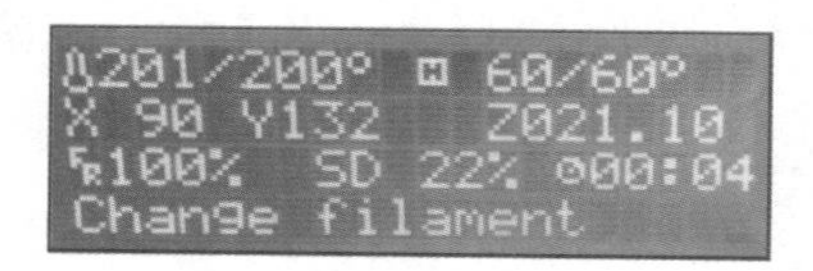

图 8-27　断电后的显示屏

图 8-28　续打选项

③ 注意事项。如果断电时，喷头和模型还有接触，喷头内还会流出一小部分材料堆积凝固在模型上，影响模型外观质量。先用刀具或铲子削去多余凝固的材料，再来加热喷头继续打印。

（2）第二种情况：程序无法续打。

① 当 3D 打印机在打印过程中因断料或 SD 卡拔出等意外情况而停止打印，用上面第一种方法无法进行续打时，可以按以下方法处理进行继续打印。此方法只适用于模型没有移动的情况。

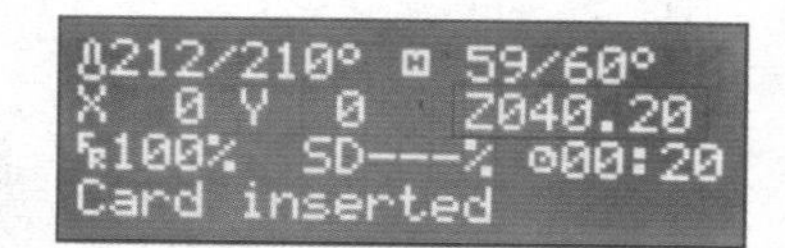

图 8-29　模型已打印的高度值

降低工作台，使模型与喷头分离；*X*、*Y*、*Z* 三轴回归到零位，然后解锁电机。接着降低工作平台，再移动 *X*、*Y* 轴到模型附近，最后调慢速度移动 *Z* 轴直到模型顶部与喷头平齐。此时观察显示屏幕，记录 *Z* 轴的位置数值，如图 8-29 所示，*Z* 轴数值为 Z40.2mm。对于初学者，为了减少测量高度值的误差，建议测量三次以上取中间值。

② 用记事本打开所打印的程序文件“*.gcode”。程序文件是由头部代码、打印部分 G 代码、尾部代码等三部分组成的。

（a）头部代码：机器初始打印的相关参数信息，如图 8-30 所示。

```
M92 E310.000000
M190 S60.000000
M109 S210.000000
;Sliced at: Fri 24-06-2016 09:05:02
;Basic settings: Layer height: 0.2 Walls: 0.8 Fill: 20
;Print time: 27 hours 10 minutes
;Filament used: 39.794m 348.0g
;Filament cost: None
;M190 S60 ;Uncomment to add your own bed temperature line
;M109 S210 ;Uncomment to add your own temperature line
G21        ;metric values
G90        ;absolute positioning
M82        ;set extruder to absolute mode
M107       ;start with the fan off
G28 X0 Y0  ;move X/Y to min endstops
G28 Z0     ;move Z to min endstops
G1 Z15.0 F6000 ;move the platform down 15mm
G92 E0                  ;zero the extruded length
G1 F200 E20             ;extrude 3mm of feed stock
G92 E0                  ;zero the extruded length again
G1 F6000
;Put printing message on LCD screen
M117 Printing...
```

图 8-30　头部代码

（b）打印部分 G 代码：机器打印时 *X*、*Y*、*Z* 三轴的位置数据，如图 8-31 所示。

```
;Layer count: 420
;LAYER:-2
;RAFT
G0 F6000 X50.831 Y59.507 Z0.300
;TYPE:SUPPORT
G1 F1800 X55.594 Y57.128 E0.22596
G1 X59.474 Y53.248 E0.45884
...
...
...
G1 X209.806 Y197.598 E9713.32210
G1 X209.620 Y196.866 E9713.33065
;LAYER:419
M107
G1 F2400 E9708.33065
G0 F6000 X209.620 Y196.866 Z89.000
;End GCode
```

图 8-31　打印部分 G 代码

（c）尾部代码：机器打印完成后执行的动作指令，如图 8-32 所示。

```
;End GCode
M104 S0                    ;extruder heater off
M140 S0                    ;heated bed heater off
G91                                    ;relative po
G1 E-1 F300                            ;retract the
nozzle, to release some of the pressure
G1 Z+0.5 E-5 X-20 Y-20 F6000 ;move Z up a bit and r
G28 X0 Y0                              ;move X/Y to
way
M84                        ;steppers off
G90                        ;absolute positioning
```

图 8-32　尾部代码

（d）按<Ctrl＋F>键或在编辑工具中利用“查找”功能输入 *Z* 轴位置（已打印的模型高度值），如图 8-33 所示。

图 8-33　查找 *Z* 轴位置

（e）将模型已打印过的代码删除。如图 8-34 和图 8-35 所示，将所找到的 Z40.2 该行代码向上至头部代码（M117 Printing…）的下一行代码全选中并删除。

（f）增加代码。为防止喷头撞碰已打印的模型，在头部代码“G1 Z15.0 F6000 ;move the platform down 15mm”的下一行插入代码“G1 Z40.2 F6000”（红色框中的参数），如图 8-36 所示。

```
G1 F2400 X149.082 Y227.947 E3062.73257
G0 F6000 X148.977 Y228.617
G1 F2400 X148.399 Y229.195 E3062.74182
G0 F6000 X148.583 Y229.577
G1 F2400 X148.860 Y229.299 E3062.74626
;LAYER:194
G1 F2400 E3057.74626
G0 F6000 X167.223 Y129.761 Z40.200
;TYPE:FILL
G1 F2400 E3062.74626
```

图 8-34　从 Z40.2 以上

```
;Put printing message on LCD screen
M117 Printing...

;Layer count: 420
;LAYER:-2
;RAFT
G0 F6000 X50.831 Y59.507 Z0.300
;TYPE:SUPPORT
G1 F1800 X55.594 Y57.128 E0.22596
G1 X59.474 Y53.248 E0.45884
G1 X61.026 Y50.636 E0.58779
```

图 8-35　删除到 M117 Printing 的下一行

```
M92 E310.000000
M190 S60.000000
M109 S210.000000
;Sliced at: Fri 24-06-2016 09:05:02
;Basic settings: Layer height: 0.2 Walls: 0.8 Fill: 20
;Print time: 27 hours 10 minutes
;Filament used: 39.794m 348.0g
;Filament cost: None
;M190 S60 ;Uncomment to add your own bed temperature line
;M109 S210 ;Uncomment to add your own temperature line
G21        ;metric values
G90        ;absolute positioning
M82        ;set extruder to absolute mode
M107       ;start with the fan off
G28 X0 Y0  ;move X/Y to min endstops
G28 Z0     ;move Z to min endstops
G1 Z15.0 F6000 ;move the platform down 15mm
G1 Z40.2 F6000
G92 E0                    ;zero the extruded length
G1 F200 E20                ;extrude 3mm of feed stock
G92 E0                    ;zero the extruded length again
G1 F6000
;Put printing message on LCD screen
M117 Printing...

G0 F6000 X167.223 Y129.761 Z40.200
;TYPE:FILL
G1 F2400 E3062.74626
```

图 8-36　增加代码

（g）将修改后的打印文件另存一个文件名，导入 SD 卡。

（h）加热喷头、平台到预设温度，即可继续打印。刚开始打印时一定要留意观察是否完整无缝接上已打印的模型。

项目九

认识3D扫描仪

3D扫描仪诞生于20世纪70、80年代，到现在已经有几十年的历史了，其产品的种类也越来越丰富。3D扫描仪具有速度快、精度高的优点，被广泛应用在各行各业，如图9-1所示。三维扫描技术是一种先进的全自动高精度立体扫描技术，通过测量空间物体表面点的三维坐标值，得到物体表面的点云信息，并转化为计算机可以直接处理的三维模型，又称为"实景复制技术"。

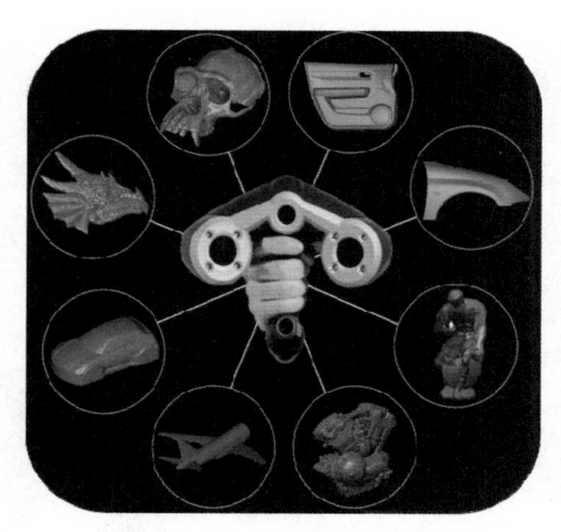

图9-1　3D扫描仪的应用

任务1　3D扫描技术原理

1．概述

3D扫描技术是集光、机、电和计算机技术于一体的高新技术，主要用于对物体空间外形和结构进行扫描，以获得物体表面的空间坐标，用软件来进行三维重建计算，在虚拟世界中创建实际物体的数字模型。它的重要意义在于能够将实物的立体信息转换为计算机能直接处理的数字信号，为实物数字化提供了相当方便快捷的手段。

2．3D扫描仪原理

3D扫描仪（3D Scanner）是一种科学仪器，用来侦测并分析现实世界中物体或环境的形状（几何构造）与外观数据（如颜色、表面反照率等性质）。收集到的数据常被用来进行三维重建计算，在虚拟世界中创建实际物体的数字模型。

3D扫描仪的制作并非依赖单一技术，各种不同的重建技术都有其优缺点，成本与售价也有高低之分。仪器与方法往往受限于物体的表面特性。例如光学技术不易处理闪亮（高反照率）、镜面或半透明的表面，而激光技术不适用于脆弱或易变质的表面。

3．3D扫描仪分类

3D扫描仪主要分为以下几类，如图9-2所示。

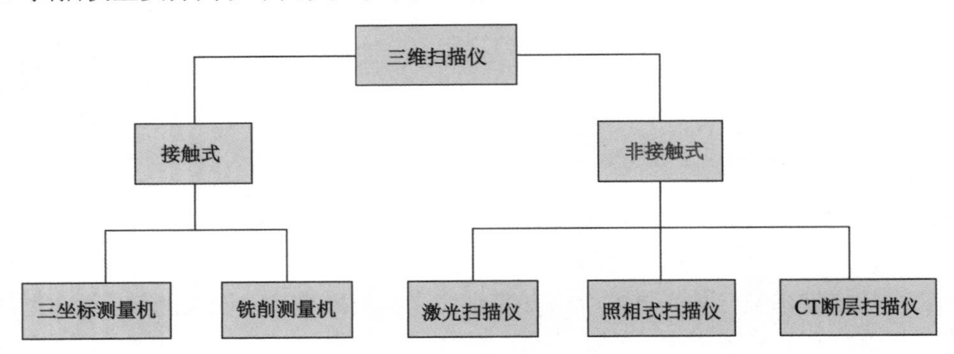

图9-2　3D扫描仪分类

（1）接触式。

接触式测量又称为机械测量，这是目前应用最广的自由曲面三维模型数字化方法之一。如图9-3所示，三坐标测量机是接触式三维测量仪中的典型代表，它以精密机械为基础，综合应用了电子技术、计算机技术、光学技术和数控技术等先进技术。根据测量传感器的运动方式和触发信号产生方式的不同，一般将接触式测量方法分为单点触发式和连续扫描式两种。

接触式三维扫描的优点：适用性强、精度高（可达微米级别），不受物体光照和颜色的限制，适用于没有复杂型腔、外形尺寸较为简单的实体测量。缺点：由于采用接触式测量，可能损伤探头和被测物表面，故不能对软质的物体进行测量，应用范围受到限制；受环境温度、湿度影响；同时扫描速度受到机械运动的限制，测量速度慢、效率低；无法实现全自动测量；接触测头的扫描路径不可能遍布被测曲面的所有点，它获取的只是关键特征点，因而，它的测量结果往往不能反映整个零件的形状，在行业中的应用具有一定的限制。

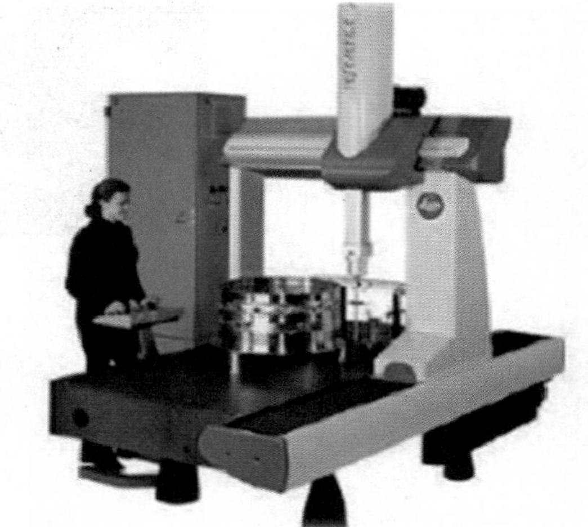

图9-3　三坐标测量机

（2）非接触式。

现代计算机技术和光电技术的发展使得基于光学原理、以计算机图像处理为主要手段的三维自由曲面非接触式测量技术得到了快速发展，如图9-4所示。各种各样的新型测量方法不断产生，它们具有非接触、无损伤、高精度、高速度，以及易于在计算机控制下实施自动化测量等一系列特点，已经成为现代三维面形测量的重要途径及发展方向。

图 9-4　激光扫描仪

3D 激光扫描仪的特点：

① 非接触式测量，主动扫描光源；

② 数据采样率高；

③ 高分辨率、高精度；

④ 数字化采集、兼容性好；

⑤ 可与外置数码相机、GPS 系统配合使用，极大地扩展了三维激光扫描技术的使用范围。

任务 2　3D 扫描仪应用领域

3D 扫描技术能够测得物体表面点的三维空间坐标，从这个意义上说，它实质上属于一种立体测量技术。与传统技术相比，它能完成复杂形体的点、线、面的三维测量，实现无接触测量，具有速度快、精度高的优点。其测量结果能直接与多种软件接口，这些特性决定了它在许多领域可以发挥重要作用。

1．产品设计

3D 激光扫描技术可用于各个行业的产品设计当中，包括飞机制造业、航空航天、汽车、模具制造、铸造行业、玩具制造业、制鞋业等，如图 9-5 所示；特别是在汽车、飞机、玩具等领域，并非所有的产品都能由 CAD 软件设计出来，尤其是具有非标准曲面的产品，在某些情况下常采用“直觉设计”，设计师直接用胶泥、石膏等做出手工模型，或者需要按工艺品的样品加工，该模型和样品一般具有复杂的曲面特征。

图 9-5　扫描模具与飞机的部件

利用 3D 扫描仪可对这些样品、模型进行扫描，得到其立体尺寸数据，并直接与各种 CAD/CAM 软件接口，完成建模、修改、优化和快速制造。同时，由于 3D 激光扫描仪采用非接触式技术，对易碎、易变形物体，也能实现好的测量，有利于产品的优化设计。

2．工业仿制

仿制是工业加工中的一项重要任务，测量其尺寸是仿制的第一步。3D 扫描仪能快速测得零件表面每个点的坐标（图 9-6），将数据送入 CAD 系统和数控加工设备，对三维模型进行优化和制造，从而实现快速仿制的目的。

图 9-6　汽车部件扫描中

3．快速制造系统

快速制造系统是目前国际上机械行业的研究热点之一，其中一个重要环节就是所谓的逆向工程（Reverse Engineering），即从实物到数字模型，而这正是 3D 扫描技术研究的内容。CGI 公司的 3D 扫描设备甚至能获得物体内腔的结构。将 3D 扫描设备与 3D 打印机相结合，可以构成快速制造系统，实现样件、试制件的快速设计与制造，如图 9-7 所示案例。

图 9-7　刘翔跑鞋

如图 9-8 所示，奥运冠军刘翔运动专用鞋是耐克公司为刘翔量身定制的“刘翔跑鞋”。利用激光扫描等技术提取脚部数据，根据人工力学等各种因素构建脚部模型，然后用 3D

打印机加工出脚板模型并制出样鞋；最后利用数控加工技术和精密检测技术加工出模具并最终制作出产品。

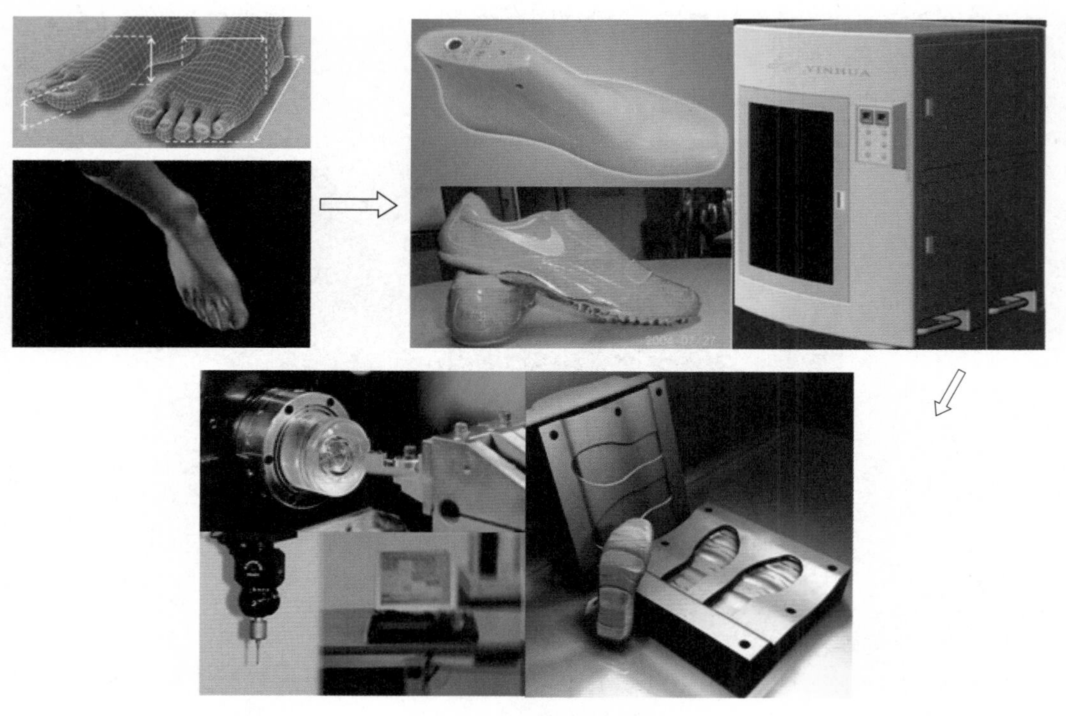

图 9-8　刘翔跑鞋制作工艺

4．服装加工工业

传统的服装制作加工都是按照标准尺寸批量生产的。随着生活水平的提高，人们开始越来越多地追求个性化服装设计，量体裁衣。3D 扫描仪可以快速地测得人身体的所有尺寸，获得其立体模型，将这些数据与服装 CAD 技术结合，可以在计算机中的数字化人体模型上，按每个人的具体尺寸进行服装设计，设计出最合适的服装，并可以直接在计算机上观看最终的着装效果，如图 9-9 所示。

图 9-9　服装行业

5．影视特技制作领域

随着计算机图形图像技术的飞速发展，计算机影视特技技术也越来越广泛地应用于影视、广告业，给人们带来了全新的视觉感受，实现了过去无法想象的特技效果，成为高质量影视、广告制作中不可缺少的手段。采用三维扫描技术，能迅速、方便地将演员、道具、模型等的表面空间和颜色数据扫描入计算机中，如图 9-10 所示，构成与真实物体完全一致的三维彩色模型，实现各种高难度特技效果。这不但大大地提高了制作水平和艺术效果，同时也节约了制作费用和制作时间。

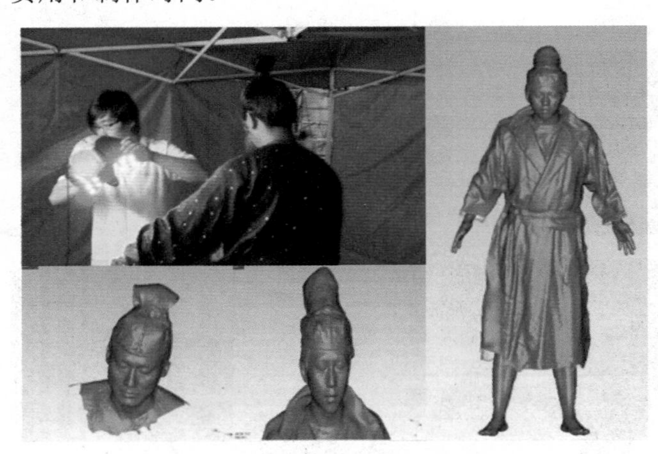

图 9-10 影视特效制作领域

6．虚拟现实领域

在仿真训练系统、灵境（虚拟现实）、虚拟演播室系统中，也需要大量的三维彩色模型，如图 9-11 所示，靠人工构造这些模型费时费力，且真实感差。采用 3D 扫描技术可提供这些系统所需要的大量的、与现实世界完全一致的三维彩色模型数据。

图 9-11 虚拟现实领域

7．游乐业领域

随着技术的进步，现代计算机游戏已经进入了三维、互动、虚拟现实阶段，3D 扫描不仅可以为游戏、娱乐系统提供大量具有极强真实感的三维彩色模型，还可以将游戏者的形象扫描输入到系统中，达到极佳的“参与感”“沉浸感”，让你感受到梦幻般的效果。

8．文物保护领域

如图 9-12 所示，对于文物保护，三维彩色扫描技术能以不损伤物体的手段，获得文物的外形尺寸和表面色彩、纹理，得到三维彩色复制，所记录的信息完整全面，而不是像照片那样仅仅是几个侧面的图像，且这些信息便于长期保存、复制、再现、传输、查阅和交流，使研究者能够在不直接接触文物的情况下，甚至在千里之外，对其进行直观地研究，这些都是传统的照相等手段所无法比拟的。有了这些信息，也给文物复制带来很大的便利。

目前，许多国家已将这一技术用于文物工作，美国斯坦福大学利用三维扫描技术实施“数字化米开朗基罗”项目，计划将文艺复兴时期的这位意大利著名雕塑家的作品数字化。英国自然历史博物馆利用 3D 扫描仪对文物进行扫描，将其立体色彩数字模型送到虚拟现实系统中，建立了虚拟博物馆，令参观者犹如进入了远古时代。

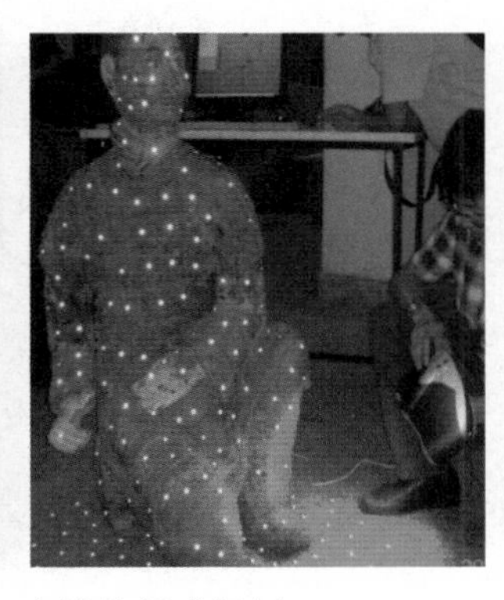

图 9-12　文物修复或复制

9．蜡像、雕塑创作领域

如图 9-13 所示，利用 3D 扫描仪与数控雕刻机、快速成型设备相结合，实现了对雕塑、蜡像创作领域的颠覆，同时也能更好地促进艺术家的工作。艺术家们可通过三维扫描仪获得对象的立体模型，然后利用 CAD、三维建模软件，充分发挥他们的艺术想象力和创造力，对原始模型进行随心所欲的加工、变形，随时观看效果，满意后再进行加工制作。

图 9-13　雕塑与蜡像

10．生物医疗领域

如图 9-14 所示，三维扫描技术能快速测量人体的各部分尺寸，包括牙齿、面颌部、肢体等，因此，对美容、矫形、修复、口腔医学、假肢制作都非常有用。在发达国家中，美容、整形外科、假肢制造、人类学、人体工程学研究等工作都开始应用 3D 扫描仪。同时，在考古、刑侦领域，有时需根据人或动物的骨骼来恢复其生前的形象，也可采用三维扫描仪将骨骼的坐标数据输入计算机，作为恢复工作的基础数据。

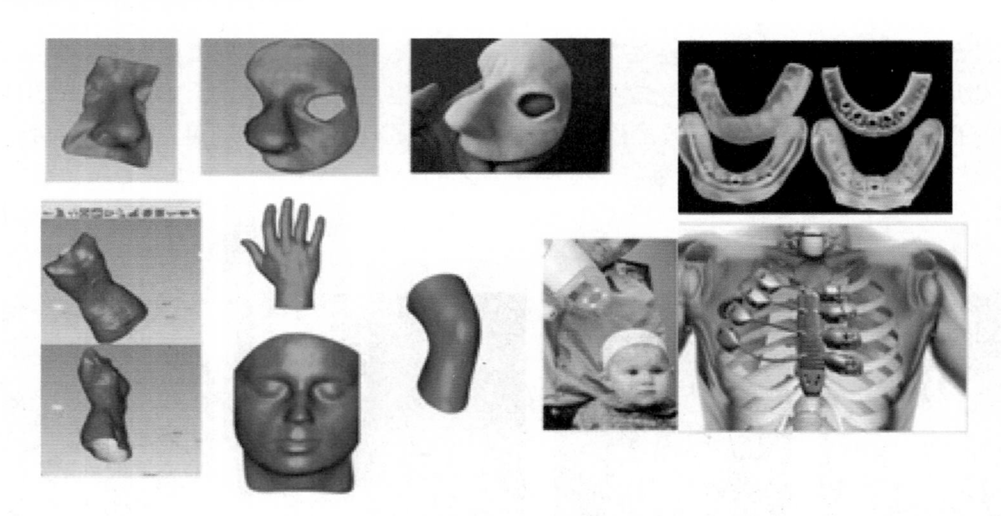

图 9-14 医疗

11．其他应用领域

（1）3D 扫描仪固定式测量系统的应用。

3D 扫描仪固定式测量系统已经应用在检测风能装置，镜头的外形检测，风轮机机箱检测，汽车动力组成检测，心脏起搏装置的元件检测等方面，如图 9-15 所示。

检测风能装置　　镜头的外形检测　　风轮机机箱检测

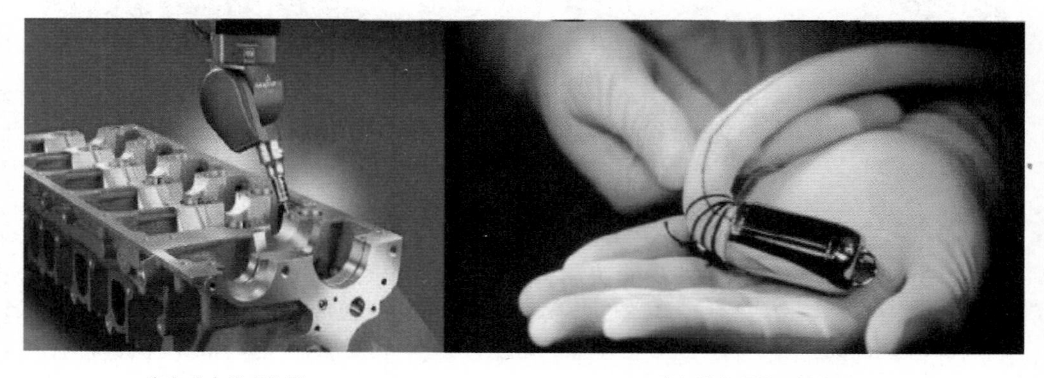

汽车动力组成检测　　心脏起搏装置的元件检测

图 9-15 3D 扫描仪固定式测量系统的应用

（2）建筑领域应用。

在建筑领域的应用有机械控制开掘机，手持式激光测距仪，机械控制推土机，水管的测量，利用双级激光调整水平等，如图 9-16 所示。

机械控制开掘机　　手持式激光测距仪

机械控制推土机　　水管的测量　　利用双级激光调整水平

图 9-16　建筑领域应用

（3）地球空间信息系统应用。

地球空间信息系统的应用有钻井平台的三维模型，监控露天煤矿坑壁，监控高楼大厦的施工，对坍塌桥梁进行激光扫描，测绘等场合，如图 9-17 所示。

钻井平台的三维模型　　监控露天煤矿坑壁

图 9-17　地球空间信息系统应用

监控 Burj Dudai 大厦的施工　　对坍塌桥梁进行激光扫描　　测绘

图 9-17　地球空间信息系统应用（续）

任务 3　手持式 3D 扫描仪应用

1．原理概述

手持式 3D 扫描仪的出现，体现了三维扫描技术中建模、数据处理、误差消除等方面的顶尖水平。手持式 3D 扫描仪是基于拍照式三维扫描仪设计的产品，扫描创建物体表面的点云图，这些点可用来插补成物体的表面形状，点云越密集，创建的模型越精准，越便于三维重建。

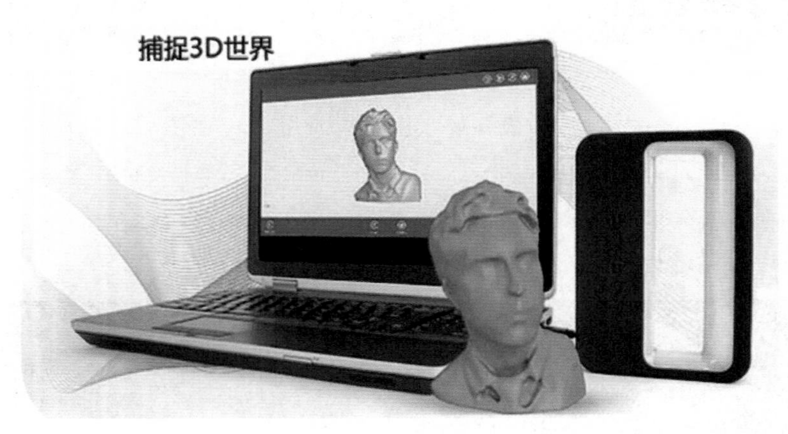

工作原理：手持式 3D 扫描仪，自带校准功能，采用 635nm 的红色线激光闪光灯，配有一部闪光灯和两个工业相机，工作时将激光线照射到物体上，两个相机来捕捉这一瞬间的三维扫描数据，由于物体表面的曲率不同，光线照射在物体上会发生反射和折射，然后这些信息会通过第三方软件转换为 3D 图像。在扫描仪移动的过程中，光线会不断变化，而软件会及时识别这些变化并加以处理。光线投射到扫描对象上的频率高达 28000points/s，所以在扫描过程中移动扫描仪，哪怕扫描时动作很快，也同样可以获得很好的扫描效果，手持式 3D 扫描仪工作时使用反光型标志贴，与扫描软件配合使用，支持摄影测量和自校准技术。

用户可以根据扫描物体的需要，对其进行 360° 全方位的扫描。允许在狭小空间内扫描几乎任何尺寸、形状或颜色的物体。设备的形状小巧、质量轻有利于长时间使用，是一款真正便携的手持式 3D 扫描仪，可装入手提箱，携带到作业现场，十分方便。

2. 手持式 3D 扫描仪的使用（以 Sense 3D 手持式扫描仪为例）

美国 3D Systems 公司生产的 Sense 3D 手持式扫描仪售价约 400 美元，能够生成整个人体的 3D 文件。Sense 在外形上和钉枪有些相似，如图 9-18 所示，长方形的机身被触感柔软的灰色材料所覆盖，两侧都有大大的 Sense 标志。设备中心有一个握把，其内部一圈是磨砂材质的半透明白色塑料，提供了舒适的握持感。在设备正面，有由透明塑料所保护的双摄像头和红外传感器。设备底部有用于连接三脚架的接口，可把它放在一个可旋转的平台上，扫描方式显得更加专业，Sense 3D 手持式扫描仪需要通过 USB 线连接 PC 来使用。

图 9-18　Sense 3D 手持式扫描仪

Sense 3D 手持式扫描仪具体操作方法如下。

（1）扫描前准备。

① 安装软件。

运行“SenseSetup_V2.2.exe”，按操作提示进行软件安装，如图 9-19 所示。

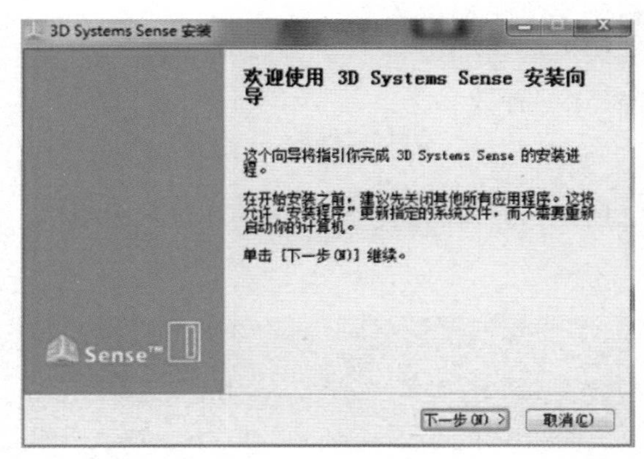

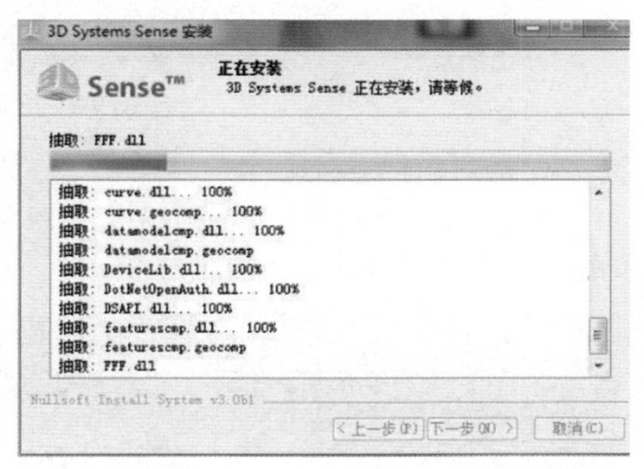

图 9-19　软件安装

② 连接 3D 扫描仪。

安装完软件后，将扫描仪数据线连接到计算机上，并启动软件。注意：如果扫描仪没有连接计算机而打开软件，软件会自动提示“设备未连接”，如图 9-20 所示。

③ 初次启动。

双击图标，进入“Sense”界面，选择软件语言，如图 9-21 所示。单击“Next”进入下一步。

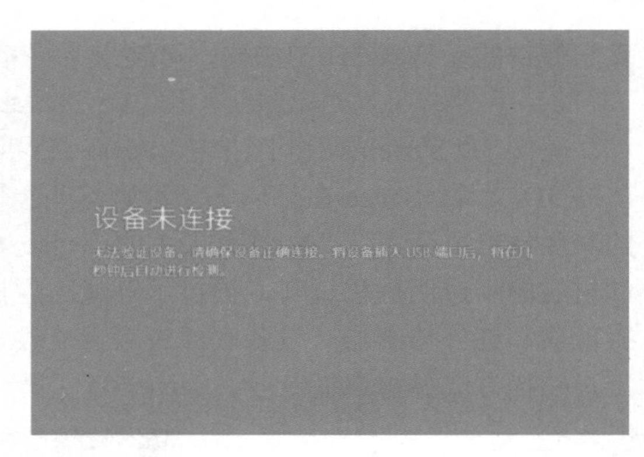

图 9-20 设备连接

Please select your preferred language

English
English
Japanese
French
German
Spanish
Italian
Chinese
Chinese (Traditional)
Portuguese
Dutch
Russian
Korean

Next

图 9-21 打开 Sense 软件

④ 激活 3D 扫描仪。

单击界面中“我有一个激活码”，如图 9-22 所示；输入产品包装盒上的四位数激活码，如图 9-23 所示，再单击“激活扫描仪”。

图 9-22 激活扫描仪

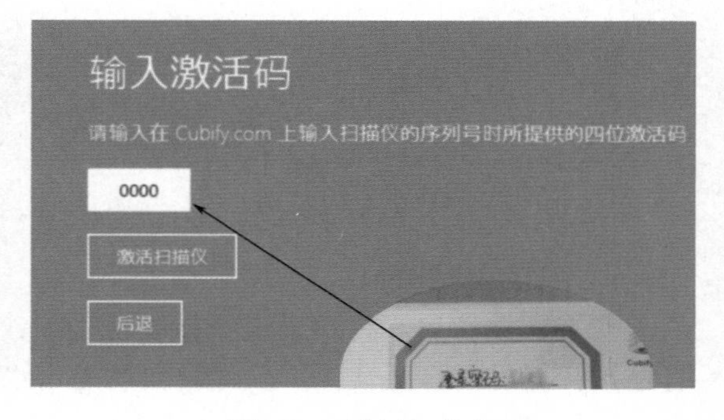

图 9-23 激活扫描仪

⑤ 3D 扫描仪软件快捷键。

熟记应用软件快捷键，能为操作加速，如图 9-24 所示。

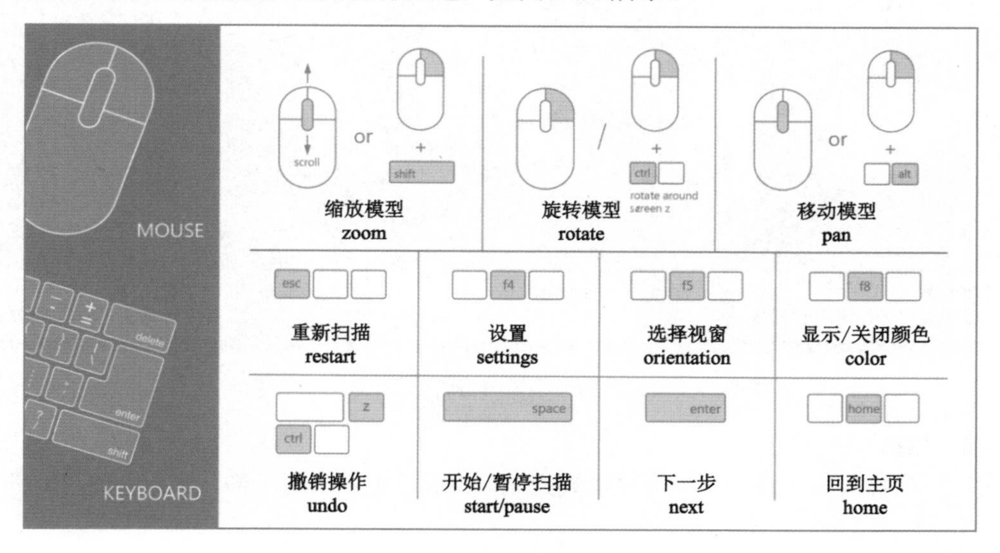

图 9-24 软件快捷键功能

⑥ 扫描模式。

激活 3D 扫描仪后会出现如图 9-25 所示界面，Sense 3D 扫描仪有两种扫模式（人体和对象），根据扫描需求，选择不同的扫描模式，如图 9-26 和图 9-27 所示。

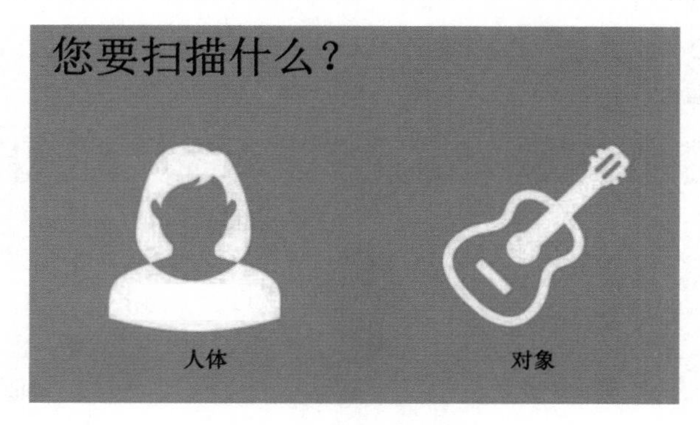

图 9-25 人体与对象两种模式

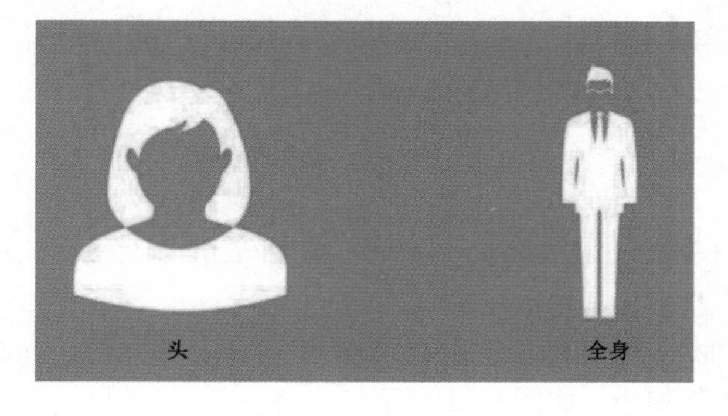

图 9-26 人体分为“头”与“全身”两种模式

图 9-27　对象分为“小型/中型/大型对象”三种模式

（2）扫描头像。

① 被扫描人坐在旋转椅子上身体要摆正，头部下巴微微向上仰，保持不动，如图 9-28 所示。

【注意】

- 不能佩戴反光材质的饰品，如项链，包括衣服上闪闪发光的东西最好取下，因为它们会反射光线，影响扫描效果。
- 不能穿戴透明的物体。像眼镜这类透明的物体扫描效果并不理想，如需添加可在扫描完成后人工画上。
- 扫描时间约 2～5 分钟，在扫描的过程中摆好姿势后不能动。因为任何运动都会扭曲最后的扫描效果。

图 9-28　软件扫描界面介绍

② 根据被扫描物体的需求设置各项参数，如图 9-29 所示。

（3）扫描过程。

① 调整扫描仪与被扫描物体之间的距离，如图 9-30 所示。使扫描监视窗口的目标环在被扫描物体中心，尽量保持扫描仪不动。

② 单击屏幕上的“开始扫描”后，软件会倒数三二一（显示屏中间有时间显示倒计时），在 3 秒钟之后开始进行扫描，如图 9-31 所示。

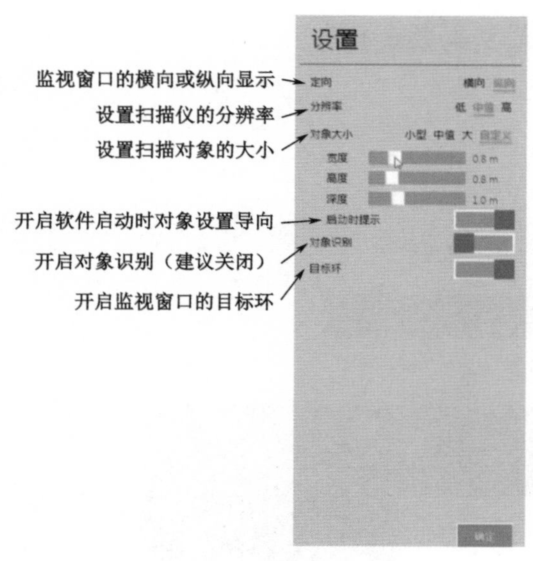

图 9-29　参数设置

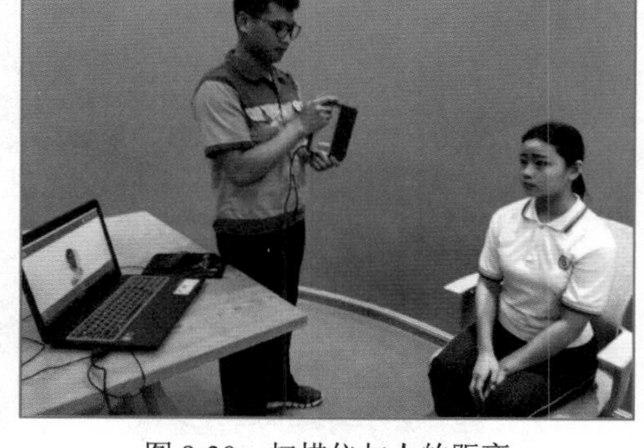

图 9-30　扫描仪与人的距离

图 9-31　开始扫描

③ 扫描过程中，距离尽量保持不变，然后调整扫描仪的角度，缓慢围绕着被扫描物体进行扫描。可以随时通过“暂停扫描/继续扫描”按钮暂停或继续扫描操作。

【注意】

- 角度调整：尽量使被扫描物体的面与 3D 扫描仪三个镜头垂直；
- 光线要求：最好在室内进行扫描，不要在太阳光下进行扫描，光线尽可能均匀，不要在暖色光下进行扫描，采用白光灯进行补光；
- 扫描速度和距离：扫描过程中应缓慢调整 3D 扫描仪的角度和位置，速度过快或距离过远，会导致扫描仪跟踪丢失，需要重新进行扫描。

④ 扫描结束后，单击“下一个”进行模型的相应编辑，如图 9-32 所示。

（4）后期制作。

① 用扫描软件对数据进行初步处理。

（a）编辑工具：可以擦除人工效果和实体化，可以旋转图像，从而了解拍摄的图像拥有多高的完成度。任何多余的地方，可以使用擦除键来进行修饰；修剪不要部分的数据；自动进行漏洞修补处理实体化，如图 9-33 所示。

图 9-32　扫描结束

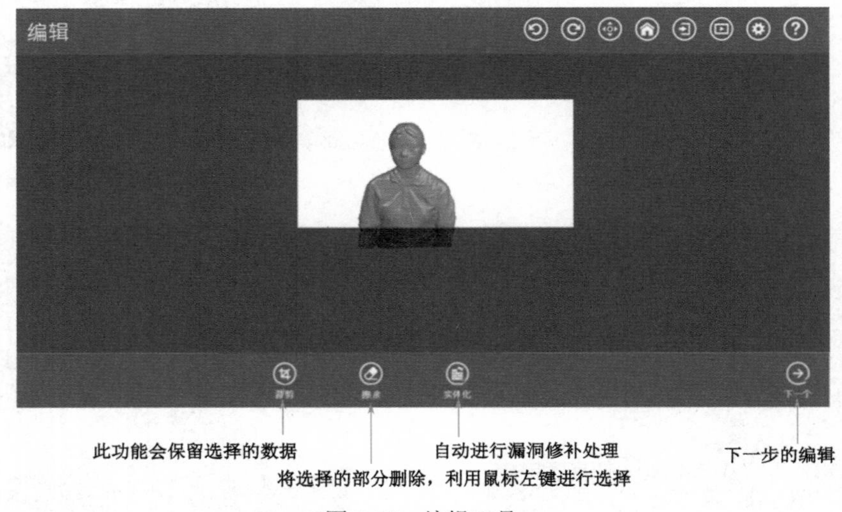

图 9-33　编辑工具

（b）增强工具：能够提供更为细致的修改。调整模型亮度与对比度；剪掉扫描中不需要的部分；放大视图局部修改，使模型更圆滑，如图 9-34 所示。

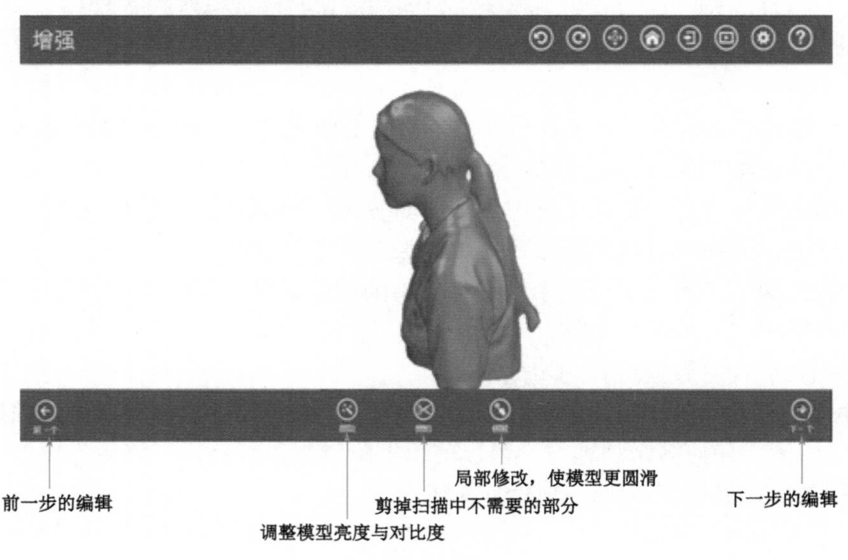

图 9-34　增强工具

（c）共享和保存。

保存文件格式，如图 9-35 所示。STL 文件不带颜色信息，PLY、OBJ 文件带有颜色信息，根据个人需求选择。保存 STL 文件后，可通过 Geomagic Studio\Geomagic Design X\3D Max 等三维软件进行二次修改，效果更佳。

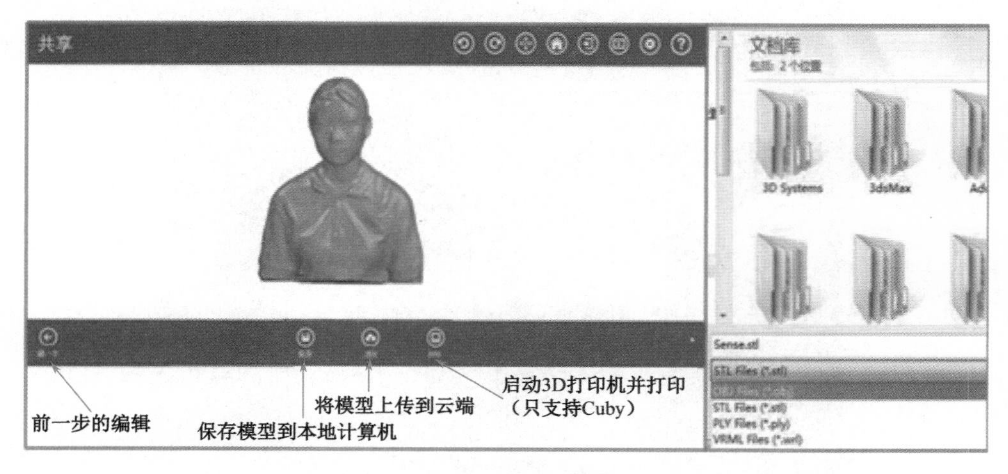

图 9-35　共享和保存

② 模型通过 Geomagic Studio 软件再优化。

通过扫描仪获得的 3D 模型基本上都是不完整的，都需要进行修补才可以被切片并打印。因此若要打印人像，则必须掌握一种修复软件。

目前还没有一种成熟的 3D 数字化技术能够对自然界的任意形状进行全自动的真实重建，如对于动物或人体的毛发、皮肤纹理等的重建就比较困难。因此在实际操作过程中，往往需要同时结合多种扫描技术及一定的手工编辑，以获得好的重建质量。

在获得初步的 3D 模型后，往往还须对其进行复杂的处理，例如，通过 Geomagic Studio 三维软件对头像模型进行处理时，可以利用网格医生、去除特征、漏洞修补、雕刻等功能对人像的头发、脸、下巴进行修补，以生成较高质量的模型。

（a）双击图标，打开 Geomagic Studio 软件，将已经扫描成功的头像扫描模型文件导入软件中，如图 9-36 所示。

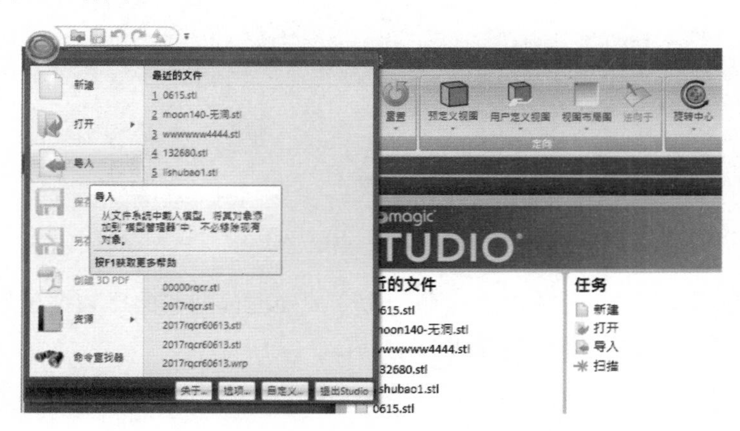

图 9-36　导入头像模型文件

（b）用鼠标选取模型中多余的不美观部位，单击“删除”命令，删除多余部位，如图 9-37 所示。

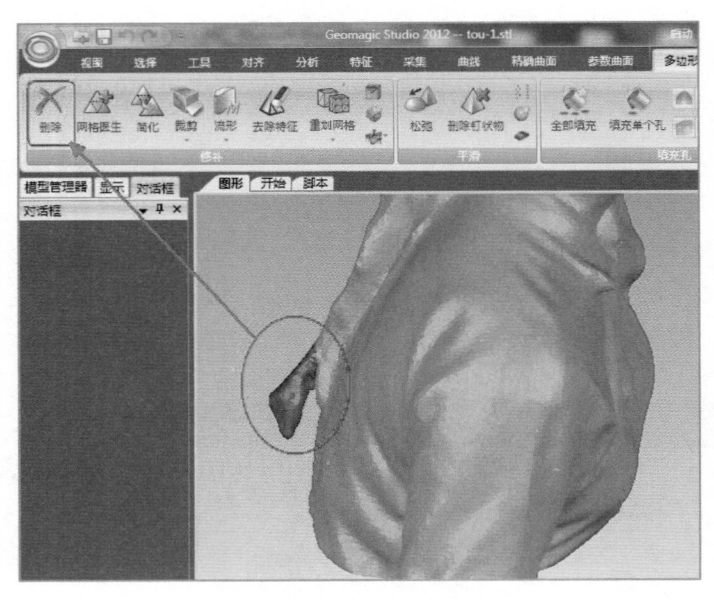

图 9-37　删除多余部位

（c）在菜单栏中单击“删除钉状物”命令，如图 9-38 所示，单击“应用”→“确定”按钮，软件将自动删除网格上的单点尖锋得到圆滑曲面。

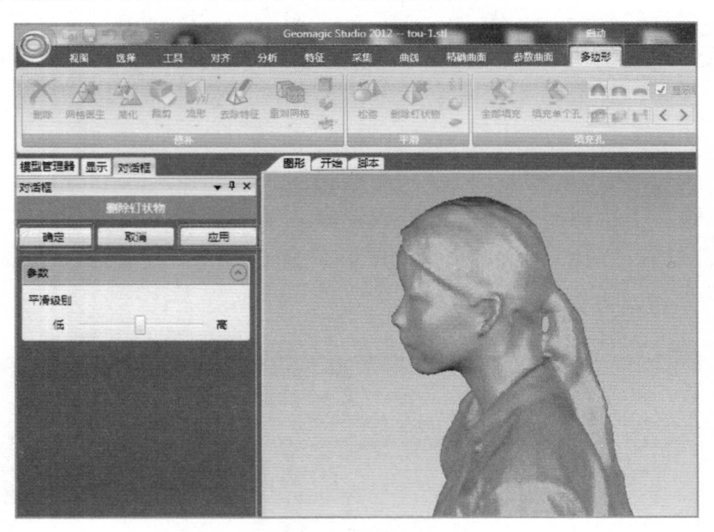

图 9-38　删除钉状物

（d）在菜单栏中单击“去除特征”命令，处理模型表面比较突出的三角形，并填充产生的孔，使模型更加光滑，如图 9-39 所示。

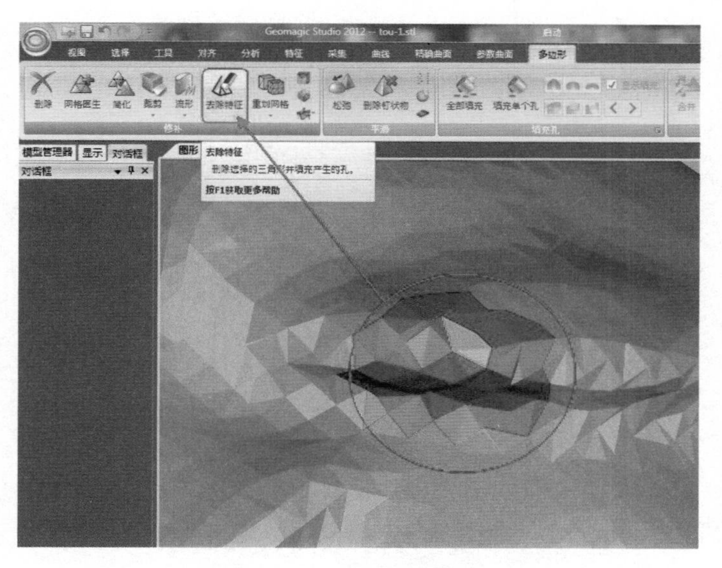

图 9-39 去除特征

（e）在菜单栏中单击“填充单个孔 ”命令，填充破孔处，如图 9-40 所示。在区域内单击鼠标一次补一个孔。

图 9-40 填充单个孔

（f）在菜单栏中单击“雕刻 ”命令，修改自由形式的网格。该命令主要用于修补缺损部分，如头顶上的毛发、下巴部分、耳朵、衣物等。可设定刀具以指定的宽度、高度或深度添加或移除材料，如图 9-41 所示。

（g）将模型处理到满意为止，另存为 STL 文件，如图 9-42 所示，即可进行 3D 打印。

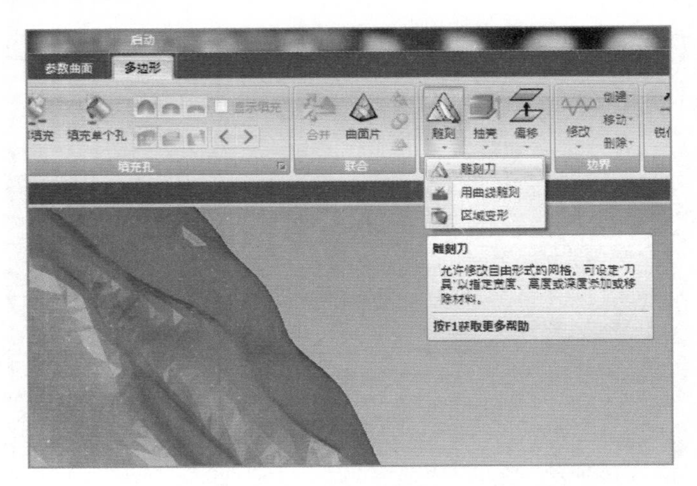

（a）

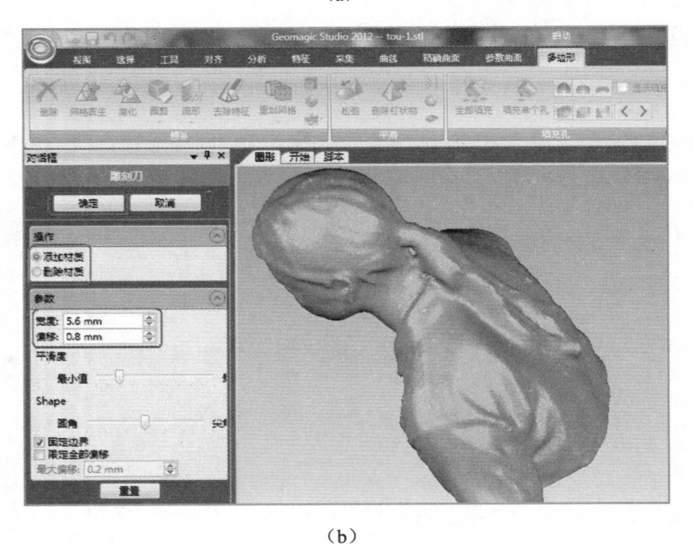

（b）

图 9-41　雕刻刀工具

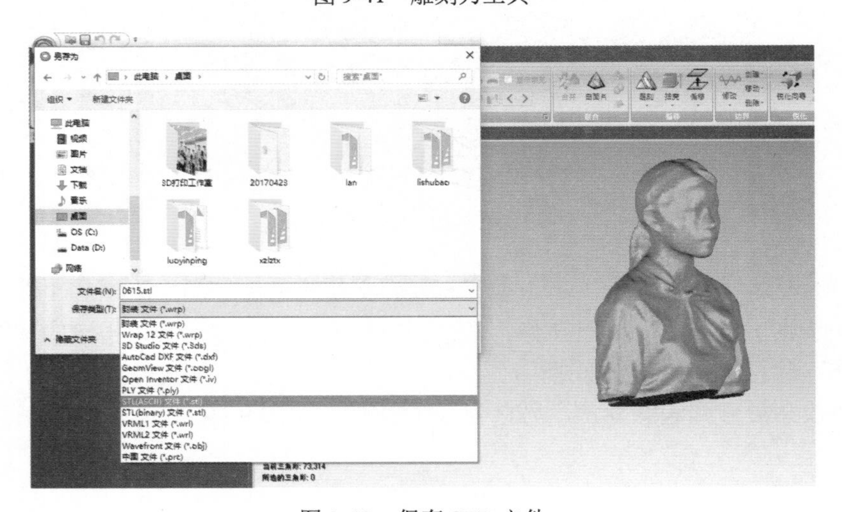

图 9-42　保存 STL 文件

（5）头像加基座。

为了更加美观可用 3D One Plus 或 UG、Rhino 等三维软件给头像加个基座。先用软件绘制基座再导入头像模型，然后进行布尔运算，最后保存 STL 格式文件即可。

① 用 3D One Plus 三维软件绘制一个双层底座，如图 9-43 所示。

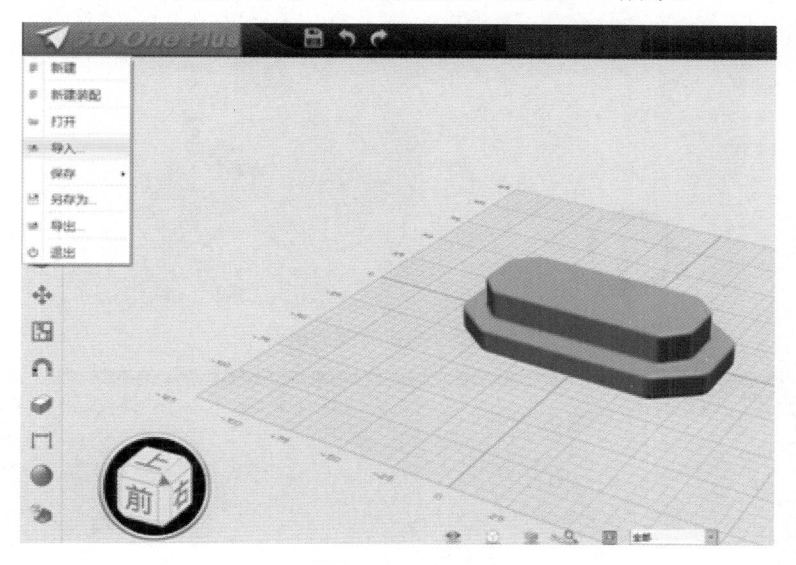

图 9-43　绘制底座

② 导入已处理好的 STL 格式头像模型，如图 9-44 所示。

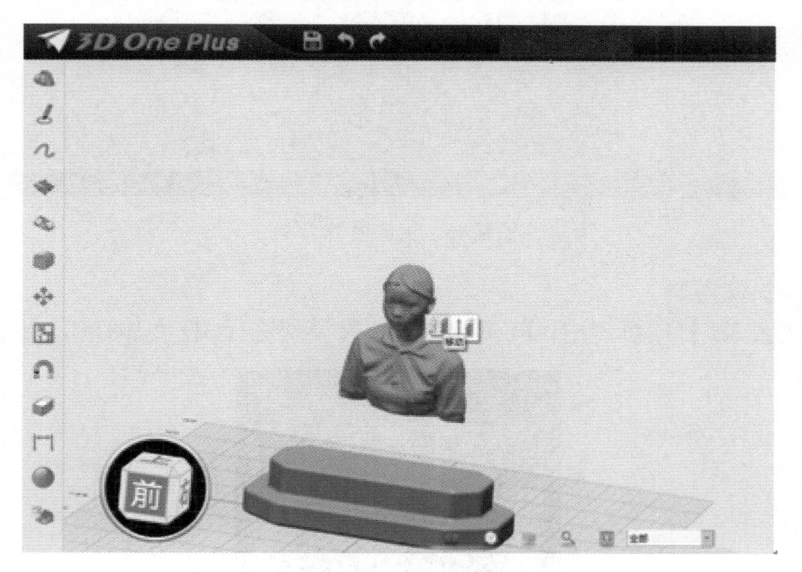

图 9-44　导入 STL 头像模型

③ 将底座与头像进行组合，如图 9-45 所示，再保存 STL 文件。

（7）处理程序。

用 Cura 切片软件对头像模型设置各工艺参数（设备机型、层厚、填充密度、支撑类型、打印温度等），并生成程序，如图 9-46 所示。

图 9-45　头像与底座组合

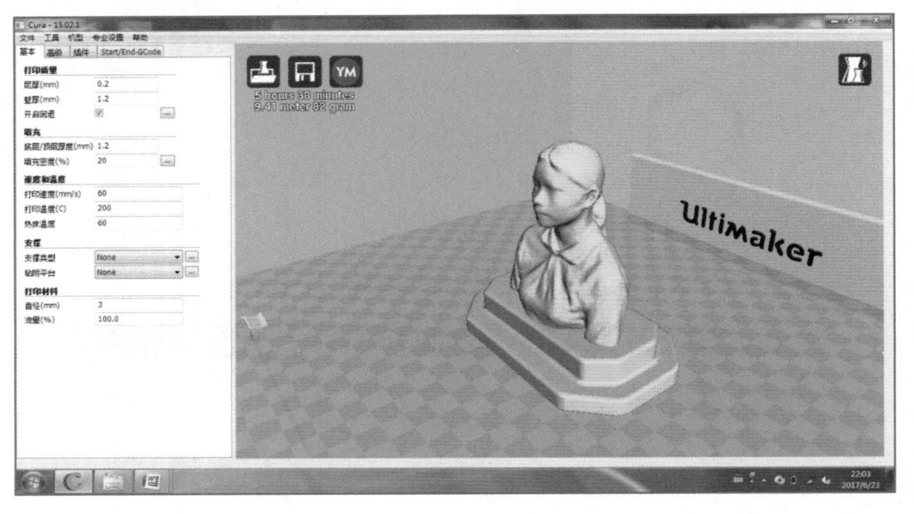

图 9-46　头像模型切片

（8）打印头像模型。

利用桌面级 3D 打印机，采用 PLA 材料对头像模型进行 3D 实体打印，如图 9-47 所示。

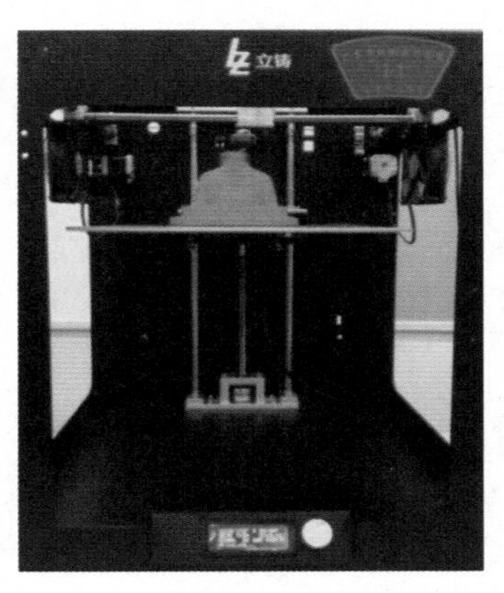

图 9-47　3D 打印头像模型

（9）最终作品。

3D 打印完成后，拆下实体模型，并进行后处理，如去除支撑、表面打磨等，还可以根据个人喜好对头像进行上色处理，如图 9-48 所示。

图 9-48　打印的头像模型

图 9-49　3D 扫描仪专用盒

Sense 3D 扫描仪在细节和色彩捕捉上的表现值得称道，同时配套的软件也让整个操作变得十分简单易懂。在未来的几年里，Sense 这样的设备应该会成为一款更加主流的产品。

（10）维护保养。

① 3D 扫描仪在使用过程中要轻拿轻放，避免摔碰。

② 不能用手或硬物触碰镜面。

③ 不使用时应及时放回专用盒内，如图 9-49 所示。

知识拓展

你认识以下各种各样的扫描仪吗？如图 9-50～图 9-56 所示。

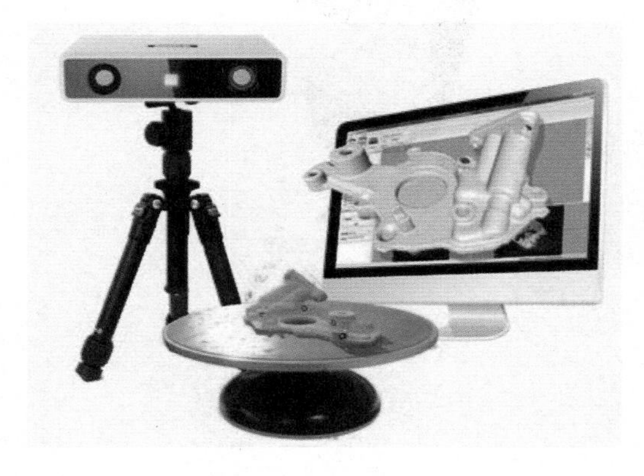

图 9-50　激光扫描仪

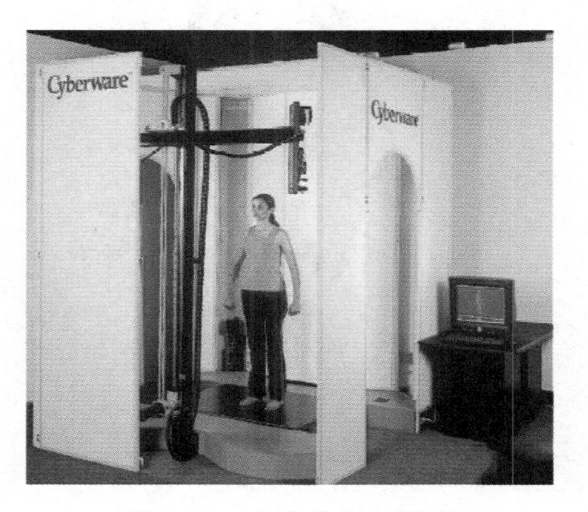

图 9-51　人体全身扫描仪

图 9-52　手持式扫描仪

图 9-53　3D 坐标测量系统

图 9-54　安装于机器人的 3D 扫描仪

图 9-55　动态跟踪系统

（a）脸部扫描系统

（b）足部扫描系统

图 9-56　扫描系统

项目十

欣赏 3D 打印作品

现代 3D 打印发展迅速，种类繁多，形态各异，各种优秀的 3D 打印作品进入我们的生活，本书收集了一些现代优秀的 3D 打印作品，来培养和提升学生对 3D 打印的兴趣与审美能力，从而提升学生的创新创造设计能力。

任务 1 欣赏 3D 打印各种材质的作品

金属打印——钴钼钛合金

金属打印——铝合金

金属打印——K 金

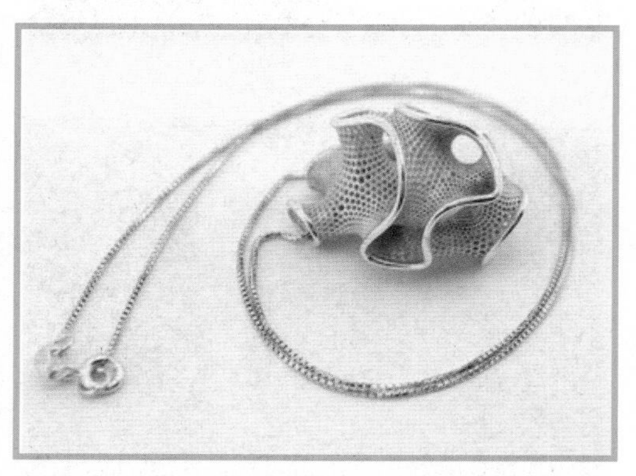

金属打印——银

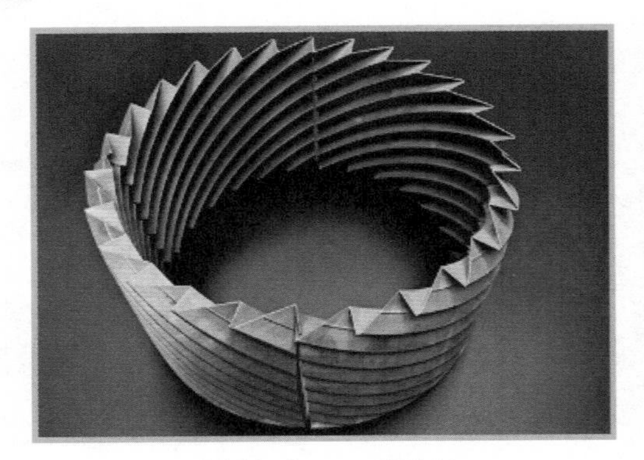

金属打印——不锈钢

玻璃材料

半透明光敏树脂

SLA 光敏树脂 14120

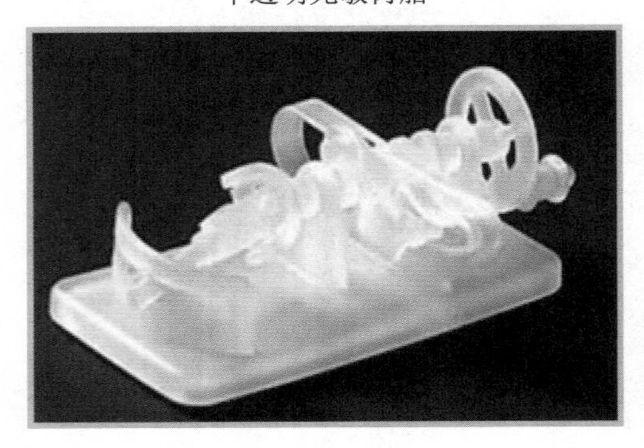

紫外光敏树脂

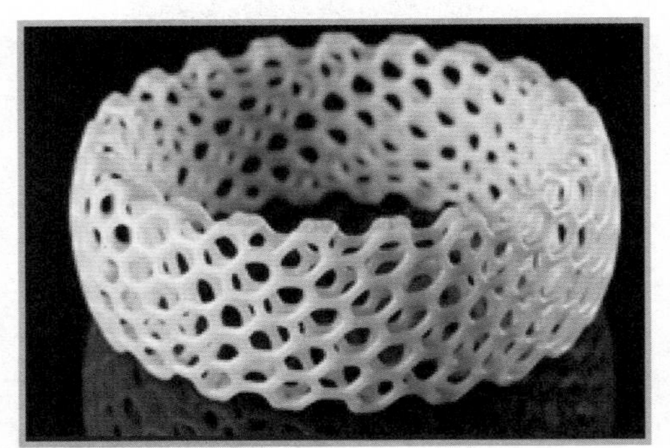

可见光敏树脂

全透明光敏树脂

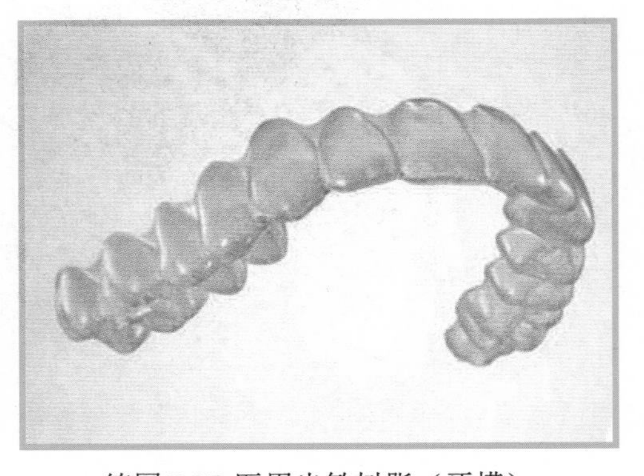

德国 DLP 医用光敏树脂（牙模）

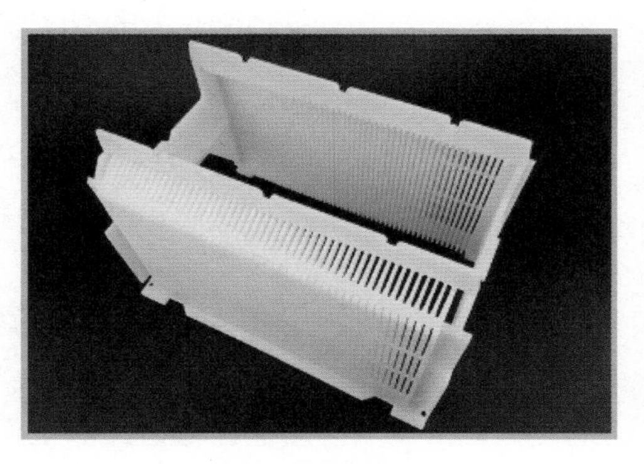

SLA 光敏树脂 220℃高温材料

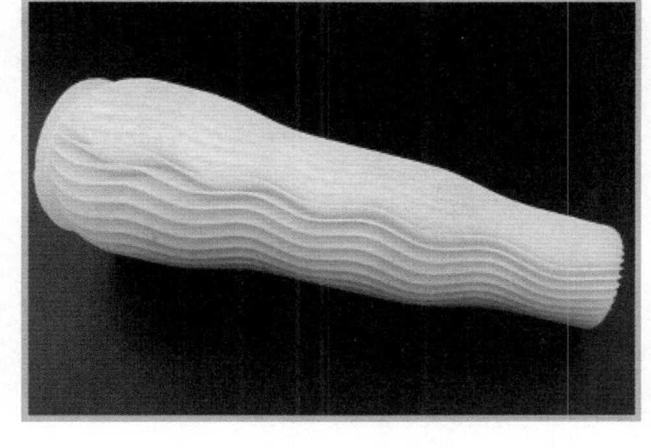

工业级 PLA（聚乳酸）

桌面级——PLA（聚乳酸）

桌面级——ABS 塑料

工程 ABS 材料

工程 PC 材料

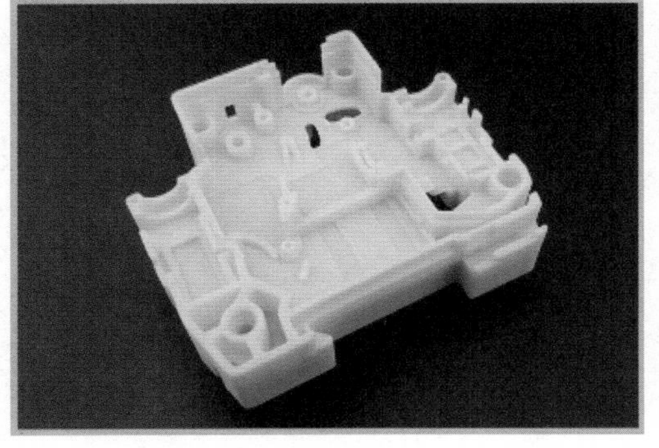

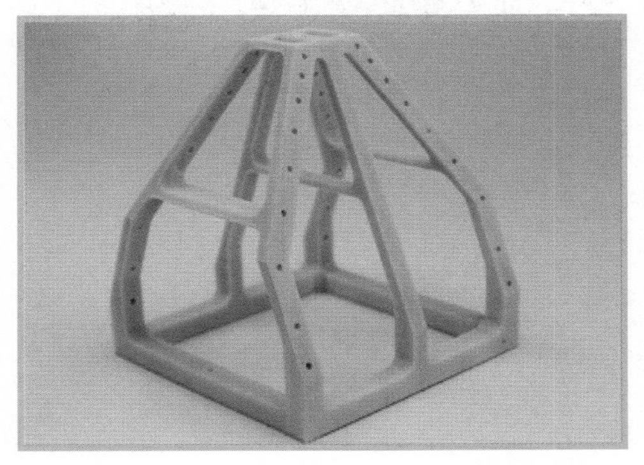

SLS——尼龙

全彩打印——进口 projet860

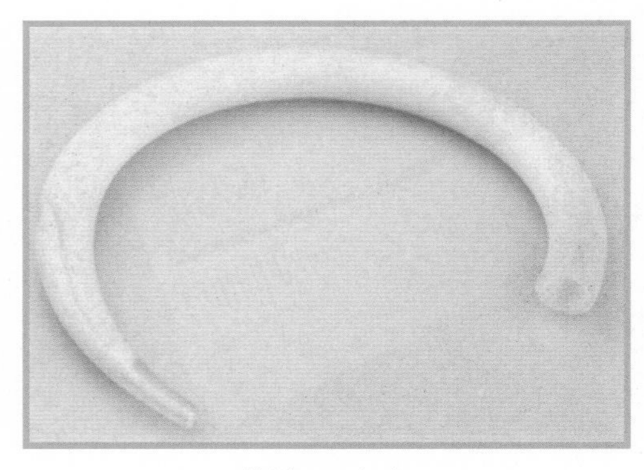

软胶 3D 打印

DLP——进口红蜡打印

DLP——进口蓝蜡打印

木质材料

陶瓷

任务 2 欣赏造型千姿百态的作品

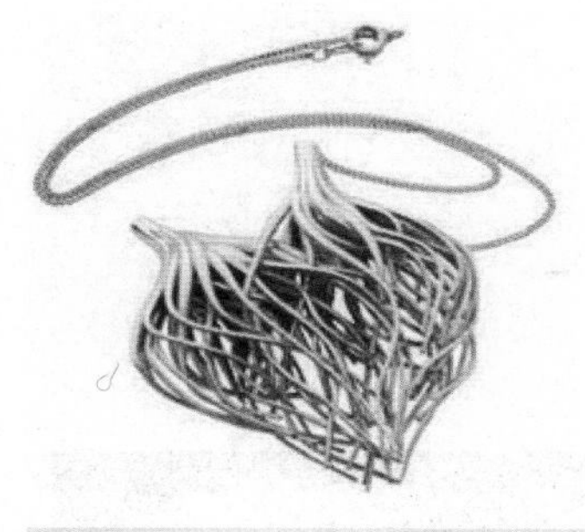

首饰品

LED 夜灯

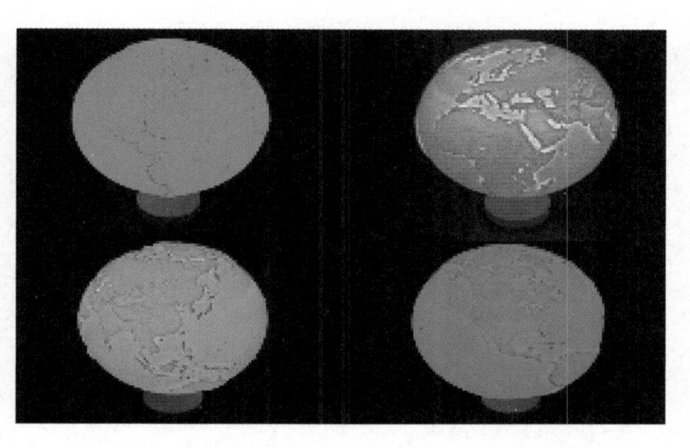

地球灯

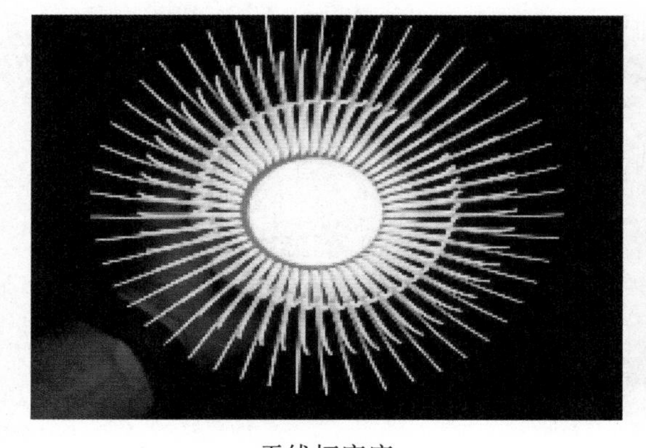

天线灯底座

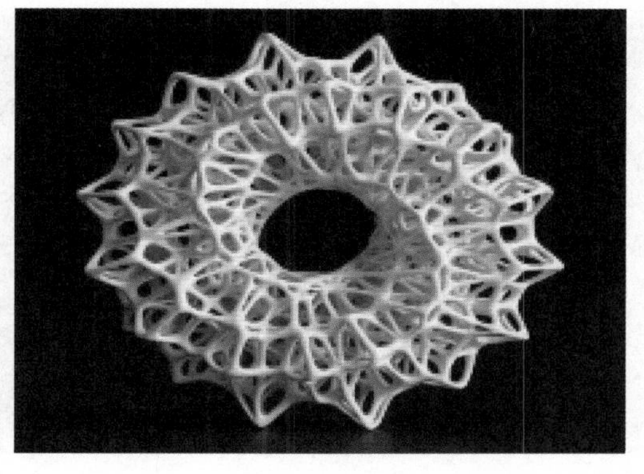

莫比乌斯网

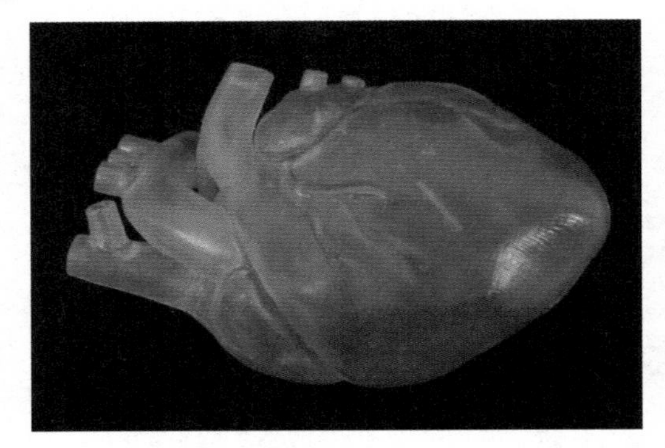

3D 打印心脏

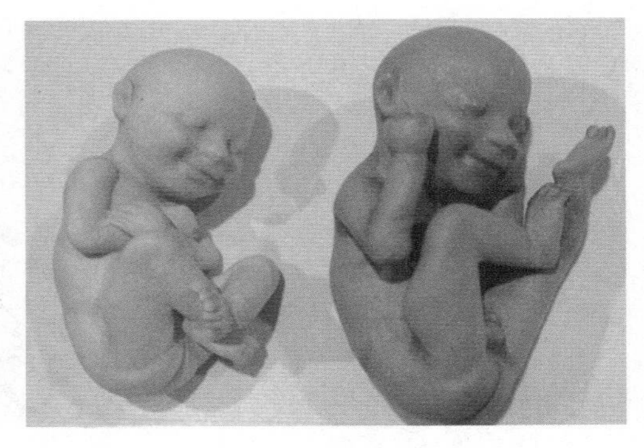

3D 打印胎儿

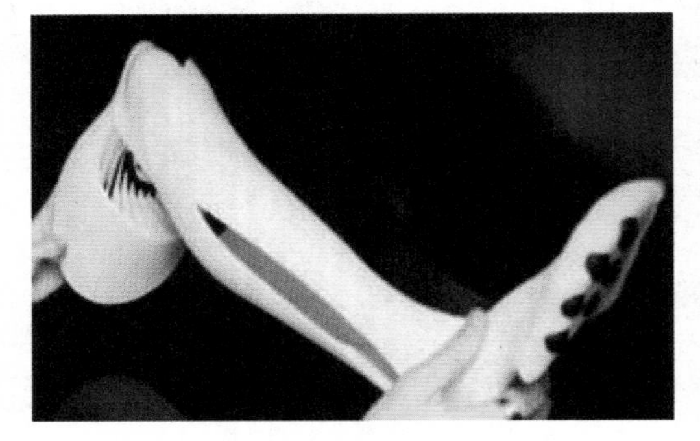

3D 打印义肢

3D 打印面具

3D 打印时尚服装

3D 打印精细品

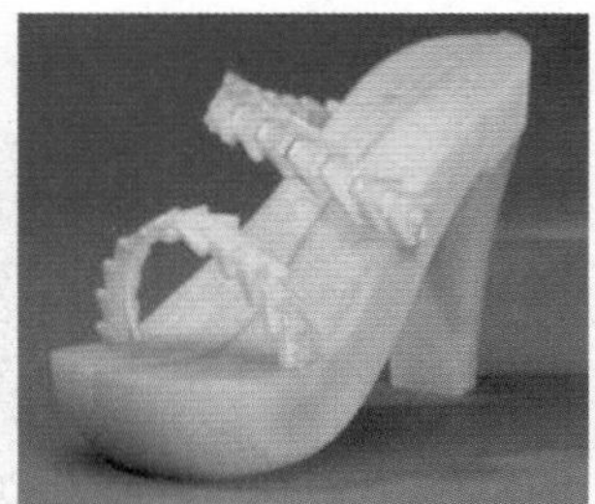

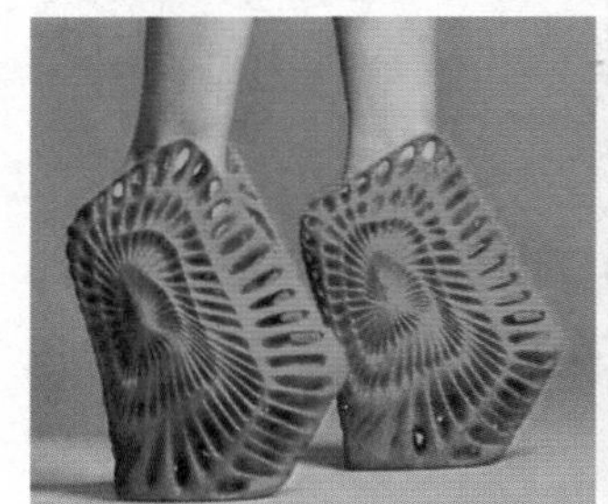

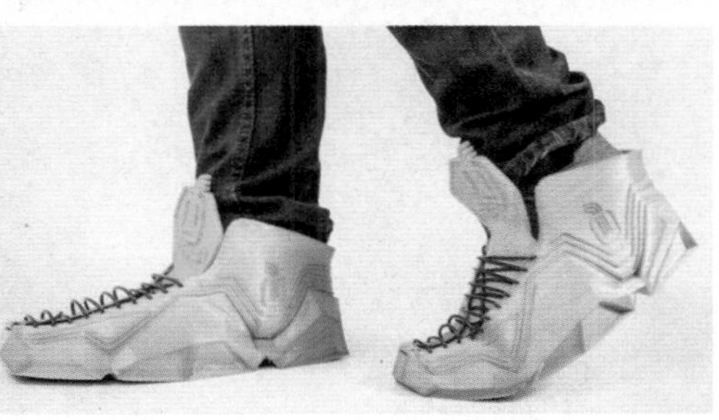

3D 打印个性鞋

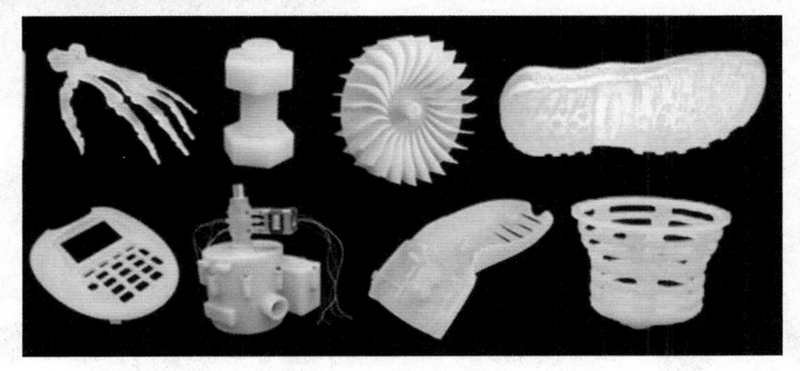

3D 打印生活用品

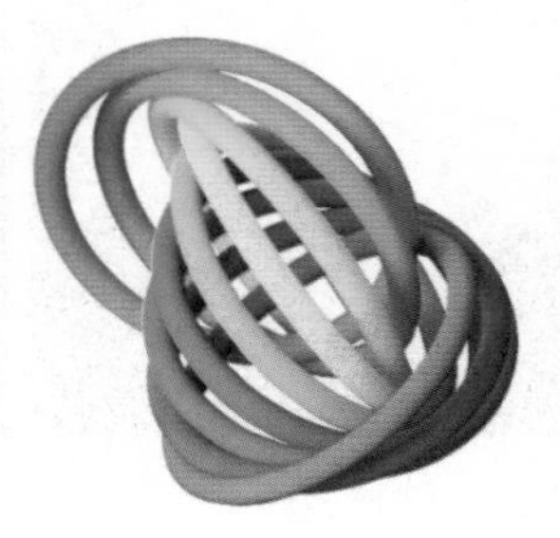

3D 打印饰品

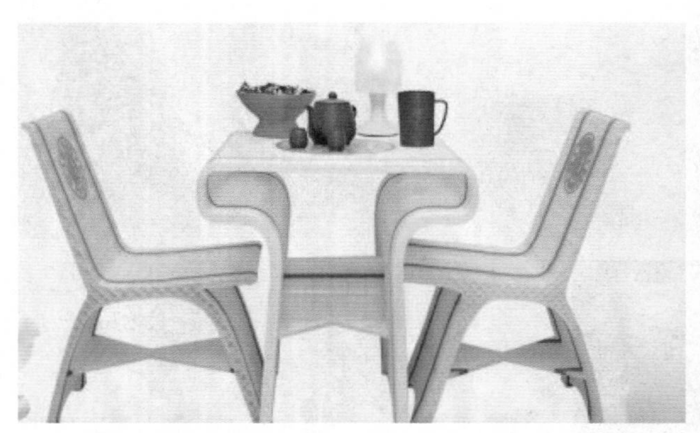

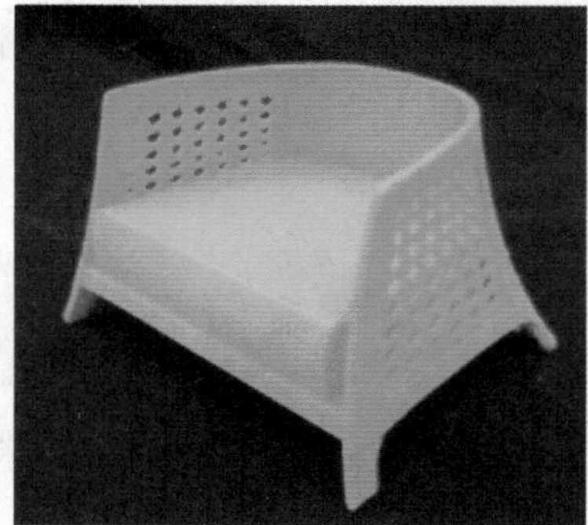
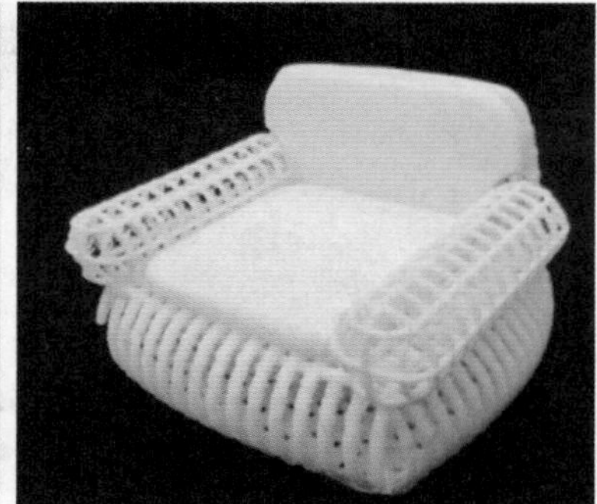

3D 打印家具

3D 打印卡通玩偶

3D 打印萌娃

3D 打印机器人

3D 打印军用品

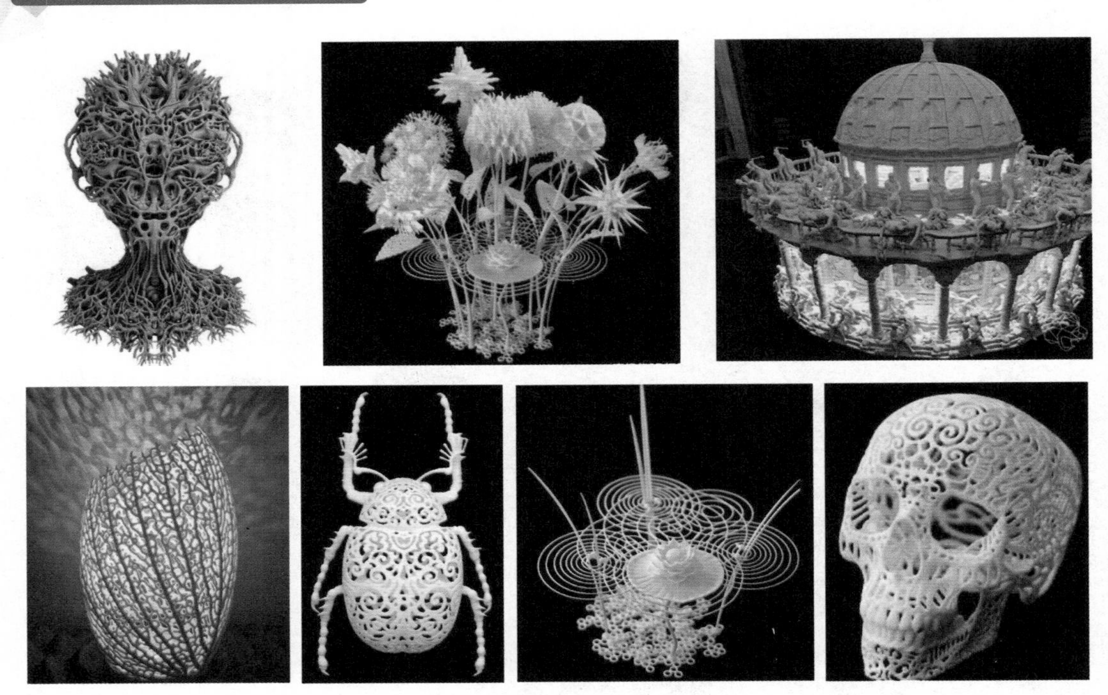

3D 打印艺术品

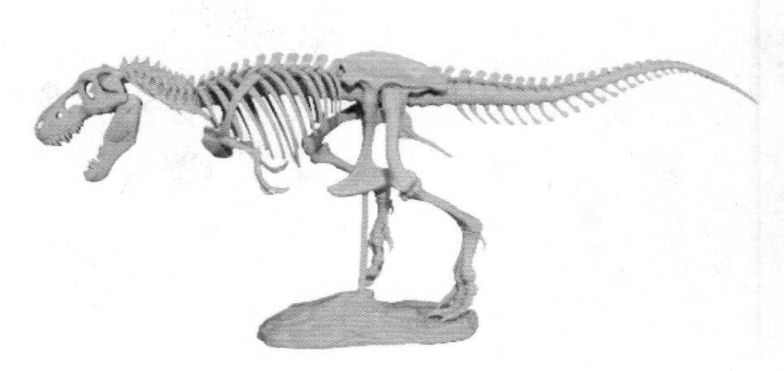

3D 打印生物骨骼

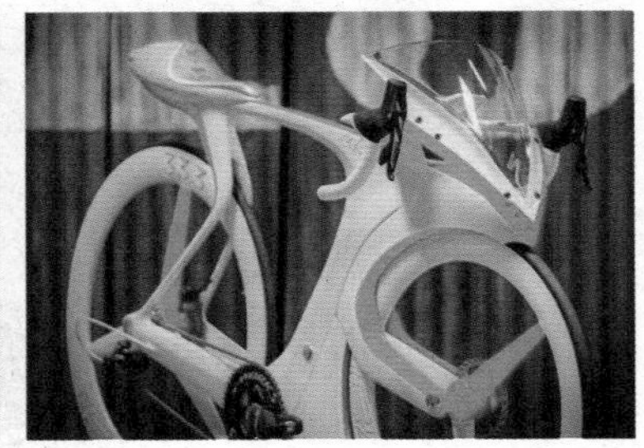

3D 打印自行车

3D 打印汽车

3D 打印电动汽车

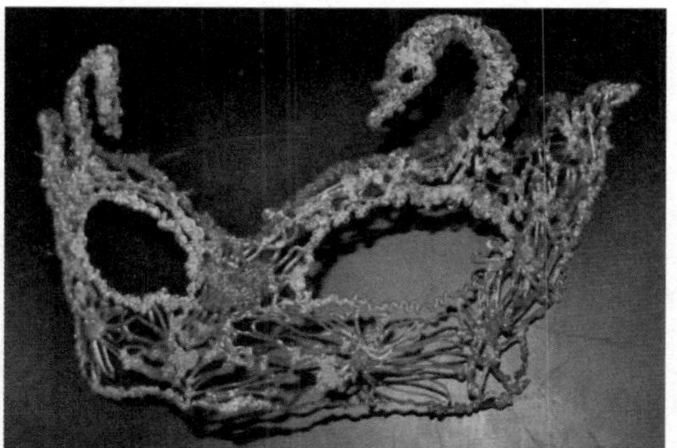

3D 打印笔作品

参 考 文 献

［1］王广春，赵国群．快速成型与快速模具制造技术及期应用[M]．机械工业出版社，2015．
［2］中国机械工程学会．3D 打印打印未来．北京：中国科学技术出版社，2015．
［3］陈继民．3Done 三维实体设计．北京：中国科学技术出版社，2016．